海河流域井灌区在现状和限水灌溉及休耕模式下浅层地下水动态与粮食产量变化的模拟研究

——以河北省太行山山前平原为例

任 理 张雪靓 著

科学出版社

北京

内 容 简 介

本书是运用土壤和水评价工具（Soil and Water Assessment Tool，SWAT）这一分布式水文模型对海河流域的河北省太行山山前平原在冬小麦－夏玉米一年两熟种植制度下开展农业水文模拟研究的学术专著，针对该区域由于浅层地下水多年超采所导致的含水层面临疏干的严峻情势，就冬小麦的现状灌溉制度和限水灌溉方案及休耕模式下浅层地下水与作物产量的时空变化特征开展了情景模拟与分析，定量化地探讨了现状灌溉下浅层地下水利用的可持续性、限水灌溉下浅层地下水涵养与粮食生产之间的权衡和季节性休耕下"水－粮食－能源"的关联性，此外，还基于浅层地下水采补平衡且冬小麦减产最少分别进行了灌溉模式和休耕模式在县（市）域尺度上的优化，并评估了相应的浅层地下水压采量与冬小麦减产量。研究结果可为该井灌平原当前所需的兼顾冬小麦适度生产与浅层地下水限制开采提供科学决策和管理的参考依据。

本书可供水利和农业等学科相关领域的科技工作者和研究生及有关管理部门的人员参考。

图书在版编目（CIP）数据

海河流域井灌区在现状和限水灌溉及休耕模式下浅层地下水动态与粮食产量变化的模拟研究：以河北省太行山山前平原为例 / 任理，张雪靓著. —北京：科学出版社，2020.11

ISBN 978-7-03-057447-3

Ⅰ. ①海… Ⅱ. ①任… ②张… Ⅲ. ①海河–流域–地下水动态–关系–粮食产量–研究 Ⅳ. ①P641.622.2②F326.11

中国版本图书馆CIP数据核字（2020）第188707号

责任编辑：韦　沁　韩　鹏 / 责任校对：张小霞
责任印制：肖　兴 / 封面设计：北京图阅盛世

科学出版社 出版

北京东黄城根北街16号
邮政编码：100717
http://www.sciencep.com

北京汇瑞嘉合文化发展有限公司 印刷
科学出版社发行　各地新华书店经销

*

2020年11月第 一 版　开本：787×1092　1/16
2020年11月第一次印刷　印张：16 1/4
字数：385 000

定价：**218.00元**
（如有印装质量问题，我社负责调换）

作者简介

任理 1959 年 6 月生于北京，工学博士，中国农业大学资源与环境学院土壤和水科学系教授。曾受聘为：中国科学院地理科学与资源研究所客座研究员（2002～2005 年）；中国科学院计算数学与科学工程计算研究所科学与工程计算国家重点实验室客座研究员（2002～2004年）；中国科学院陆地水循环及地表过程重点实验室水文水资源研究方向客座研究员（2004～2007 年）。曾受邀为：中国土壤学会土壤物理专业委员会副主任；国家自然科学基金委员会地球科学部与中国地质调查局水文地质环境地质部"中国地下水科学战略研究小组"成员。目前受聘为：中国科学院农业水资源重点实验室客座研究员；中国科学院陆地水循环及地表过程重点实验室客座研究员。多年担任《水利学报》和《水文地质工程地质》编委。研究领域：土壤物理学与农业水文学。近年来的研究方向：农业水土资源环境可持续利用的模拟与评估。主持了 5 项国家自然科学基金项目。指导了硕士研究生 30 名、博士研究生 18 名、博士后研究人员 2 名。曾获得：中国农业大学本科教学优秀奖励（1998 年）；中国农业大学校级优秀硕士学位论文指导教师（2002 年）；中国农业大学校级优秀博士学位论文指导教师（2004 年、2006 年和 2019 年）。所指导的博士学位论文入选"全国优秀博士学位论文提名论文"（2008 年）。在国内外学术期刊上发表论文近 110 篇，出版学术专著 3 部。

张雪靓 1991 年 2 月生于河北省承德市，中国农业大学土地科学与技术学院讲师。2012 年 6 月本科毕业于华中农业大学经济管理与土地管理学院土地资源管理专业，获管理学学士学位。2012 年 9 月至 2017 年 6 月为中国农业大学资源与环境学院土地资源管理专业的硕博连读研究生，获管理学博士学位。2017 年 7 月至 2019 年 5 月在中国地质大学（北京）水资源与环境学院水利工程博士后流动站的水文水资源研究方向从事博士后研究，并获得中国博士后科学基金面上项目一等资助。目前主持国家自然科学青年基金项目。研究方向：水土资源可持续利用的模拟。在国际学术期刊上发表研究论文 3 篇、在国内学术期刊上发表研究论文 8 篇，出版学术专著 1 部。

目　　录

图　目　录

表　目　录

第 1 章

绪　　论

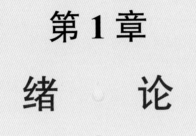

1.1　研究背景和意义

"淡水缺乏和不合理利用日益严重地威胁着人类可持续发展和环境保护，今后几十年里，如果人类仍然不能有效利用和管理水土资源，那人类赖以生存的生态系统将处于危机的边缘"（ICWE，1992）。我国是淡水资源缺乏和不合理利用现象最为严重的国家之一，水土资源的不合理利用逐渐成为继人地矛盾之后影响和威胁国家粮食安全和人类可持续发展的又一个极为重要的问题（钱正英，1998；陈雷，1999；刘昌明，2002）。水土资源总量的短缺及其空间上的不匹配是制约我国农业可持续发展的主要因素（石玉林等，2019），美国世界观察研究所所长莱斯特·布朗（Lester R. Brown）先后两次提出"中国粮食威胁论"，其焦点就是中国耕地与水资源的问题（Brown，1995，2001）。我国水资源的天然时空分布与耕地资源布局不相适应，淮河以北的北方地区耕地占全国的62%，而其水资源总量仅占全国总量的19%，灌溉成为保障农业生产的重要基础，因此，该地区的粮食产量对水资源、特别是有效灌溉耕地有很高的依存度（田园，1990；张蔚榛，1999；刘彦随和吴传钧，2002；王浩等，2019）。河北省地处华北地区腹地，作为我国玉米总产第二，小麦总产第三的农业大省，用占全国4.9%的耕地和全国0.7%的水资源，养育了全国5%的人口，生产了全国6%的粮食（王慧军，2010），人口、水和耕地的极不平衡使之成为农业生产影响下存在着水土资源可持续利用问题的典型区域。

京津以南的河北省平原区以冬小麦-夏玉米一年两熟制作为主要的作物种植方式，由于该区域地表水资源缺乏，地下水资源成为主要的供水水源，尤其是农田灌溉用水（方生，1994；郑连生，2009）。河北省水资源人均、公顷均占有量都低于全国平均水平，是水资源最为紧缺的地区之一，但河北省却是我国地下水开采量最高的省份，约占全国地下水开采量的20%（张宗祜和李烈荣，2005）。20世纪90年代以来，河北平原地下水资源长期处于超采状态，根据全国水资源及其开发利用调查评价结果和河北地下水开发利用规划，河北省太行山山前平原几乎全部位于浅层地下水超采区，该区域已经形成浅层地下水位降落漏斗6个，漏斗总面积达6752 km^2，引发了地面塌陷、土地沙化和湿地萎缩等严峻的环境生态问题（任宪韶等，2007；郑连生，2009）。这不仅破坏了区域的生态安全，而且威胁着农业的可持续利用，特别是井灌耕地利用方式对地下水资源的过度开发是影响当前该区域水土资源合理利用的关键因素，也是该区域农业可持续发展亟待解决的核心问题。地下水是淡水资源的重要组成部分（Maidment，1993），为维持人类生活、支撑农业发展和促进社会进步提供了有力的资源保障。随着经济的发展，在世界上部分国家也出现了过度开采地下水的现象，尤其是依赖地下水灌溉的井灌农业区（Konikow and Kendy，2005；Giordano，2009；Wada et al.，

2012；Famiglietti，2014；Dalin *et al.*，2017；de Graaf *et al.*，2019）。研究发现，全球的地下水含水层已经呈现不同程度的疏干或枯竭现象，其中，河北平原所在的我国华北地区是全球地下水资源枯竭情势最严重的区域之一（Wada *et al.*，2010；Zheng *et al.*，2010；Werner *et al.*，2013）。

为了缓解区域地下水资源超采对生态环境的影响，自 2014 年起，国家提出了一系列以"压采"地下水为核心的政策文件。其中 2014 年中央一号文件指出：逐步让过度开发的农业资源休养生息，开展华北地下水超采漏斗区综合治理试点，国家有关部委已明确把河北省作为地下水超采综合治理的试点和重点省份（中国政府网，2014）。同年，河北省人民政府公布了平原区地下水超采区、禁采区和限采区范围并确定了河北省地下水超采综合治理试点，其中超采区包括浅层地下水一般超采区和严重超采区、深层地下水一般超采区和严重超采区，面积约 66779 km²，占全省平原区面积的 91% 以上（河北省人民政府办公厅，2014）。2015 年 5 月，河北省水利厅颁布了《河北省地下水超采综合治理规划》，指出在"十三五"期间，强化地下水开采总量控制，力争到 2020 年，压减地下水超采量 50 亿 m³ 以上（中华人民共和国水利部，2017）。2015 年底，《中共中央关于制定国民经济和社会发展第十三个五年规划的建议》提出了坚持最严格的耕地保护制度，坚守耕地红线，实施藏粮于地、藏粮于技的战略，通过实行部分土地休耕，一方面把粮食生产能力储存在土地中，另一方面缓解由于耕地利用强度过高导致的生态问题，如华北平原的地下水位的持续下降（中国政府网，2015）。2016 年，国家十部委联合印发了《探索实行耕地轮作休耕试点方案》，进一步落实藏粮于地、藏粮于技的战略，并明确提出在河北省地下水漏斗区开展休耕试点（中华人民共和国农业部等，2016）。2017 年 2 月国务院颁布的《全国国土规划纲要（2016～2030 年）》中，将河北平原确定为"水资源与优质耕地维护区"，通过优化配置水资源，加强地下水超采治理，调整农业种植结构，实施节水和地下水压采，加强基本农田的建设与保护（中国政府网，2017）。2018 年，农业部就耕地轮作休耕制度试点情况举行发布会（中华人民共和国农业部，2018），同年，河北省印发了《河北省 2018 年度耕地季节性休耕制度试点实施方案》（河北省农业厅等，2018）。2019 年，水利部、财政部、国家发展改革委和农业农村部四部委联合印发了《华北平原地下水超采综合治理行动方案》，并指出加快推进华北地区地下水超采综合治理，保障华北地区水安全和生态安全，在政治上和战略上具有十分重要的意义，该方案由北京、天津、河北省（直辖市）人民政府组织落实（中华人民共和国水利部等，2019）。但是，面对我国谷物基本自给，口粮绝对安全的战略底线和全国新增 1000 亿斤（1 斤 =500g）粮食生产能力规划（2009～2020 年）所确定的河北省作为核心区的粮食增产任务（中国政府网，2009），地下水压采政策不仅要考虑水资源的涵养，还需要兼顾对粮食生产的影响。然而，针对国家提出的地下水压采目标和方案，目前尚缺乏不同调整方案和措施对区域尺度节水压采效应及其对粮食产量影响的定量化评估结果。值得注意的是，分布式流域水文模型经过近 20 年的不断发展，凭借其能够提供水文信息的空间分布并对不同情景进行模拟和预测，在相当程度上弥补了田间试（实）验结果受限于时空尺度的不足，因而其在变化环境下的水资源配置与评价方面已有广泛的应用，成为重要的定量化手段和科学评估工具。

联合利用分布式流域水文模型与地理信息系统（Geographic Information System，GIS）进行水文循环和农业生产过程的模拟，可以全面分析水循环要素在不同时空尺度下的演变规律，并以此辅助于水土资源的管理决策（贾仰文等，2005）。分布式水文模型的最大特点体现在参数具有空间变异性，能够反映降水、蒸发等气象因素，地形、土壤、植被等下垫面因素和土地利用、灌溉制度、施肥管理等边界条件因素的空间变异对流域水循环过程的影响（徐宗学，2009）。土壤和水评价工具（Soil and Water Assessment Tool，SWAT）模型（Arnold et al.，1998；Arnold and Fohrer，2005）是众多的分布式水文模型之一，已被广泛应用于世界各地的水文循环模拟研究中，包括径流预测、非点源污染、土地利用\覆被变化的水文效应和气候变化对水文响应的影响等诸多方面（Chanasyk et al.，2003；Govender and Everson，2005；Santhi et al.，2006；Gassman et al.，2007；Douglas-Mankin et al.，2010；Volk et al.，2016）。SWAT 模型是以水量平衡原理为基础的物理过程模型，并嵌套由 EPIC（Erosion-Productivity Impact Calculator，EPIC）模型简化的作物模块，可用于不同气象条件、土壤特性、作物类型及管理措施下的水文过程和作物生长过程的模拟（Priya and Shibasaki，2001；Wang et al.，2005；Luo et al.，2008；Faramarzi et al.，2010；Sun and Ren，2013，2014）。本研究选用 SWAT 模型作为工具是基于以下原因：①可联合调用土壤水、地下水、农业管理和作物生长等多个模块，尤其是可以将浅层地下水作为灌溉源，模型结构和原理及模拟内容和尺度都适合我们的研究目标；②该模型在地下水超采严重的海河流域已经得到阶段性应用，这为我们进一步的研究提供了可供参考和比较的部分参数库；③该模型已经与 GIS 软件进行了集成，便于研究目标的技术实现；④模型源代码公开，便于研究者针对特定流域或区域的研究内容进行修改和完善。然而，分布式流域水文模型需要输入能够较准确详细地刻画依赖于流域特性的相关参数，这些参数通常需要通过率定和验证来确定（Madsen，2003；Yang et al.，2007）。参数率定和模型验证的过程是通过求解出的模型参数值，而使重点研究要素的模拟结果与实际观测值相接近，因此，合理地进行参数率定和模型验证工作对于模型的成功运用是十分重要的（Hogue et al.，2000）。

在本书中，我们将以我国最典型的农田灌溉所导致的浅层地下水超采区——河北省太行山山前平原为研究区，在对 SWAT 模型的地下水模块进行改进并对相关参数进行详细的率定和模型验证的基础上，定量化地评估井灌区农田灌溉对浅层地下水埋深和含水层储水量的时空变化的影响，为全球具有相似问题的区域提供一个典型的研究案例及一套可供类似研究参考和借鉴的数据库，这在一定程度上有助于相关领域的研究者对农业水土资源演变与可持续利用中的有关科学问题的理解。另一方面，根据国家对该地区兼顾粮食安全和地下水安全的可持续农业发展的战略需求，就冬小麦－夏玉米一年两熟制农田在限水灌溉和休耕情景下的浅层地下水位动态和粮食产量变化进行详细的模拟研究，将为河北省浅层地下水井灌平原耕地的可持续利用与管理提供决策所需的定量化依据，因而具有重要的理论意义和实际应用价值。

1.2 研究进展概述

新中国成立以来，河北省的地下水开发利用大致分为 4 个阶段：新中国成立初期阶段，由于社会化生产力水平比较低，开采量有限，区域地下水静储量基本处于自然状态；20 世纪 50 年代末到 60 年代末的发展阶段，由于机井建设有了新的发展，地下水开发利用明显增加，一些地区的浅层地下水储量出现消耗，地下水位持续下降；20 世纪 70 年代初到 70 年代末，随着河北省机电井的飞速发展，特别是 1972 年的打井抗旱热潮，地下水开发利用程度逐步增大，成为城乡社会经济发展的主要供水水源；20 世纪 80 年代至今，随着气候变化和经济发展，水资源供需矛盾日益突出，社会发展不得不靠超采地下水维持，特别是 1990 年以后，地下水持续超采带来的环境地质问题日益明显，探究地下水资源的演变过程及合理开发利用和保护地下水日益成为研究的热点（陈望和，1999；中国地质调查局，2009；郑连生，2009）。2000 年以来，在环境变化和人类强烈活动影响下，我国华北平原，尤其是京津以南的河北平原的地下水位和地下水储量逐年下降问题已经引起国内外研究者和管理者的广泛关注（张宗祜和李烈荣，2005；Qiu，2010；Feng *et al.*，2013；Huang *et al.*，2015）。

我国的"新一轮全国地下水资源评价"是在 1984 年第一轮全国地下水资源评价工作的基础上，于 2000～2002 年间组织开展的，是我国当时最新、最详实的地下水资源勘查评价工作成果，其中的地下水资源数量的评价是最主要的内容之一（张宗祜和李烈荣，2004a）。根据河北省地下水资源评价结果（张宗祜和李烈荣，2005），整个河北平原潜水 - 微承压地下水总体处于超采状态，河北平原潜水 - 微承压水可采资源量约为 86.9 亿 m³/a，2000 年现状开采量约为 108.8 亿 m³/a，年超采约 21.9 亿 m³/a。张兆吉和费宇红（2009）通过收集整理华北平原近 2000 个地下水埋深监测点的监测数据，绘制了 1984～2003 年浅层地下水的水位变差图，结果显示：太行山山前平原的大部分区域水位变差为负，其中，河北省的满城县、石家庄市、柏乡县、宁晋县、隆尧县和肥乡县等地区的浅层地下水水位变差高达 -35 m 左右。

地下水埋深动态和含水层储水量变化是判断和评价区域地下水资源可持续利用的两个重要指标，是未来提出控制区域浅层地下水位降落漏斗进一步恶化的科学管理与决策的基础。我们知道，一方面，通过地下水位监测和地下水资源评价工作，针对河北平原，尤其是浅层地下水超采严重的太行山山前平原，基本上可以掌握区域整体的多年平均的地下水埋深变化和含水层储水量变化情况；另一方面，利用定性和半定量的分析手段，基本上可以判断多年来高强度开采地下水用于农田灌溉，尤其是灌溉大面积的冬小麦 - 夏玉米轮作农田，是造成该区域地下水持续超采的主要原因。然而，这样的研究都难以定量化地回答：该井灌区冬小麦 - 夏玉米一年两熟制农田在空间不同的土壤和水文地质条件及相异的降水时空分布下，农田灌溉是如何在生育期和周年等不同的时间尺度及地下水补 - 排条件不同的空间尺度上影响浅层地下水埋深和含水层水均衡要素的，而这正是针对该区域压减浅层地下水开采与保障粮食产能这一矛盾，进行耕地的水土资源优化配置，迄今尚未深入研究而又亟待开展定量化探讨的具有重要实际意义的科学问题。总之，在模型模拟分析的基础上，进一步定量化地评估该井灌区的农田灌溉对浅层地下水和作物产量的时空变化的影响，是一项颇具挑战性的跨学科研究。

1.2.1　分布式水文模型 SWAT 的相关应用研究进展概述

在包括河北省太行山山前平原及其毗邻区域的海河流域，已有部分研究者利用 SWAT 模型开展了研究，如：朱新军等（2008）应用 SWAT 模型在考虑了水库调节对水文循环影响的条件下，对海河流域水资源三级分区的水平衡状况进行了 3 年模拟，认为实际蒸散（Actual Evapotranspiration，ET_a）是海河流域的主要耗水项。

潘登（2011）以经过参数率定与模型验证而构建的分布式水文模型 SWAT 为模拟工具，探讨了海河平原冬小麦和夏玉米的作物水分生产函数的时空变化特征。设置了一种充分灌溉情形和九种非充分灌溉情形，用 Blank 模型和 Jensen 模型拟合得到了冬小麦和夏玉米的水分敏感系（指）数。模拟显示：Blank 模型和 Jensen 模型中的冬小麦和夏玉米的水分敏感系（指）数的排序一致。冬小麦对水分最敏感的生育期是拔节－抽穗期和灌浆－收获期，夏玉米对水分最敏感的生育期是抽穗－灌浆期。接着依据水分敏感系（指）数确定了轮作农田作物的关键需水期，并以不考虑氮磷胁迫的历史灌溉情景为基本情形，设置了三种优化灌溉方案。优选的冬小麦－夏玉米轮作体系的灌溉方案为：在冬小麦关键生育期，丰水年和平水年灌溉 160 mm、枯水年灌溉 200 mm、特枯水年灌溉 240 mm；在夏玉米关键生育期，丰水年和平水年灌溉 30 mm、枯水年灌溉 60 mm、特枯水年灌溉 80 mm。与基本情景相比，在保证冬小麦－夏玉米一年两熟制作物基本稳产的前提下，最优灌溉情景可节水约 28%、提高作物水分利用率约 7%、提高灌溉水利用率约 48%。模拟得到的优化灌溉制度对于海河平原冬小麦－夏玉米轮作农田节水灌溉的科学管理具有一定的参考意义（潘登等，2011a，2011b，2012a，2012b；潘登和任理，2012a，2012b）。然而，这项研究并未就该区域实施这样的节水灌溉制度在减缓地下水位下降方面做进一步的模拟分析。

孙琛（2012）针对海河流域所面临的严峻的水资源短缺情势，开展了该流域地表水资源量和蒸散量的时空变化特征的模拟研究，构建了海河流域分布式的水文模型 SWAT，模拟中考虑了山区的水库对径流的调节作用，同时，为了能合理地模拟作物实际蒸散量，输入了海河平原冬小麦－夏玉米一年两熟制农田的管理措施。其中，结合海河平原 6 个田间试验站的资料和数据，以叶面积指数、地上部生物量和产量为目标变量，率定得到了与作物品种有关的参数。此外，在各水资源三级区进行了参数的灵敏度分析，筛选并确定了所构建的 SWAT 模型中需要率定的相关参数。然后分别以径流和实际蒸散为目标变量，对海河山区所涉及的 6 个水资源三级区和海河平原所涉及的 8 个水资源三级区进行了有关参数的率定，获得了模型参数的范围及其模拟结果的不确定性。接着，对 1985 ~ 2005 年海河平原冬小麦和夏玉米的产量进行了模拟，并运用经过参数率定和模型验证后的模型，对海河流域在 1961 ~ 2005 年的天然地表水资源量和蒸散量进行了模拟与分析。结果表明：天然地表水资源量呈现下降趋势，多年平均约为 175 亿 m³，在空间上北部相对于南部偏高。水库的调节作用是造成实测径流量减少的主要原因，在滦河山区，2005 年实测的地表水资源量占天然地表水资源量的比例约为 16%。流域内的实际蒸散量呈现出微弱的下降趋势，多年平均约为 542 mm，蒸散量呈现由东南向西北减少的趋势。在海河平原，灌溉使得作物的实际蒸散量比雨养情景下增加了大约 46%，而在海河平原北部的部分区域，灌溉水消耗于实际蒸散的比例较低，尚存在较大的节水潜力（Sun and Ren，2013）。这项模拟研究有助于进一步修改与应用所构建的 SWAT 模型在该流域开展农业高效用水、地下水可持续利用等方面的定量化探索。

孙琛（2012）又针对海河平原既是我国重要的粮食生产基地也是水资源极度匮乏的地区，需要研究既节约水资源、提高作物水分生产力又能保障粮食生产的合理的灌溉制度这一实际需求，基于已构建的海河平原分布式水文模型 SWAT，对该区域冬小麦－夏玉米轮作农田进行了 1961～2005 年历史情景下的产量与作物水分生产力的模拟，并对历史灌溉制度无氮磷胁迫和充分灌溉无氮磷胁迫两种情景进行了模拟分析。在此基础上，得到了海河平原不同灌溉分区在没有氮磷胁迫条件下的优化灌溉制度。在这种优化的灌溉情景下，冬小麦和夏玉米生育期的净灌溉量分别比历史灌溉无氮磷胁迫情景减少了大约 23% 和 19%，相应地，作物水分生产力分别提高了大约 12% 和 8%，同时，作物基本稳产。在海河平原应用这种优化后的灌溉制度，可以将冬小麦生育期内的灌溉用水量减少大约 8.8 亿 m³，减少的开采量大约占地下水超采量的 16%（Sun and Ren，2014）。尽管这是迄今比较系统地在海河平原尺度运用 SWAT 模型开展农业水文循环的模拟研究，得到的不同降水频率下的优化灌溉制度相对合理，可为海河平原农业水资源的高效利用提供具有一定参考价值的定量化依据。然而，模拟研究中未考虑不同灌溉制度下的主要取水源—含水层的地下水位和水量变化的时空分布，也尚未在所模拟获得的稳产增效的节水灌溉制度的基础上，进一步探讨有助于遏制地下水位下降或实现地下水位恢复的限水灌溉方案对作物产量的影响。

SWAT 模型的地下水模块将地下水系统概化为浅层和深层两个含水层，基于水平衡计算的方法对地下水的补给、排泄与开采进行模拟（Arnold et al.，1993）。近些年来已有将 SWAT 模型应用在平原区地下水补给量的模拟研究，如 Sun 和 Cornish（2005）运用 SWAT 模型对澳大利亚利物浦平原上游的地下水补给量进行了模拟，结果表明：区域地下水补给量主要受气候影响，模拟值与过去 30 年的实测数据有较好的吻合，SWAT 模型模拟的地下水补给量比传统的通过点模拟扩大到区域的结果更为准确。利用 SWAT 模型的地下水模块分析农业区灌溉制度对地下水的影响日益成为热点研究，并在不同的地区开展了尝试：Cheema 等（2014）基于 SWAT 模型，在考虑灌溉等农业管理的情况下，以 1 km×1 km 遥感解译计算得到的实际蒸散为目标变量对相关参数进行了率定，模拟了印度河盆地 2007 年地下水资源的开采量和消耗量，模拟结果显示：地下水年开采量约为 68 km³（即 262 mm），消耗量约为 31 km³（即 121 mm）。Jayakody 等（2014）将 SWAT 模型应用在密西西比河冲积平原的亚祖河流域，讨论了蒸散、土壤水渗漏、地下水流和水位变动的相互关系，并根据模拟结果识别出地下水过度利用区，试图为水管理提供决策依据。Reshmidevi 和 Kumar（2014）将 SWAT 模型与水平衡模型相结合，模拟了印度 Malaprabha 流域农田强灌溉下的深层地下水响应，通过月径流量率定模型参数，并将模拟的子流域水位变化与田间实测值进行对比，结果表明：在流域半干旱的低平原地区，深层地下水位快速下降，个别地区 8 年内水位下降了近 60 m。值得注意的是，由于 SWAT 模型暂时不能直接模拟和输出地下水位，上述研究都是利用径流数据或蒸散数据对参数进行率定，对于模型模拟的地下水补给量和地下水埋深均采用定性或半定量的验证方法。迄今为止，尚未有以实测地下水位变化为目标变量、对 SWAT 模型的地下水模块中影响水平衡的相关参数进行详细的率定与验证，并定量化地评估井灌开采对地下水埋深和含水层储水量时空变化影响的研究。

值得注意的是，SWAT 模型的地下水模块暂时没有考虑地下水横向流动（如山前侧向补给量），往往只能模拟地下水的一维垂向运动，所以在区域地下水数值模拟中常与 GMS、MODFLOW 等动力学模型耦合（Sophocleous *et al.*，1999；Kim *et al.*，2008）。我们知道，河北平原的地下水流动系统受到人类活动的强烈干扰，地下水流场复杂。虽然在理论上运用非饱和－饱和带的动力学模型比水量平衡模型能够在更精细时空尺度上给出刻画物理过程机理的模拟结果，但是构建一个非饱和－饱和带的动力学模型往往需要更多和更为复杂的参数及初始和边界条件信息，而这在我们这样大的研究区域尺度上是难以做到的，特别是，在本研究的井灌区的区域尺度上包含作物根系层的非饱和带中，迄今难以获得根系层之下浅层地下水面之上的非饱和带（又称深包气带）的勘查资料和数据，进而难以确定相应的深包气带的水力学参数，因此，在这个区域实现 SWAT 模型和地下水动力学模型的耦合是很困难的。我们注意到，国内学者针对不同研究对象的特点，也对 SWAT 模型的地下水及相关模块进行了改进：如鱼京善等（2012）和李娇等（2012）构建了 BNU-SWAT 模型，针对 SWAT 中地下水模拟的不足，提供地下水相关参数设置，实现了对地下水水位的模拟显示，并以北京市通州区的地下水埋深为例进行了模拟；陆垂裕等（2012）和张俊娥等（2012）基于 SWAT 模型的计算原理开发了 MODCYCLE 模型并在天津市加以应用，该模型引入了地下水位动态计算公式，可详细地模拟大气水、土壤水、地表水和地下水之间复杂的"四水转化"过程。然而，上述研究都未对改进后的地下水模块的相关参数进行详细的率定与模型验证，这或许是受限于难以获取大量的地下水位监测数据和详实的水文地质勘查资料及详细的农田灌溉信息之故。因此，从更好地模拟井灌平原区地下水的时空变化特征和更可靠地评估井灌平原区地下水利用的可持续性出发，进一步改进 SWAT 模型的地下水模块既切合我们的研究目标也能够在一定程度上满足实际需求，当然这有赖于对修改完善后的地下水模块所模拟的地下水动态有可以详细进行参数率定和模型验证的实测数据作支撑。

1.2.2　限水灌溉和农田休耕的相关应用研究进展概述

华北平原的农业灌溉用水能否有保障，在一定程度上取决于该区域地下水资源的支撑能力是否可持续（中国地质调查局，2009）。迄今为止，研究者们和政府相关部门（河北省人民政府，2014；中华人民共和国农业部等，2016；河北省农业厅和河北省财政厅，2017；张喜英，2018；中华人民共和国水利部等，2019）相继提出解决河北平原地下水严重超采问题的农业调整方案，总体分为：灌溉制度调整（如冬小麦限水灌溉模式）、耕地休养生息（如休耕一段时间后恢复耕种）、种植结构调整（如压缩小麦种植面积，调减熟制）、水源替代（如微咸水灌溉、再生水灌溉）及贸易替代（如适当进口部分农产品、海外租地）等几个方面。河北省太行山山前平原以浅层地下水为主要的灌溉水源，其与深层地下水相比，具有较强的更新能力和可恢复性（郑连生，2009；中国地质调查局，2009）。同时，冬小麦 - 夏玉米一年两熟种植制度是这个区域悠久的农作制，难以用其他种植模式来替代（王慧军，2010；Zhang *et al.*，2017）。因此，2014 年以来，国家和地方政府发布的一系列相关政策表明：在冬小麦 - 夏玉米一年两熟种植制度不变的情况下推广冬小麦的限水灌溉模式，即减少冬小麦生育期内的灌溉次数和灌溉量，或将成为这个井灌平原浅层地下水超采综合治理工作中最主要的措施之一（河北省人民政府，2014；与张喜英研究员私人通讯，2015 年；与李科江研究员私人通讯，2015 年）。

已有的研究表明，在有限的水资源条件下确定非充分灌溉制度有两种方法，一种是基于大量的田间试验，另一种是基于参数率定和模型验证后的相关模型的模拟试验。前者如张喜英等（2001）在研究区内的中国科学院栾城农业生态系统试验站（以下简称为栾城试验站）所进行的 4 年连续试验，她（他）们研究了冬小麦不同生育期水分亏缺及其亏缺程度对冬小麦产量的影响和不同灌水次数、灌水时间对冬小麦产量及水分利用效率的影响，结果表明：在拔节期控制水分供应，冬小麦产量降低幅度最大，即冬小麦的这个生育阶段对水分亏缺最敏感，其次为孕穗至灌浆前期。后者如潘登（2011）基于应用 SWAT 模型在海河流域平原区子流域尺度上的模拟结果，结合作物水分生产函数的 Blank 模型和 Jensen 模型，计算了冬小麦的水分敏感系（指）数并进行了排序，表明：冬小麦对水分最敏感的生育阶段是拔节 - 抽穗阶段和灌浆 - 收获阶段。然而，这些冬小麦优先灌水生育阶段的确定是以获得较高的产量或水分利用效率为目标，确保作物水分敏感期的用水，把有限的水量在作物生育期内进行最优分配，未考虑在作物不同生育阶段的灌溉开采对地下水动态影响的差异。此外，地方政府相关部门等发布的一系列以节水丰产、节水稳产或节水增效为目标的减少冬小麦生育期内灌水次数的技术规程也多是以作物生理学为基础，从作物不同生育阶段水分供需特点出发，探寻有限开采条件下对作物生长与增产最优的限水灌溉方案（河北省质量技术监督局，2008，2012；王慧军，2011；李月华和杨利华，2017）。总之，目前对于冬小麦优先灌水生育阶段与调亏灌溉制度的研究很少将作物不同生育阶段灌溉开采地下水对其水位和含水层储水量的影响考虑在内。然而，对于河北省太行山山前平原这个浅层地下水严重超采的井灌平原来说，当前亟待定量化地回答在区域尺度上冬小麦不同生育阶段的井灌开采对浅层地下水有怎样的影响，因为相关管理部门在制定能够权衡浅层地下水动态与作物产量变化的冬小麦生育期的限水灌溉方案时需要这些定量化结果提供科学依据。

在冬小麦生育期限水灌溉方案对农田节水效应的研究方面，目前也多集中于根据田间试验结果对冬小麦在不同生育阶段进行不同灌水次数下的产量、蒸散量、水分生产力和水分胁迫情况等进行分析。Zhang 等（2003）通过 1997～2000 年在栾城试验站进行的试验表明：在干旱年份冬小麦灌溉 3 次、湿润年份冬小麦灌溉 1 次可与农民通常灌溉 4 次达到相同的产量水平。Zhang 等（2006）和 Sun 等（2014）通过 1997～2012 年在栾城试验站开展的研究表明：在采用地下水零超采的最小灌溉制度下，年耗水量将减少 150～170 mm，冬小麦和夏玉米将分别平均减产 24.3% 和 10.6% 左右。张喜英（2018）通过 2007～2017 年在栾城试验站开展的研究表明：冬小麦从不灌溉到灌溉一水，平均增产量在 1611.5 kg/ha（1 ha=1 hm^2=10^4 m^2）左右；冬小麦从灌溉一水增加到灌溉两水，平均产量将增加 709.3 kg/ha 左右；冬小麦从灌溉两水增加到灌溉三水，平均产量将增加 266.7 kg/ha 左右。Chen 等（2014）和 Zhang 等（2017）通过近 20 年来栾城试验站冬小麦从雨养模式逐步增加灌溉次数直到灌水 5 次的试验表明：在冬小麦足墒播种的条件下，只在冬小麦拔节期灌水一次的灌溉模式与冬小麦雨养条件相比具有最高的灌溉水利用效率，且对粮食产量的影响相对较小。然而，上述田间试验结果仅能代表特定年份、特定田块的情况，目前尚缺乏冬小麦生育期不同限水灌溉方案在区域尺度的大范围和长时段的应用与评估，尤其是缺乏这些限水灌溉方案若实施的情形下会对浅层地下水位和含水层储水量有怎样影响的预测研究。我们知道，区域尺度大规模地开展田间试验几乎是不可能的，因此，对于这样的限水灌溉方案在区域尺度对地下水压采与农田节水的效应及其对作物产量的影响之评估只能依靠模型的模拟分析方法，才能弥补田间试验结果受限于时空尺度的不足。

近五年来，国家和地方政府公布的一系列相关政策文件（河北省人民政府，2014；中华人民共和国农业部等，2016；河北省农业厅和河北省财政厅，2017；中华人民共和国水利部，2017；中华人民共和国农业部，2018；河北省农业厅等，2018；中华人民共和国农业农村部和中华人民共和国财政部，2019；中华人民共和国水利部等，2019）使我们注意到：休耕或许会成为河北省太行山山区平原这一典型的浅层地下水超采区在考虑对冬小麦农田实施限水灌溉之外又一种压采井灌量的潜在策略。在一定时期内采取不耕种以保护、养育和恢复地力的措施被称为休耕，根据周期的不同，休耕可分为季休、年轮休和长休三种类型。休耕制度已经在美国（土地休耕保护计划，即 Conservation Reserve Program）、欧盟（"麦克萨里改革"，即 Macsharry Reform）、日本（稻田休耕转作项目，即 Rice Paddy Set-aside Program）等国家与地区实施多年，研究表明：通过有效地管理，休耕可对生态环境的保护（如减少土壤侵蚀、改善水质、维护生物多样性等）起到有益的贡献（Ribaudo *et al.*, 2001; Fraser and Stevens, 2008; Baylis *et al.*, 2008; Toivonen *et al.*, 2013; Yamashita, 2013; Wu and Xie, 2017）。在华北平原地下水超采严峻、威胁区域生态安全和国家实施"地下水超采区耕地资源逐步休养生息"战略的背景下，国内已有针对农田休耕的必要性、实施构想，以及对休耕规模、时限和布局等进行的初步研究（李宏悦和刘黎明，2006；赵雲泰等，2011；雷鸣，2016；吴芳芳，2016）。2016 年起，我国政府开始探索通过构建耕地轮作休耕制度来促进生态环境改善和资源永续利用，并明确提出在华北平原地下水漏斗区开展季节性（冬小麦季）休耕的试点方案（中华人民共和国农业部等，2016；河北省农业厅和河北省财政厅，2017；中华人民共和国农业部，2018；河北省农业厅等，2018；中华人民共和国农业农村部和中华人民共和国财政部，2019）。我们注意到，目前尚未有研究能定量地回答：从涵养地下水资源的角度出发，浅层地下水超采区若实施农田休耕政策，与现状情形相比地下水位的下降和含水层储水量的减少会有多大程度的改善，而这恰恰是水土管理部门决策所需要的重要信息。与定量化的评估限水灌溉方案在区域尺度上的节水压采效应的研究思路一样，通过模型的情景模拟，可以达到仿真农田"虚拟休耕"的效果，特别是考虑到研究区的下垫面存在较大的异质性，采用能够反映气象－土地利用－作物生长－土壤－地下水系统的分布式水文模型，模拟农田在休耕情景下区域尺度耕地的水文循环及其对浅层地下水涵养的贡献，对于这个水资源短缺的井灌平原的农业水管理具有重要的科学和现实意义。

1.2.3 小结

通过以上围绕研究方向对国内外研究进展的分析，我们得到如下认识：

（1）1990 年以后，海河流域京津以南河北平原的地下水超采问题日益成为研究者和管理者关注的焦点，定量化地评估近 20 年来不同的气象和下垫面条件下耕地利用对地下水位和地下水资源量的影响，是未来从"水位和水量双控"角度提出遏制地下水情势进一步恶化的管理决策之基础。河北省太行山山前平原是目前浅层地下水超采最严重的农作区，虽然通过监测井对地下水位动态的观测和地下水资源评价工作分别可以就地下水埋深和含水层储水量进行观测和评估，但是，由于地下水监测受到井的空间分布和观测频率的约束、地下水资源评价工作受到评价时段的限制而有一定的时效性，故难以更加定量化地回答开采浅层地下水用于农田灌溉对地下水埋深和含水层储水量的影响，同时也难以将浅层地下水系统与相关的农田灌溉、土壤水分运动和作物生长等农业水文过程一并考虑。具有地下水模块的 SWAT 模型使得土壤－植物－大气连续体与地下水系统的联合模拟成为可能，因此，通过进一步构建经过地下水模块参数率定与验证的 SWAT 模型，对区域尺度地下水开采－灌溉利用－作物生长－含水层储水量变化－地下水位动态的水循环进行模拟具有重要的科学和实际意义。

（2）SWAT 模型已经应用于一些特定气候类型下流域尺度农业管理措施对水文过程及作物生长的影响之模拟，该模型也在包含河北省太行山山前平原的海河平原得到了一定的应用，然而，迄今为止，尚未有将地下水模块与土壤水模块、作物生长模块相结合，同时对灌溉和种植制度调整下的粮食产量、农田耗水和地下水位动态进行模拟的研究，而这对于该地区在冬小麦－夏玉米一年两熟制下目前急需的兼顾粮食产能和地下水安全的井灌压采策略的制定是十分重要的。此外，SWAT 模型的地下水模块尚存在一些缺陷，虽然在世界其他地区已对灌溉区的地下水过度利用问题开展了模拟，但基于更为精细的多源多尺度数据，详细地对地下水模块中的相关参数进行率定和模块验证并进行长时段模拟情景分析的研究案例尚不多见，而系统深入地进行参数率定和模型验证将使得进一步开展的模拟情景分析的结果更具有可信性。

（3）河北省太行山山前平原的水资源紧缺且地下水超采日趋严峻，以"压采"地下水资源为目标的耕地利用方式的调整将成为该区域兼顾水粮安全的可能选项，核心是减少单位面积灌溉量和减少种植面积。虽然在研究区及其毗邻地区的相关试验站点已有对冬小麦限水灌溉模式下的作物产量变化及耗水规律的田间试验研究，但目前就这些限水灌溉方案在区域尺度上对地下水压采与农田节水之效应的模拟研究尚不多见，而这些恰恰是科学地制定宏观决策管理政策所需的定量化参考。另一方面，针对国家相关部门提出的地下水超采区实施适度休耕的战略，目前也缺乏其休耕后区域地下水涵养程度的定量化评估结果，而这也是有关管理部门进一步制定农田休耕规模、时序和布局所关心的。因此，本研究将以我国典型的浅层地下水严重超采的海河流域内的河北省太行山山前平原为研究区，对冬小麦生育期内不同的限水灌溉方案和季节性休耕模式进行模拟、优化和评估，力求为这个亟需实施浅层地下水压采的区域基于科学地权衡冬小麦生产和浅层地下水开采而制定相关政策提供定量化的决策依据。

1.3　研究目标和研究内容与技术路线

1.3.1　研究目标

基于上述研究背景与研究进展的概述，本研究在已收集的气象、水文、土地利用、土壤和耕作制度等资料数据的基础上，进一步广泛深入地收集水文地质勘查资料和报告、地下水观测数据和地下水资源评价成果，构建河北省太行山山前平原井灌区的分布式水文模型 SWAT，进行详细的多数据源、多尺度、多目标的参数率定与模型验证，着重分析冬小麦－夏玉米种植制度中近 20 年来浅层地下水埋深和浅层含水层储水量的时空变化特征，评价现状灌溉制度下浅层地下水利用的可持续性，并就限水灌溉方案和季节性休耕模式对该井灌区浅层地下水埋深变化、浅层地下水和土壤水的水均衡动态及作物产量和水分生产力的变化开展模拟分析，在区域尺度上定量化地评估实施冬小麦生育期限水灌溉方案和季节性休耕模式对浅层地下水压采、农田节水和粮食减产的程度，并进一步结合相关管理部门提出的压采目标和该区域粮食生产的特点，对满足特定目标下的限水灌溉方案与季节性休耕模式进行优化，力求为该区域井灌开采浅层地下水与生产冬小麦高度矛盾下如何进行耕地水土资源的优化配置提供定量化的参考依据。

1.3.2　研究内容与技术路线

根据上述研究目标，我们将本研究划分为 4 个部分：SWAT 模型的构建及参数率定与模型验证、现状灌溉情景的模拟分析与评估、限水灌溉情景的模拟分析与评估和休耕情景的模拟分析与评估，其研究结果分别在第 3 章、第 4 章、第 5 章和第 6 章进行详细阐述。具体地，每一部分的研究内容与技术路线如下：

1. SWAT 模型的构建及参数率定与模型验证

1）模型的构建

在已有数据资料的基础上，进一步收集和整理气象数据，并将其处理为 SWAT 模型所需的数据格式，扩展现有的气象数据库，以便获得更长时段的模拟结果。为了满足所构建的含有修改后地下水模块的 SWAT 模型能够得到细致的参数率定与模型验证，重点收集与整理该井灌区多源与多尺度的实测地下水位监测资料、地下水埋深调查数据和水文地质参数，以及"新一轮全国地下水资源评价"报告中有关研究区地下水补给、开采和资源量的计算结果，此外，还收集整理了该研究区井灌耕地面积的时空变化等数据。

2) 参数的率定与模型的验证

对 SWAT 模型中的地下水模块进行改进，使之能够在不同的时空尺度上模拟和输出井灌区的浅层地下水埋深，并在此基础上基于我们在 ArcSWAT 界面所建立的河北省太行山山前平原的分布式水文模型，进行参数率定与模型验证，获取较为合理的模型参数取值及模拟结果的不确定性范围。为此，首先充分利用研究区积累的详实的水文地质勘查资料和地下水资源评价结果对地下水模块参数的初值进行合理的概化，并以大量的地下水位实测数据为目标变量在尽可能精细的时间与空间尺度上对相关参数进行率定；接着将率定好的参数带入模型，计算浅层地下水的补给和排泄量，并与地下水资源评价成果中的数据进一步对比验证；然后采用所收集的遥感监测解译数据和统计年鉴数据分别考查所构建的模型对农田实际蒸散量和作物产量的模拟精度。

上述研究内容所涉及的技术路线如图 1.1 所示。

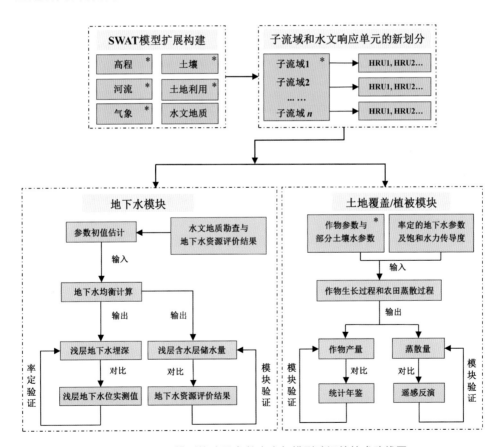

图 1.1 SWAT 模型构建及参数率定与模型验证的技术路线图

* 为已有的研究基础

2.现状灌溉情景的模拟分析与评估

1）现状灌溉情景下浅层地下水时空变化的分析

应用经过参数率定与模型验证的分布式水文模型SWAT，模拟近20年来河北省太行山山前平原浅层地下水埋深和含水层储水量的时空变化特征，着重分析在冬小麦生育期、夏玉米生育期和自然年的时间尺度上，不同降水水平下轮作农田灌溉开采对浅层地下水动态的影响。

2）现状灌溉情景下浅层地下水资源利用可持续性的评估

根据浅层地下水位下降速度和浅层含水层储水量消耗速度的模拟计算结果，对河北省太行山山前平原浅层地下水资源在现状耕地利用概化下的可持续性做出定量化的评估，并从兼顾浅层地下水恢复和尽可能减少冬小麦产量下降的角度，识别出亟需在该区域实施浅层地下水压采的重点地区。

上述研究内容所涉及的技术路线如图1.2所示。

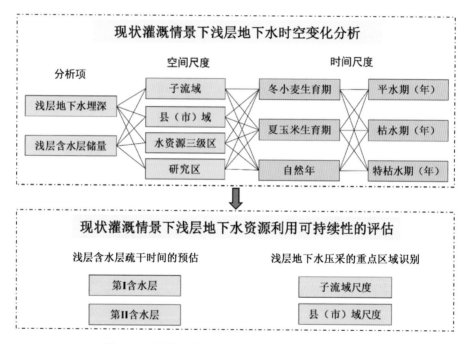

图1.2　现状灌溉情景模拟分析与评估的技术路线图

3.限水灌溉情景的模拟分析与评估

以上述研究为基础，针对该区域井灌超采浅层地下水所导致的粮食生产特别是冬小麦生产与浅层地下水资源支撑能力高度矛盾的现实问题，从"水－粮"权衡的角度出发，对冬小麦生育期不同的限水灌溉方案及其对浅层地下水压采与农田节水的效应进行模拟与评估。

1）基于模拟试验确定冬小麦生育期的限水灌溉方案

以改进后的分布式水文模型SWAT为研究手段，开展针对冬小麦生育期限水灌溉的模拟试验，通过对比与分析不同试验情景中的浅层地下水位和浅层含水层储水量及作物产量的模拟结果，明晰在限制浅层地下水井灌开采量的条件下，能够在某种程度上权衡浅层地下水动态与作物产量变化之间利弊的冬小麦生育期的灌水时间与灌水次数，与此同时，参考该区域内试验站点其他研究者已有的田间试验结果和目前政府有关部门制定的相关政策，设计多种冬小麦生育期限水灌溉的模拟情景。

2）冬小麦－夏玉米一年两熟种植制度下冬小麦生育期限水灌溉的情景模拟

根据以上确定的冬小麦生育期限水灌溉方案，应用我们改进了地下水模块后而构建的分布式水文模型 SWAT，模拟计算各限水灌溉情景下浅层地下水的水均衡和水位动态、土壤水的水均衡、作物的产量和水分生产力等，并将其时空分布与冬小麦、夏玉米的现状灌溉制度下的模拟结果进行对比与分析，就设定的冬小麦生育期限水灌溉情景，定量化地评估这些限水灌溉方案能够压减多少浅层地下水的井灌开采量、削减多少浅层地下水的井灌超采量、能否遏制浅层地下水位的持续下降，以及会带来多大程度的作物减产风险。

3）基于权衡浅层地下水涵养与粮食生产的冬小麦生育期灌溉模式的优化

在模拟分析时段内对每一个模拟单元，分别以浅层地下水位基本保持平稳（即浅层地下水基本"采补平衡"）为约束条件和冬小麦减产幅度最小为目标函数，以及以冬小麦可容许的减产幅度为约束条件和浅层地下水位下降速度最小为目标函数，对冬小麦生育期不同降水水平下的灌溉方案之组合的模拟结果进行挑选，获得分别满足这两种约束条件下相应的目标函数最优的灌溉方案之组合，亦即优化的灌溉模式，以期为这个"水－粮"高度矛盾、大范围呈现浅层地下水位降落漏斗的区域制定实施压采井灌所用地下水的方案提供具有实际应用意义的参考依据。

上述研究内容所涉及的技术路线如图 1.3 所示。

4. 休耕情景的模拟分析与评估

休耕作为一种有利于资源永续利用的种植调整模式，在地下水超采区不失为一种政府可选择的压采措施，同时它还将有益于减少农业机械燃料和井灌用电所带来的能源消耗。因此，我们继续以河北省太行山山前平原为研究案例，在"模拟－评估－优化"的框架下对该井灌区实施休耕方案下的压采与节能效应及对粮食产量的影响进行定量分析。

1）基于多源数据设置休耕模式

参阅政府有关部门已颁布的相关政策文件和国内外已发表的相关研究文献，以及研究区的水文地质条件、井灌利用特征、粮食生产地位与历史上曾有过的种植制度等背景资料，同时参考现状种植制度（即冬小麦－夏玉米一年两熟制）下冬小麦生育期限水灌溉的模拟结果，设计相对合理且具有可操作性的冬小麦季的农田休耕模式（包括种植和灌溉方案）作为模拟情景。

2）休耕模式的情景模拟与分析

根据以上确定的季节性休耕模式，继续应用我们所构建的分布式水文模型 SWAT 对研究区在不同休耕情景下的浅层地下水的水均衡和水位动态、土壤水均衡组分与作物产量进行模拟，并将其与冬小麦－夏玉米一年两熟制下的基本情景的模拟结果进行比较，分析与量化不同休耕模式下浅层地下水的时空变化、冬小麦在非休耕季的产量和夏玉米产量及作物根系带 2 m 土体的水均衡对浅层地下水潜在补给和作物产量的影响。

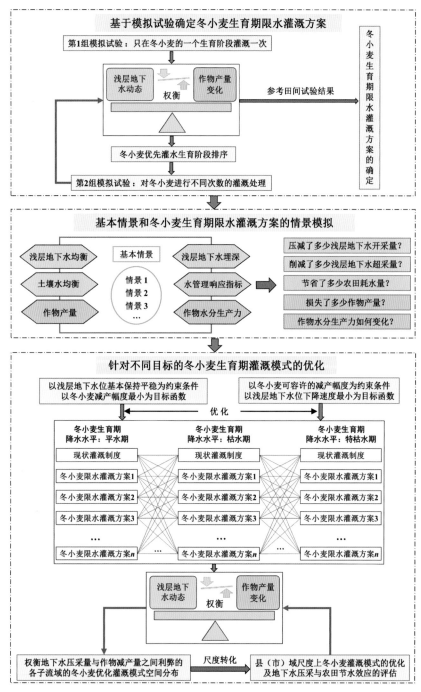

图 1.3　限水灌溉情景模拟分析与评估的技术路线图

3）不同休耕模式下"水－粮食－能源"关联性的评估

设置能够表征休耕模式对水、粮食和能源这三方面影响及"水－粮食"和"能源－粮食"关联性的评估指标，基于上述不同休耕模式的情景模拟与分析结果，对各种休耕情景下的浅层地下水的压采效应、作物产量的变化、能源消耗的节省程度及水资源与能源的利用效率进行量化与评估。

4）考虑"水-粮食-能源"关联性的休耕模式优化

参考以上"水-粮食-能源"关联性的评估结果，在每一个模拟单元，以考虑模拟时段内浅层地下水能够实现"采补平衡"且水分生产力和能源生产力均有所提高为约束条件，以冬小麦年均产量最高为目标函数，对不同休耕模式的模拟结果优选出能够满足上述约束条件下目标函数的休耕模式，如此遍历所有模拟单元，便获得在研究区内优化的休耕模式，研究结果有望为这个典型的由于地下水开采与冬小麦生产而导致严峻的"水-粮"矛盾的井灌平原，因地施策地制定季节性（冬小麦季）休耕方案，以实现浅层地下水压采的规划目标提供决策所需的参考依据。

上述研究内容所涉及的技术路线如图 1.4 所示。

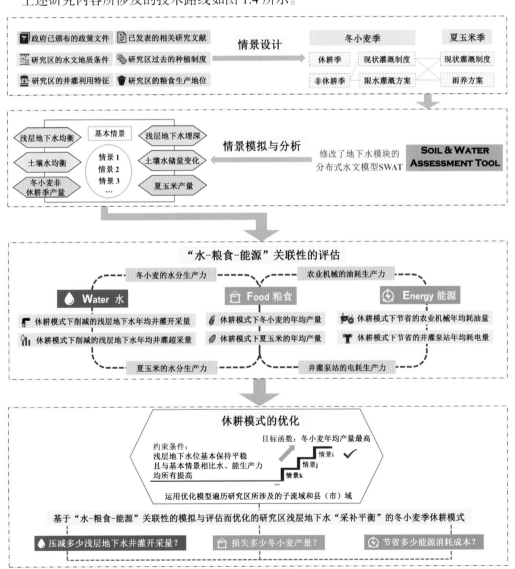

图 1.4　休耕情景模拟分析与评估的技术路线图

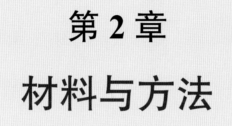

第 2 章

材料与方法

2.1　研究区概况

2.1.1　行政区划

本研究是对井灌区在区域尺度下冬小麦生产与浅层地下水资源可持续支撑问题进行探讨与分析（部分研究内容参见：Zhang *et al.*，2016，2018），所以我们在界定研究区边界时，以自然地理学的海拔高度为基础，同时参照了综合农业区划［河北省农业区划委员会（综合农业区划）编写组，1985］的划分标准和主要的行政区划。具体地，首先根据太行山东侧海拔 100 m 等高线界定了研究区西侧与山区的边界（Sun and Ren，2013）；然后以综合农业区划为主，以行政区划的县（市）域为单位，界定了研究区东侧与低平原的边界（王慧军，2010）；最后，南北两侧的边界由河北省的省域界线确定。由此确定的河北省太行山山前平原的地理坐标为北纬 36°07′～39°35′、东经 114°17′～116°14′，总面积约为 22753 km²，共涉及隶属于保定、石家庄、邢台和邯郸这 4 个地区的 48 个县（市），其中全部落在研究区的县（市）共 29 个，部分落在研究区的县（市）共 19 个，如图 2.1 所示。具体包括：

保定地区：保定市、清苑、定兴、望都、涿州、定州、安国、高碑店 8 个县（市）的全部和满城、涞水、徐水、唐县、易县、曲阳、顺平 7 个县（市）的部分；

石家庄地区：石家庄市、正定、栾城、高邑、深泽、无极、赵县、辛集、藁城、晋州、新乐 11 个县（市）的全部和行唐、灵寿、赞皇、元氏、鹿泉 5 个县（市）的部分；

邢台地区：邢台市、柏乡、隆尧、任县、南和、宁晋 6 个县（市）的全部和邢台县、临城、内丘、沙河 4 个县（市）的部分；

邯郸地区：邯郸市、临漳、成安、肥乡 4 个县（市）的全部和永年、邯郸县、磁县 3 个县（市）的部分。

2.1.2　农业气候

研究区属于温带半湿润、半干旱大陆性季风气候区，区域多年平均降水量约为 450～550 mm，其时空分布具有变异性。根据基于 1970～2012 年的降水量数据所计算的降水超过概率（Precipitation Exceedance Probability，PEP），在我们的模拟分析时段内（1993～2012 年）的 20 年中，自然年的降水水平为丰（PEP ≤ 25%）、平（25% < PEP < 75%）、枯（75% ≤ PEP < 95%）和特枯（PEP ≥ 95%）的年份分别有 5 年、10 年、4 年和 1 年，冬小麦生育期的降水水平为丰、平、枯和特枯的生育期分别有 4 个、12 个、3 个和 1 个，夏玉米生育期的降水水平为丰、平、枯和特枯的生育期分别有 5 个、9 个、5 个和 1 个。需要说明的是，在本书（见后文）中我们对各种情景的模拟结果在不同降水水

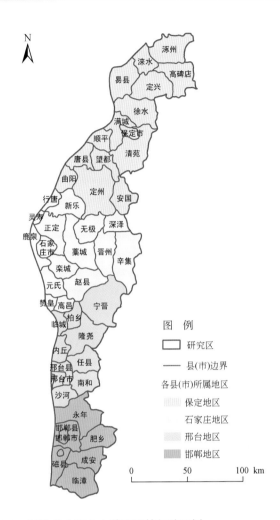

图 2.1　河北省太行山山前平原的行政区划

平下进行统计时，把自然年及冬小麦（或夏玉米）生育期的降水水平为丰水的模拟结果归并到平水下，这是为了与 Sun 和 Ren（2013，2014）的工作保持一致，这些研究考虑了与研究区相关的历史灌溉制度[①]（中国主要农作物需水量等值线图协作组，1993）的对应性。按 1993～2012 年的气象数据系列，研究区所涉及的各县（市）在冬小麦和夏玉米生育期及自然年内平均降水量的空间分布如图 2.2 所示。该区域降水量的年际变化较大，其中丰水年的降水量大约是特枯水年的 2～3 倍；同时，降水量的年内变化也较大，季节分配不均，一般年份 7～9 月的降水量约占全年降水量的 75%，而春季降水量仅占全年降水量的 10% 左右。

　　研究区平均气温约为 13～14℃，全年 ≥ 0℃ 的积温在 2204～2985℃，全年 ≥ 10℃ 的积温在 1556～1672℃，适合冬小麦 - 夏玉米一年两熟种植制度。由 1993～2012 年

---

①河北省灌溉试验中心，1988，河北省冬小麦和夏玉米作物需水量。

的气象数据，在冬小麦生育期和夏玉米生育期，研究区的平均辐射量分别为 3151～3574 MJ/m² 和 1768～1863 MJ/m²，光照相对充足。因此，在河北省优势农产品区域布局规划中，将太行山山前平原区的正定、栾城等 28 个县作为优质小麦的优势产区，将京广沿线作为专用玉米的优势产区（王慧军，2010）。

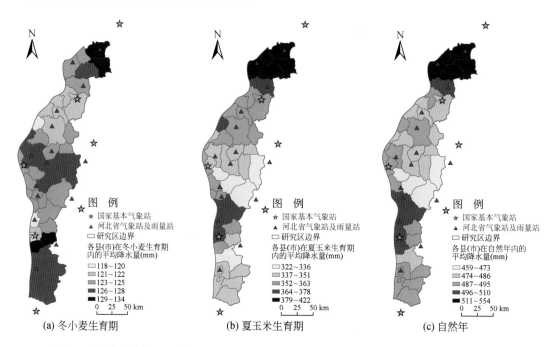

(a) 冬小麦生育期   (b) 夏玉米生育期   (c) 自然年

图 2.2   河北省太行山山前平原 1993～2012 年在冬小麦和夏玉米的生育期及自然年内的平均降水量的空间分布

2.1.3　耕地资源与利用

1. 耕地资源的数量与质量

根据对 1990～2010 年土地利用数据的统计，研究区耕地和建设用地分别约占土地总面积的 80% 和 15%，其他类型的用地约占土地总面积的 5%（表 2.1）。在这 20 年中，研究区耕地面积随时间的推移表现为轻度减少的趋势，而在减少的面积中约有 90% 转化为建设用地（表 2.2）。其中，2000～2010 年这 10 年耕地面积的减少趋势较 1990～2000 年这 10 年耕地面积的减少趋势有所降低（图 2.3），这表明：1998 年开始实施的耕地占补平衡政策在一定程度上遏制了耕地面积的进一步萎缩。

根据河北省农用地分等工作，全省的"农用地自然质量等别"共划分为 15 个等别（2～16 等），进一步地按 2～5 等为低质量区、6～10 等为中质量区、11～16 等为高质量区进行划分并统计，河北省太行山山前平原农用地约有 9.5% 为中质量区，约有 90.5% 为高质量区，这说明研究区内耕地资源的自然禀赋条件较好[1]。另一方面，根据"农

---

[1] 河北省国土资源厅土地利用管理处，2008，河北省农用地综合产能调查与评价技术报告。

用地利用质量等别"的统计情况，河北省太行山山前平原高利用等别、中利用等别和低利用等别的农用地分别约占全省相应等别农用地面积的 6.1%、34.2% 和 36.6%，其平均的利用质量高于全省平均水平，这说明研究区耕地生产投入也相对较高，是河北省优质耕地的重点分布区域[①]。

表 2.1　河北省太行山山前平原不同时期土地利用类型表　　（单位：km²）

土地利用类型	1990 年	1995 年	2000 年	2005 年	2010 年
耕地	18970	17719	18249	18103	17985
林地	76	1061	83	97	96
草地	462	332	433	428	427
水域	436	386	432	430	415
建设用地	2795	3195	3542	3681	3816
未利用地	14	60	14	14	14

数据来源：根据中国科学院资源环境科学数据中心（http://www.resdc.cn）土地利用现状遥感图计算得到。

表 2.2　河北省太行山山前平原不同时期土地利用类型变化表　　（单位：km²）

土地利用类型	1990～1995 年	1995～2000 年	2000～2005 年	2005～2010 年
耕地	-1251	530	-146	-118
林地	985	-978	14	-1
草地	-130	101	-5	-1
水域	-50	46	-2	-15
建设用地	400	347	139	135
未利用地	46	-46	0	0

数据来源：根据中国科学院资源环境科学数据中心（http://www.resdc.cn）土地利用现状遥感图计算得到。

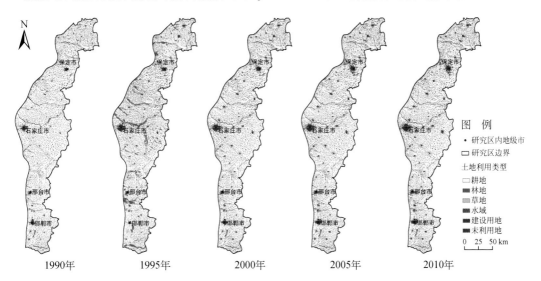

图 2.3　河北省太行山山前平原 1990 年、1995 年、2000 年、2005 年和 2010 年的土地利用类型图

数据来源：中国科学院资源环境科学数据中心（http://www.resdc.cn）

[①] 河北省国土资源厅土地利用管理处，2008，河北省农用地综合产能调查与评价技术报告。

2. 种植制度和种植结构

研究区内的耕地利用现状主要为冬小麦 - 夏玉米一年两熟制。根据 1995～2013 年《河北农村统计年鉴》（河北省人民政府办公厅和河北省统计局，1995～2013），近 20 年来，研究区内这两种作物的播种面积之和占农作物总播种面积的比例在 65%～75% 波动，并占到粮食总播种面积的 90% 以上（图 2.4）。其中，小麦、玉米的播种面积平均分别约为 80.96 万 ha 和 69.07 万 ha，各自占耕地总面积的 60%～66% 和 50%～62%。从研究区小麦和玉米的播种面积的变化来看，小麦播种面积占农作物总播种面积的比例总体呈现为 1995～2005 年间减少，2005～2010 年间回升的趋势，但基本保持稳定；玉米播种面积占农作物总播种面积的比例在 1995～2005 年间比较稳定，在 2005～2010 年间由 30% 左右增加到 35% 左右。从研究区内粮食播种面积（小麦、玉米和其他粮食作物）的变化来看，1995～2005 年粮食播种面积占农作物总播种面积的比例呈下降趋势，从占近 80% 下降到 70% 左右；2005～2010 年，粮食作物播种面积开始有所回升。造成种植结构变化的主要原因是 1995～2005 年间河北省大力发展蔬菜产业，1995～2000 年其他农作物播种面积的增加主要来自于蔬菜面积的增加，2000 年以后虽然仍在增加，但变化幅度减小，至 2005 年蔬菜发展已趋稳定（王慧军，2010）。

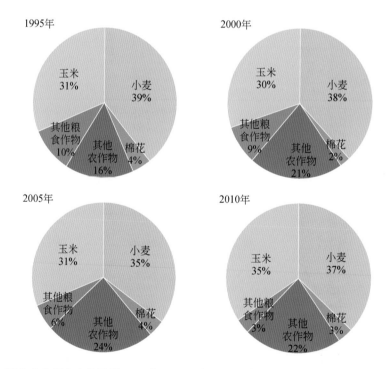

图 2.4　河北省太行山山前平原 1995 年、2000 年、2005 年和 2010 年的主要农作物播种面积占农作物总播种面积的比例分布图

数据来源：《河北农村统计年鉴》，其中其他粮食作物指除小麦、玉米以外的其他粮食作物，包括稻谷、高粱、谷子、豆类、薯类等；其他农作物指除粮食作物和经济作物棉花外的其他农作物，包括油料作物、糖料作物、蔬菜、瓜果、麻类、烟叶等

3. 耕地资源的利用特征

根据对 1980 年和 2005 年两期的中国 1 ∶ 25 万土地覆盖遥感调查与监测数据进行分析，研究区内的耕地中约有 75% 的面积为水浇地（图 2.5），这说明农田灌溉是该区域粮食实现高产稳产的重要保障。在这 25 年间，研究区内的水浇地面积比例增加了约 3%，这说明：由于水利设施的完善和科技的进步，约有 550 km² 的旱地转化为水浇地，但同时这也意味着对水资源特别是地下水资源的利用强度在增大。

河北省太行山山前平原地处华北平原，高强度集约利用的冬小麦－夏玉米一年两熟制的种植制度伴随着高氮肥投入来获取高产量（Li *et al.*，2007；贾银锁和郭进考，2009）。然而，氮肥的持续投入对于研究区作物产量增加的效果在 1996 年以后明显减少，冬小麦和夏玉米的单位面积产量逐步趋于平稳（王慧军，2010；Sun and Ren，2014）。这说明：近 20 年来，大量的氮肥施用已使得河北省太行山山前平原耕地内冬小麦和夏玉米的生长几乎不受氮素胁迫的影响，因此，土壤水分状况（换言之，土壤墒情）成为影响该区域农业生产的最主要因素。该区域农用地利用管理实践的主要需求演变为研究耕地的集约化利用对水土资源的影响，以及为实现该区域农业可持续发展所应采取的耕地水资源利用的调整方案。

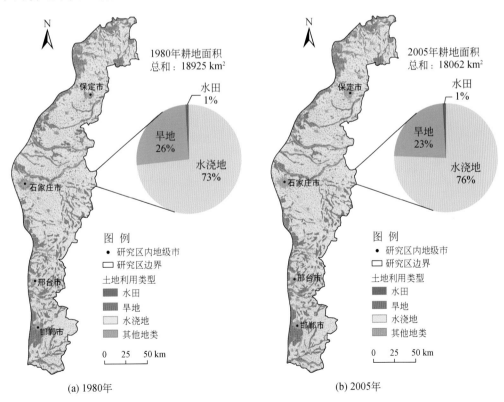

图 2.5　河北省太行山山前平原 1980 年（a）和 2005 年（b）的耕地资源利用图

数据来源：中国科学院地理科学与资源研究所地球系统科学共享平台（http://www.igsnrr.ac.cn/）

2.1.4　水文水资源

河北省太行山山前平原地处海河流域，由于近 20 多年来降水量的减少及上游水库的拦蓄，研究区内大部分河道常年干涸，或仅在汛期短时过流，或水质受到城市和工业的严重污染，农业几乎没有可利用的地表水资源（陈望和，1999；刘昌明，2002；任宪韶等，2007；郑连生，2009）。但是由于冬小麦生育期降水量不足全年的 20%，必须依靠灌溉来保障农业生产（Zhang *et al.*，2006），因此，该区域长期大量开采浅层地下水以满足农田灌溉需求。

研究区属于第四系松散堆积平原，地下蕴藏着丰富的孔隙水，其中浅层地下水含水层水质良好，是区域主要的开采层（陈望和倪明云，1987），浅层地下水的年天然资源模数约为 15 万～ 25 万 m^3/（$km^2 \cdot a$）（中国地质调查局，2009）。在研究区，第四纪含水岩系自上而下分为 4 个含水层组，其中第 II 含水层与第 I 含水层之间缺乏稳定的隔水层，二者之间具有较好的水力联系，且近年来由于两个含水层混合开采，人为加强了二者之间的水力联系，通常认为它们是统一的含水体，也可合并为一个含水层组，视为浅层地下水含水系统（陈望和，1999；张宗祜和李烈荣，2005）。因此，本研究将第四纪含水岩系的第 I、II 含水层概化为浅层含水层。由于高集约的利用方式，1990 年以来该地区的浅层地下水年开采模数达到了 20 万～ 50 万 m^3/（$km^2 \cdot a$），其中 80% 以上用于农业灌溉，造成了地下水资源的连续超采（参见图 2.6），浅层地下水位的持续下降（张宗祜和李烈荣，2005；中国地质调查局，2009）。另外，农业灌溉开采浅层地下水程度的不断增大也进一步加剧了浅层地下水漏斗区域的扩展，已经形成了包括保定漏斗、石家庄漏斗、宁柏隆漏斗、高蠡清漏斗、邯郸漏斗等浅层地下水漏斗群，诱发了地面塌陷等地质环境问题（张宗祜和李烈荣，

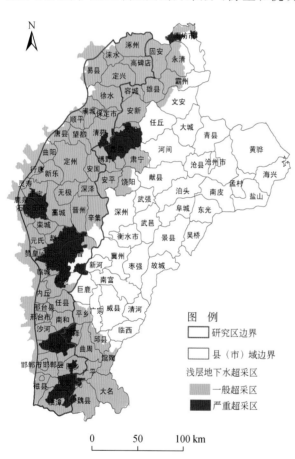

图 2.6　京津以南河北平原浅层地下水一般超采区和严重超采区的空间范围

图中浅层地下水超采区范围是根据河北省乡镇行政边界（数据来源：中国科学院资源环境科学数据中心）对《河北省人民政府关于公布地下水超采区、禁止开采区和限制开采区范围的通知（冀政字［2017］48 号）》中的插图矢量化获得的

2005；中国地质调查局，2009）。因此，灌溉所造成的浅层地下水超采问题，已经成为该区域农业可持续发展中不容忽视的由于地下水资源承载力下降而亟待研究的科学问题，定量化地分析农田灌溉的改变与浅层地下水时空的变化之特征，有助于为该区域水土资源的生态环境健康提供参考依据。

2.2　SWAT 模型

2.2.1　SWAT 模型地下水模块的改进

SWAT 模型是由美国农业部（United States Department of Agriculture，USDA）农业研究中心（Agricultural Research Service，ARS）开发的流域尺度分布式水文模型。该模型属于以水量平衡原理为基础的物理过程模型，可以考虑气候、水文、泥沙、土壤水、作物生长和农业管理措施等过程，以日为模拟时间步长（Neitsch et al.，2011）。在本研究中，我们使用基于地理信息系统的 ArcSWAT 界面进行流域的参数化和模型的构建。模型基于数字高程模型（digital elevation model，DEM）和河网数据，将研究区划分为若干个子流域（subbasin）。对每一个子流域又可以依据其中的土壤类型、土地利用和坡度的组合情况，进一步划分为单个或多个水文响应单元（hydrologic research unit，HRU）。HRU 是模型中最基本的计算单位，对每一个 HRU，SWAT 模型所考虑的各种水分运动包括：冠层截留、入渗、再分配、蒸发蒸腾、表层土壤侧向流、地表径流、回归流等。在本研究中，采用 SCS 曲线方法（USDA Soil Conservation Service，1972）计算地表径流，采用储留方式计算根系层中通过每一层土壤的水分通量，当土壤含水量超过田间持水率且下层土壤尚未达到饱和状态时，土壤水分将进一步下渗（贾仰文等，2005）。SWAT 模型中蒸散的计算包括：植被冠层截留、植物蒸腾和土面蒸发，并提供了三种方法计算植物的潜在蒸散量，在本研究中，根据所收集到的资料，选择 Penman-Monteith 方法（Neitsch et al.，2011）进行计算。SWAT 模型采用简化的 EPIC 植物生长模型来模拟植被覆盖与生长。模型首先模拟植物在理想状态下生物量的潜在积累，这取决于所截获的能量及植物从能量转化为生物量的效率。由于环境的限制，植物不可能达到潜在生长和潜在的生物量，SWAT 模型通过考虑植物受到水分、氮磷和温度的胁迫作用来模拟其对植物生长的影响。其他相关的模型原理的详细介绍参见 Arnold 等（1998）和 Neitsch 等（2011）的工作，由于地下水模块的改进和运用是我们的研究特色，故详述如下。

SWAT 模型中的地下水模块将地下水系统分为浅层和深层两个含水层。对于浅层地下水系统，模型基于水平衡原理以日尺度为时间步长对含水层的储水量进行计算（Neitsch et al.，2011）。其中，采用系数法将经过了一定时间延迟后的来自土壤剖面的渗漏水量分为两部分，一部分补给到浅层含水层，剩余部分补给到深层含水层。对于地下水流/基流，模型设计为当浅层含水层的储水量超过某个阈值时，浅层含水层可补给子流域内的主河道或河段，并结合基流退水常数这一参数对这部分水量进行计算；对于水从浅层含水层运移到上覆非饱和带的过程，SWAT 模型将其看作是蒸散发需水量的函数，为避免与土壤蒸发及蒸散过程混淆，该过程用"revap"表示，这一过程在模型中同样被设计为当浅层含水层的储水量超过某个阈值时才会发生（Neitsch *et al.*，2011）。在本研究中，基于研究区井灌面积约占灌溉面积的90%以上[①]，故近似认为农田灌溉用水全部取自浅层地下水。

但是，SWAT 模型只能输出时间步长内浅层含水层储水量的变化（蓄变量），由于这种变量通常是实际中无法直接测量获得的，这就使得难以使用实测数据对地下水模块中的参数进行率定。在各国的地下水资源管理实践中，往往是通过测量地下水埋深而对地下水资源的动态进行监测和管理的。虽然 SWAT 模型的地下水模块在计算河道基流量的公式中含有地下水面高度这个自变量，但该自变量反映的是地下水系统子流域的分水岭到河道的空间距离内的地下水面高度，此外，研究区属于浅层地下水大埋深的漏斗区，河道常年几乎断流，可视为基本没有基流发生，故在我们的研究区域也不适宜用这个公式进行地下水位的计算。在本研究中，我们对地下水模块的源程序进行了适当修改，包括：通过加入给水度这一参数将浅层含水层储水量变化转化为浅层地下水位动态，并添加了两个参数：浅层含水层底板埋深和浅层含水层孔隙度，以便于模型的地下水模块在模拟的初始时刻将实测的水位初值转化为储水量初值。另外，从研究区西侧山区侧向流入的地下水补给量占到总补给量的大约10.2%，是地下水均衡项中的重要组成部分（张宗祜和李烈荣，2005），而原模块中未考虑这种横向流动，这会对模拟结果产生较大影响，所以在本研究中也对源程序进行了修改，加入了侧向补给量的输入并使之参与水量平衡计算过程。以上所涉及的程序修改的具体计算公式如下：

1）利用模拟时段开始时浅层地下水埋深赋予浅层含水层储水量的初始值

$$\text{SHALLIST} = （\text{SHBD} - \text{SHGWT}_0）\times \text{SHPOR} \times 1000 \tag{2.1}$$

式中，SHALLIST 为模拟时段开始时的浅层含水层的储水量，mm；SHBD 为浅层含水层的底板埋深，m；SHGWT_0 为模拟时段开始时的浅层地下水埋深，m；SHPOR 为浅层含水层的孔隙度。

2）利用水文地质勘查资料与地下水资源评价数据赋予基流发生时的储水量阈值和因水的亏缺致使浅层含水层的水进入土壤带时的储水量阈值

$$\text{GWQMN} = （\text{SHBD} - \text{GWQWT}）\times \text{SHPOR} \times 1000 \tag{2.2}$$

$$\text{REVAPMN} = （\text{SHBD} - \text{REVAPWT}）\times \text{SHPOR} \times 1000 \tag{2.3}$$

式中，GWQMN 为发生基流所需的浅层含水层储水量的阈值，mm；GWQWT 为发生基流所需的浅层地下水埋深的阈值，m；REVAPMN 为发生"revap"所需的浅层含水层储水量的阈值，mm；REVAPWT 为发生"revap"所需的浅层地下水埋深的阈值，m。

3）在浅层地下水的水量平衡计算公式中加入山前侧向补给量

$$\text{SHALLIST}_i = \text{SHALLIST}_{i-1} + W_{\text{rchrg}} - W_{\text{revap}} - Q_{\text{gw}} - W_{\text{pump, sh}} - W_{\text{deep}} + W_{\text{larchrg}} \tag{2.4}$$

[①] 河北省水利厅，1994～2012，河北水利统计年鉴。

式中，SHALLIST$_i$ 为第 i 天的浅层含水层的储水量，mm；SHALLIST$_{i-1}$ 为第 i–1 天的浅层含水层的储水量，mm；W_{rchrg} 为第 i 天进入到浅层含水层的垂向补给量，mm；W_{revap} 为第 i 天因水的亏缺从浅层含水层进入土壤带的水量，mm；Q_{gw} 为第 i 天从浅层含水层流入主河道或河段的地下水流量或基流量，mm；$W_{pump,sh}$ 为第 i 天从浅层含水层抽取的水量，mm；W_{deep} 为第 i 天从浅层含水层渗漏到深层含水层的水量，mm；$W_{larchrg}$ 为第 i 天进入浅层含水层的山前侧向补给量，mm。

4）将浅层含水层储水量变化转化为浅层地下水埋深动态

$$\text{SHGWT}_i = \text{SHGWT}_{i-1} - \frac{(\text{SHALLIST}_i - \text{SHALLIST}_{i-1})}{\text{GWSPYLD}} \times \frac{1}{1000} \tag{2.5}$$

式中，SHGWT$_i$ 为第 i 天的浅层地下水埋深，m；SHGWT$_{i-1}$ 为第 i–1 天的浅层地下水埋深，m；GWSPYLD 为浅层含水层的给水度。

5）将浅层地下水埋深的模拟结果由 HRU 尺度提升至子流域尺度

$$\text{SHGWT}_{\text{SUB}} = \frac{\sum (\text{SHGWT}_{\text{hru},k} \times A_{\text{hru},k})}{\sum A_{\text{hru},k}} \tag{2.6}$$

式中，SHGWT$_{\text{SUB}}$ 为某个子流域平均的浅层地下水埋深，m；SHGWT$_{\text{hru},k}$ 为在所选的子流域中第 k 个 HRU 的浅层地下水埋深模拟值，m；$A_{\text{hru},k}$ 为在所选的子流域中第 k 个 HRU 的面积，m^2。

利用 FORTRAN 语言将上述计算公式写入源代码中的 gwmod.f 子程序和 vitual.f 子程序（图 2.7）。在此之前，在 modparm.f 和 aloocate_parm.f 子程序中定义我们加入的计算参数并为其分配空间，通过修改 readgw.f 子程序实现从输入文件中读取相关参数的功能，最后通过修改 hruday.f、hrumon.f、hruyr.f、subday.f、submon.f 和 subyr.f 实现不同时空尺度浅层地下水埋深的输出功能。

我们注意到，SWAT 模型对于模拟单元的划分，是在将一个流域划分为若干个子流域的基础上，再按照每一个子流域内土地覆被、土壤和坡度的不同组合划分为若干 HRU，使得每个 HRU 具有相同的土地覆被、土壤类型和土壤质地及坡度。如此，按照这样划分模拟单元的方法，会出现某个 HRU 不连续地分散在同一个子流域内的不同空间位置的情形。因此，按照上述模型的修改方法，即使在 HRU 尺度上计算浅层地下水埋深，然后再根据面积加权平均法聚合到子流域的尺度上，但对于空间位置不连续的 HRU 来说，处于分散位置的 HRU 的地下水补给条件和水文地质条件的异质性或许会导致地下水埋深的模拟存在一定的误差。然而，河北省太行山山前平原属于冲积平原，地势平坦，地形坡降仅为 1‰ ~ 2‰（中国地质调查局，2009），耕地约占土地总面积的 80%，土壤类型也差别不大（Sun and Ren，2013）。同时，由于在 HRU 的划分过程中我们设置了 10% 的阈值（覆盖子流域面积的百分数小于该阈值的土地覆被类型和土壤类型将被忽略），所以划分后的 HRU 的分散程度是较小的，在研究区范围内，约有 85% 的 HRU 都是空间位置连续的模拟单元。同时，对于剩余的大约 15% 在空间位置上分散的 HRU 来说，在一个子流域中，不管其分散程度如何，根据研究区所处的区域地下水系统分区图（张兆吉和费宇红，2009），这些分散的 HRU 的不同部分在宏观尺度上都基本上属于同一个地下水

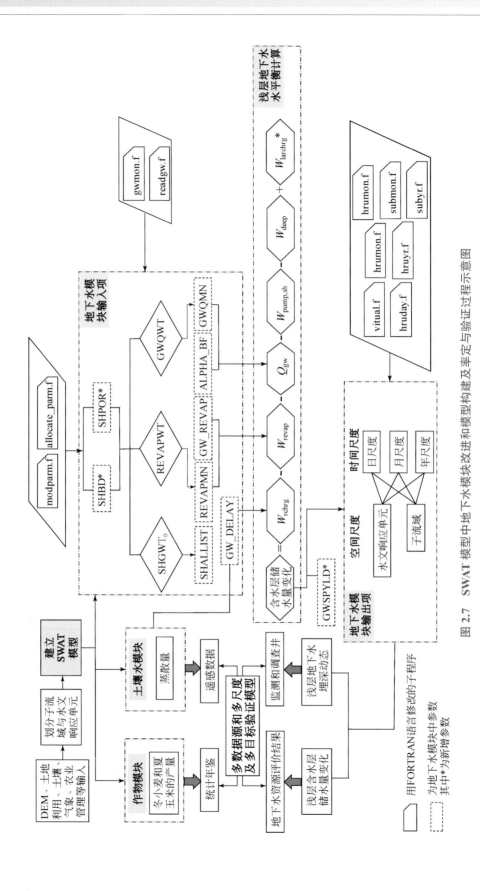

图 2.7 SWAT 模型中地下水模块改进和模型构建及率定率与验证过程示意图

系统分区，即具有相近的水文地质条件。因此，虽然这些 HRU 分散在同一个子流域内不同位置的情形可能会对地下水埋深在 HRU 空间尺度上的模拟结果产生一定的影响，但是，就我们的研究区域特定的地形地貌、水文特性和水文地质条件来说，可以认为该影响是相对较小的。

2.2.2　SWAT 模型地下水模块参数的初始化

上述改进了地下水模块后所构建的SWAT模型能否有效地模拟研究区的地下水动态，很大程度上取决于模型参数估计的好坏，而这些参数往往是具有较强的空间异质性且不能直接观测的。虽然通过相对合理的数学求解过程可以对参数进行某种程度的率定，但是由于算法本身的缺陷和计算过程的不确定性及外部因素的干扰，往往会出现"异参同效"，或者出现率定结果有悖于参数之物理意义的现象（Grayson *et al.*，1992；Refsgaard and Storm，1990；Savenije，2001）。因此，本研究首先基于参数的物理意义，结合研究区的实际情况，参考已开展的相关科研工作，充分考虑参数的空间分布特征，力求对地下水模块中的参数给出合理的初值，并在此基础上进行参数率定。这不仅能够兼顾参数的物理背景和实际分布，也可以在一定程度上减少率定过程中的计算工作量，从而提高计算效率。

20 世纪 50 年代以来，我国的水文地质科研人员在海河流域平原区开展了大量的地下水勘查研究工作，包括：1950 ～ 1976 年间以查明水文地质条件为主的普查勘查工作[1][2]，1975 ～ 1985 年间以地下水资源评价为主的调查研究工作[3]（地质矿产部黄淮海平原水文地质综合评价组，1992）和 1985 ～ 2010 年间以地下水资源合理开发利用与保护为主的调查评价工作[4][5][6]（中国地质调查局，2009）等。上述研究工作使得该研究区积累了水文地质分区、水文地质参数系列、地下水补 – 径 – 排特征和地下水资源评价结果等大量的数据资料。基于这些详实的水文地质资料，我们根据 SWAT 模型地下水模块相关参数的物理意义，力求对每个参数的初值在不同的空间尺度上给出相对合理的估值（表 2.3）。

（1）浅层含水层的底板埋深：在研究区，第四纪含水岩系自上而下分为 4 个含水层组，其中第 II 含水层与第 I 含水层之间缺乏稳定的隔水层，二者之间具有较好的水力联系，且近年来由于两个含水层混合开采，人为加强了二者之间的水力联系，通常认为它们是统一的含水体，也可合并为一个含水层组，视为浅层地下水含水系统[7][8]（陈望和，

① 河北省革命委员会地质局，1977，河北平原（重点黑龙港地区）地下水资源评价及合理开发利用勘查科研报告。
② 河北省地质局水文地质工程地质志编写组，1981，河北省水文地质工程地质志。
③ 中国地质科学院水文地质工程地质研究所，1986，中国黄淮海平原第四纪地质图（1：100 万）。
④ 中国地质调查局，1990，"七五"国家重点科技项目第 57 项"华北地区地下水资源评价"。
⑤ 中国地质调查局，2001，华北地下水可持续利用前景。
⑥ 中国地质调查局，2005，全国地下水资源及其环境问题调查评价。
⑦ 河北省水利厅，1985，河北省地下水资源。
⑧ 河北省地质矿产局地下水资源保证程度论证组，1991，河北平原（京津以南）地下水资源保证程度论证。

1999；张宗祜和李烈荣，2005）。因此，本研究将第四纪含水岩系的第Ⅰ、Ⅱ含水层概化为浅层含水层，参照华北平原地势和第Ⅰ、Ⅱ含水层组底板的标高（张兆吉和费宇红，2009），将浅层含水层的底板埋深栅格离散化后使用分区统计（zonal statistics）功能聚合在子流域尺度上作为 SWAT 模型地下水模块中该参数的初值。

（2）浅层含水层的孔隙度：孔隙度是指土壤孔隙的容积占土壤总容积的比例（王大纯等，1995）。研究区域的第Ⅰ、Ⅱ含水层组的主要岩性为砾卵石、中粗砂及中细砂（陈望和，1999；张兆吉和费宇红，2009），这种岩性的土壤孔隙度一般在 27%～42%（地质矿产部黄淮海平原水文地质综合评价组，1992；王大纯等，1995），本研究中将研究区浅层含水层的孔隙度统一概化为 40%。

（3）模拟时段开始时的浅层含水层的储水量、发生基流所需的浅层含水层储水量的阈值和发生"revap"（即水从浅层含水层运动到上覆非饱和层的现象）所需的浅层含水层储水量的阈值：由于 SWAT 中参与地下水平衡计算的都是水深（water depth，mm），所以我们通过式（2.1）、式（2.2）和式（2.3）将初始浅层地下水埋深、发生基流所需的浅层地下水埋深的阈值和发生水从浅层含水层运移到上覆非饱和带所需的浅层地下水埋深的阈值转化为模拟时段开始时的浅层含水层的储水量、发生基流所需的浅层含水层储水量的阈值和发生"revap"所需的浅层含水层储水量的阈值，然后输入模型。其中，基流量是指地下水补给主河道或河段的水量，是山区地下水排泄的重要组分之一（Dingman，1994），一般在平原区不计入地下水平衡项的计算中[①]（陈望和，1999）。由水动力学原理可知，当浅层地下水位标高高于河道底部高程时，才有可能发生基流。因此，根据研究区平均河道深度（Jarvis et al.，2006），在本研究中将4 m 概化为发生基流所需的浅层地下水埋深的阈值，并转化为发生基流所需的浅层含水层储水量的阈值后输入模型，基流 α 因子（ALPHA_BF）采用模型的默认值作为初值。"revap"表示水从浅层含水层向上运动到非饱和层的过程，SWAT 模型采用通过定义发生"revap"所需的浅层含水层储水量的阈值来模拟这一过程，仅当含水层储水量超过该阈值时，结合地下水的"revap"系数和某天的潜在蒸散发量来计算因土壤带水分的不足而进入到其中的实际水量（Neitsch et al.，2011）。在华北平原，当潜水面埋深大于4 m 时，潜水蒸发几乎停止（中国地质调查局，2009），冉庄试验站的资料也表明河北平原区潜水蒸发极限埋深为4 m 左右（郑连生，2009）。因此，在本研究中，我们也将4 m 概化为潜水蒸发极限水面埋深，并近似地将其视为发生"revap"所需的浅层地下水埋深的阈值，进而计算得到发生"revap"所需的浅层含水层储水量的阈值后输入模型，其中，地下水的"revap"系数 GW_REVAP 近似参照相关文献中的潜水蒸发系数（陈望和，1999；中国地质调查局，2009；郑连生，2009）进行设定。

（4）根系带水分渗透补给浅层地下水的延迟时间：水分从地面之下2 m 土体剖面底部渗漏后对含水层的补给在时间上往往存在一定的延迟，在 SWAT 中运用降水/地下水响应模型的指数衰减权重函数来考虑（Sangrey et al.，1984；Neitsch et al.，2011）。延迟时

---

① 河北省水利厅，1985，河北省地下水资源。

间通常无法直接测量，取决于潜水面的埋深及包气带与饱和带中地层的水力特性，可以通过比较地下水位的模拟值与实测值来估测（Neitsch *et al.*，2011）。本研究中用研究区平均的浅层地下水埋深（张兆吉和费宇红，2009）与包气带非饱和水力传导度的比值近似作为 2 m 土体渗透补给浅层地下水的延迟时间的初始值。考虑到近年来研究区浅层地下水埋深的不断增加，包气带逐渐变厚，使得下包气带土壤物理特性资料难以获得，尤其是非饱和水力传导度具有较强的空间变异性且难以求取，因此，本研究首先采用联合国粮食和农业组织（Food and Agriculture Organization of the United Nations，FAO）土壤数据库中 30 ～ 200 cm 土壤的饱和水力传导度（Nachtergaele *et al.*，2009）近似非饱和水力传导度以计算延迟时间的初始值，然后再通过地下水埋深模拟值与实测值的对比来进一步地校正。

（5）深层含水层的渗漏分数：根据研究区近 20 年来的深层和浅层地下水位动态资料，深层承压水位标高普遍低于浅层地下水位标高，因此会发生浅层地下水向深层地下水的越流排泄。SWAT 模型中将时间步长内通过土壤剖面 2 m 土体底部穿过包气带渗漏补给到地下水系统中的水量，采用补给量中越流到深层含水层的比例参（系）数来划分进入到深层含水层的水量。本研究根据地下水资源评价的浅层地下水越流排泄量与浅层地下水总补给量的比值（中国地质调查局，2009）在水资源三级区尺度上进行概化并赋予初值。

（6）浅层含水层的给水度：给水度表示单位面积含水层中地下水位每下降一个单位厚度时，由于含水层的疏干而释放出来的水量（张蔚榛，1983；张蔚榛和张瑜芳，1983）。在研究区，通过非稳定流抽水试验法、地下水动态长期监测资料反求法、小区域水文均衡法和室内模拟试验法等手段，已经积累了大量的给水度系列值资料。本研究采用最新的华北平原地下水可持续利用评价中根据 2014 个钻孔资料和历史水位变化范围（中国地质调查局，2009）、利用空间分析和统计软件确定的华北平原水位变动带的给水度分布图（张兆吉和费宇红，2009），首先栅格化原始图件生成 1 km × 1 km 的网格，然后采用 ArcGIS 中的分区统计（zonal statistics）功能聚合到模型模拟特定的空间尺度上作为参数的初值。由于给水度具有较强的空间变异性，加之它是影响地下水埋深动态的敏感参数之一，为了充分体现下垫面的异质性及在区域尺度上开展更高精度的模拟，我们在 SWAT 中的最小计算单元——HRU 的尺度上赋予给水度初值。概化后的给水度范围在 0.042 到 0.250 之间，与不同时期水文地质勘查报告给出的不同岩性给水度系列值的统计数据[1][2]（陈望和，1999；张宗祜和李烈荣，2005）相比，较为符合研究区的情况。

（7）侧向补给量与侧向流出量：山前侧向补给量是指发生在山丘与平原及山间盆地交界面上的山丘地下水以地下潜流形式补给平原及山间盆地浅层地下水的水量。根据海河流域水资源及其开发利用评价结果（任宪韶等，2007），首先，将其中涉及河北省太

① 河北省地质矿产局地下水资源保证程度论证组，1991，河北平原（京津以南）地下水资源保证程度论证。
② 河北省水利厅，1985，河北省地下水资源。

表 2.3　SWAT 模型中地下水模块参数初始化的方法、数据来源、空间尺度和初值范围

参数	描述	方法	数据来源参考	空间尺度	初值范围
SHBD*	浅层含水层的底板埋深/m	由水文地质调查资料按栅格计算	张兆吉和费宇红，2009	子流域	40～200
SHPOR*	浅层含水层的孔隙度	由含水层岩性推算	地质矿产部黄淮海平原水文地质综合评价组，1992；王大纯等，1995；陈望和，1999	研究区	0.4
SHALLIST	模拟时段开始时的浅层含水层储水量/mm	式(2.1)	地质矿产部黄淮海平原水文地质综合评价组，1992	子流域	12287～78748
GW_DELAY	根系带水分渗透补给浅层地下水的延迟时间/d	由浅层地下水埋深与非饱和带的饱和水力传导度估算	张兆吉和费宇红，2009；Nachtergaele et al.，2009	子流域	26～123
ALPHA_BF	基流 α 因子/(1/d)	参见 SWAT 手册（Neitsch et al.，2011）	参见 SWAT 手册（Neitsch et al.，2011）	研究区	0.1～1.0
GWQMN	发生基流所需的浅层含水层储水量的阈值/mm	式(2.2)	Jarvis et al.，2006	子流域	14400～78800
GW_REVAP	地下水的"revap"系数	参考水文地质调查报告	陈望和，1999；郑连生，2009；中国地质调查局，2009	子流域	0～0.02
REVAPMN	发生"revap"所需的浅层含水层水量的阈值/mm	式(2.3)	陈望和，1999；郑连生，2009；中国地质调查局，2009	子流域	14400～78800
RECHRG_DP	深层含水层的渗漏分数	由地下水资源评价结果推算	中国地质调查局，2009	水资源三级区	0.011～0.030
LARCHRG*	山前侧向补给量/(mm/d)	由单宽流量平均值与线性逼近近似法分配	任芠蓉等，2007	子流域	0.0088～0.2218
GWSPYLD*	浅层含水层的给水度	由水文地质调查资料按栅格计算	张兆吉和费宇红，2009；中国地质调查局，2009	水文响应单元	0.042～0.250

注：* 为改进模块时新增的参数。

行山山前平原的年平均山前侧向补给量概化到本研究的大清河淀西平原和子牙河平原这两个水资源三级区上；然后，分别除以各自三级区的山前侧向边界的总长度，获得各三级区的单宽侧向补给量；接着，分别乘以各自三级区内这些子流域（指侧向边界穿越其中的那些子流域）的侧向边界的长度，得到这些子流域各自的侧向补给量，以此除以这些子流域各自的面积并化为日尺度，便得到这些子流域各自的山前侧向补给量。若某一子流域的东边界为另一子流域的西边界，则由子流域质心沿垂直于侧向补给方向的直线，采用"线性逼近"的方法分配这两个子流域的侧向补给量，上游子流域的流出量为下游子流域的流入量。若某一子流域的东边界与研究区的东边界重合，由于从研究区东边界侧向流出补给中部平原区的水量是微乎其微的（张宗祜等，2000；郑连生等，2009），因此，则近似认为该子流域无侧向流出量。

2.2.3　SWAT 模型的输入与构建

Sun 和 Ren（2013）构建了一个包含海河平原的海河流域 SWAT 模型，包括：在 6 个试验站对作物参数进行的率定，以及在此基础上以遥感监测的实际蒸散为目标对其他相关参数在子流域尺度进行的率定与模型验证。本研究沿用上述研究中的土地利用、土壤和子流域等信息，以及率定好的作物和土壤水等模块的参数值，开启 SWAT 模型中我们修改后的地下水模块，并对此模块的参数在给定较合理的初值的基础上进行细致的参数率定与模型验证，以期构建能较全面地刻画本研究区大气降水-土壤水-地下水这样的农业水文循环的 SWAT 模型。我们的研究区域主要涉及大清河淀西平原和子牙河平原两个水资源三级区，共 22 个子流域和 70 个水文响应单元（图 2.8）。将耕地中的作物种植制度统一概化为冬小麦-夏玉米一年两熟制。我们注意到 Sun 和 Ren（2013，2014）模拟研究的时段截至 2005 年，已难以满足对现状情况的分析，因此，本研究将基础数据库延展至 2012 年（表 2.4），包括：利用 7 个国家基本气象站和 15 个河北省气象站及雨量站资料建立气象数据库，其中利用 1970～2012 年的降水量数据分别划分自然年的水文年型与冬小麦、夏玉米生育期的降水水平。此外，依据潘登（2011）和孙琛（2012）的研究工作及文献（Sun and Ren，2013，2014）的报道，分别就本研究区域内所涉及的 3 个作物分区和 4 个灌溉分区，对每一个子流域分别设定冬小麦、夏玉米的种植制度并由作物生育期的降水水平分别设定冬小麦、夏玉米的灌溉制度，此外，我们还利用农业统计年鉴资料（2006～2013 年）延补并概化了冬小麦、夏玉米的施肥制度（表 2.4）。

表 2.4　模型构建中所用的自然地理信息和气象及农业管理措施数据

类型	数据	数据来源	数据描述
自然地理信息	土地利用	美国地质调查局（USGS）	分辨率 1 km×1 km
	土壤	联合国粮农组织（FAO）	分辨率 10 km×10 km
	子流域空间位置	Sun and Ren，2013	大清河淀西平原 10 个子流域子牙河平原 12 个子流域

续表

类型	数据	数据来源	数据描述
气象信息	降水量	国家气象局气象中心	1970～2012 年
		河北省气象局	1970～2005 年
		海河流域水利委员会	2006～2012 年
	气温	国家气象局气象中心	1993～2012 年
		河北省气象局	1993～2005 年
	相对湿度	国家气象局气象中心	1993～2012 年
	风速	国家气象局气象中心	1993～2012 年
	日照时数	国家气象局气象中心	1993～2012 年
农业管理	作物	潘登，2011；孙琛，2012；Sun and Ren，2013	作物品种的 3 个分区和对应的品种参数
	种植制度	潘登，2011；孙琛，2012；Sun and Ren，2013	种植制度的 4 个分区和对应的播种与收获时间
	灌溉制度	潘登，2011；孙琛，2012；Sun and Ren，2014	灌溉制度的 4 个分区
	施肥制度	潘登，2011；孙琛，2012；Sun and Ren，2013；河北省人民政府办公厅和河北省统计局，1995～2013	县域尺度的施肥量

　　本研究在对现状及限水灌溉与休耕情景的模拟过程中，以 1990～2012 年为模拟时段，其中 1990～1992 年作为模拟预热时段、1993～2012 年这 20 个冬小麦－夏玉米的轮作周年作为模拟分析时段，以子流域为基本单元对模拟结果进行输出与分析。需要指出的是，考虑到县（市）域是我国行政管理尤其是农业水土资源管理的重要的行政单元，所以县（市）域尺度的模拟结果对地方政府部门的相关决策更具有现实意义，特别是在冬小麦生产与水资源保障方面矛盾突出的河北省太行山山前平原，针对县（市）域尺度的水土资源可持续利用目标进行深入的模拟研究对有关部门的相关管理更具有参考价值。因此，在对现状灌溉情景下浅层地下水的时空变化与可持续利用性的评估（即第 4 章）、冬小麦生育期限水灌溉情景的模拟与限水灌溉模式的优化（即第 5 章）及冬小麦休耕情景的模拟与休耕模式的优化（即第 6 章）的研究工作中，我们都将子流域尺度的模拟结果按照面积加权平均的计算方法、运用 ArcGIS 的空间分析功能进行尺度转换，进一步给出研究区所涉及的 48 个县（市）域尺度的模拟与评估结果，力求为政府的相关管理部门提供更为直观与便利的定量化参考数据。

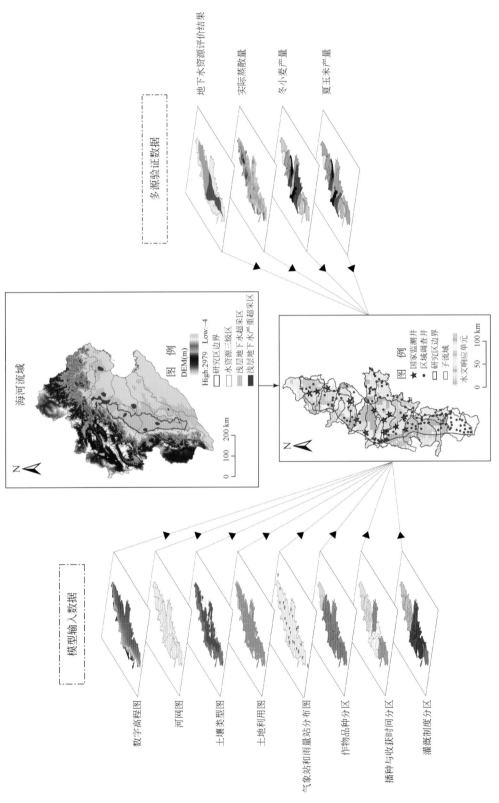

图 2.8　SWAT 模拟中的子流域和水文响应单元的空间位置及模型构建、率定和验证所用的多源数据
海河流域浅层地下水超采区和严重超采区分布图引自《海河流域水资源评价》（任宪韶等，2007）

2.2.4　参数率定与模型验证方法

1990 年以来，我国的相关部门在海河平原开展了大量的地下水位动态监测和调查工作。我们从中国地质环境监测院收集到时间尺度和空间分布不同的两套浅层地下水位观测数据，并将其作为目标变量对参数进行率定、对模型进行验证。由于参数的率定工作通常需要具有较长数据序列的实测值，因此，本研究采用监测频率相对较高但空间分布稀疏的 16 口国家级监测井的数据在 1993～2010 年的月时间尺度上对参数进行率定，我们选取距离子流域质心最近的监测井的数据作为实测数据。同时，采用空间分布较为密集但测量次数较少的 148 口区域调查井的数据对参数率定后的模拟结果进行验证，将位于每个子流域内的调查井的数据取平均值作为实测数据。尽管区域调查井数据在 2006～2012 年间每年两次采集，而我们只获取了其中一次的资料，但这仍然可以满足模型验证的需求，这些在空间上较密集分布的调查井的浅层地下水埋深数据，为我们校验模型使用率定后的空间变异较大的参数之模拟效果提供了保障。由于子牙河平原南部的 5 个子流域没有可用的国家级监测井，所以我们在这 5 个子流域将区域调查井的数据进行稀疏化，一半用来率定参数，而另一半用以验证模型。

由于在 Sun 和 Ren（2013）的研究中，已经以蒸散量作为目标变量对海河流域平原区的土壤、径流和作物生长模块中的 6 个参数在子流域尺度上进行了率定，所以在本研究的参数率定中不再改变上述 6 个参数的取值。只根据本研究中对参数敏感性分析的结果，对地下水模块中的参数 GWSPYLD、GW_DELAY 和 RECHRG_DP，以及影响 2 m 根系带土体水分渗漏的参数 SOL_K（根系带土壤饱和水力传导度）进行率定。从兼顾计算精度和计算效率的角度，在上述需要进行率定的参数中，GW_DELAY 和 RECHRG_DP 以水资源三级区尺度作为调参时对参数初值进行相同扰动的空间单元，SOL_K 根据土壤质地如法炮制，而对空间异质性较大、较为敏感且在 HRU 上定义的参数 GWSPYLD，则以子流域尺度作为空间单元对参数初值进行相同的扰动。

序贯不确定性匹配算法（Sequential Uncertainty Fitting Algorithm，SUFI-2）是用于参数率定、模型验证和不确定性分析的重要工具（Abbaspour et al.，2007），SWAT-CUP（SWAT Calibration Uncertainty Procedures）将 SUFI-2 与 SWAT 结合，能实现对大量的参数和站点的观测值同时进行处理（Schuol et al.，2008）。本研究采用含有 SUFI-2 方法的 SWAT-CUP 工具，以浅层地下水埋深为目标变量进行参数的率定和模型的验证。SUFI-2 方法是一个半自动的率定方法，它通过拉丁采样生成不同的参数组合并依次进行模拟，将模拟结果进行灵敏度矩阵、等效黑塞矩阵、协方差矩阵、相关矩阵的 95% 预测的不确定性（95% prediction uncertainty，95PPU）计算，可同时对大量的参数、多个站点进行率定，其特点是在随机过程中给出参数的"最佳范围"（Abbaspour et al.，2004）。本研究采用指标 P-factor（观测数据被预测值 95PPU 包含的比例）、R-factor（预测值 95PPU 的范围与观测值标准差的比值）进行参数率定结果优劣的衡量。其中 P-factor 越接近于 1，R-factor 越接近于 0，模型的模拟精度越高，当 P-factor 和 R-factor 的结果可以接受，则参数的不确定性为调参至此时的参数范围。另外，通过比较模拟与观测的浅层地下水埋深，采用稍作修改的效率标准 Φ（Krause *et al.*，2005）进行最优参数的选择。

为了提高模型验证的可信性，我们还将模型模拟的浅层地下水均衡项与地下水资源评价的结果进行比较，以期对参数率定后的地下水模块做进一步的验证。与 SWAT 模型的计算方法类似，地下水资源评价工作是基于水量平衡原理评估区域尺度浅层地下水的补给量、排泄量和补排差等水均衡项。因此，我们将模拟的浅层地下水均衡项结合研究区的井灌面积进行计算，获得与地下水资源评价的区域尺度相匹配的结果并进行比较。另外，由于我们率定的参数 SOL_K 也会影响土壤水均衡，继而对实际蒸散的模拟结果产生影响，所以在获得参数的最优组合后，将其带入模型，获得运用地下水模块后所模拟的冬小麦－夏玉米轮作农田的实际蒸散量，并与收集到的 2002～2004 年月尺度遥感反演的实际蒸散量聚合至子流域尺度的数据进行对比，从而对土壤水模块的模拟精度做进一步的验证。同时，还以统计数据（河北省人民政府办公厅和河北省统计局，1995～2013）中县（市）域的冬小麦和夏玉米的产量转化到子流域尺度的结果，对模型的作物生长模块的模拟精度进行验证。综上，通过以浅层地下水埋深为目标变量进行参数的率定，并进一步分别将模拟的相关结果与地下水资源评价、遥感监测与计算的实际蒸散量和统计与计算的作物产量进行对比（图 2.7、图 2.8），分别验证所构建的 SWAT 模型的地下水模块、土壤水模块和作物模块的模拟精度。总之，这种基于多源多尺度数据以多目标进行参数的率定与模型的验证，将为我们在已有研究的基础上运用修改后的 SWAT 模型合理地模拟研究区域内包括浅层地下水的农业水文循环奠定基础。

2.3　限水灌溉模式的情景设置及优化方法

2.3.1　基于模拟试验的限水灌溉模式的情景设置思路

根据位于研究区内的栾城试验站连续多年的田间试验结果，冬小麦生育期内的几个关键需水生育阶段分别为越冬、拔节、抽穗和灌浆期（Zhang *et al.*，2003；Chen *et al.*，2014；Sun *et al.*，2014；Zhang *et al.*，2017）。此外，Sun 和 Ren（2014）就海河平原根据前人对作物需水量研究而概化的在生育期内不同降水水平下的历史灌溉制度也表明：在一般的降水水平下，本研究区的冬小麦普遍需要在以上 4 个生育阶段进行灌溉。因此，基于我们在上一节已经构建的 SWAT 模型，对研究区的每一个子流域首先开展在冬小麦的这 4 个关键生育阶段分别灌水一次的模拟试验。具体地，我们对每一个子流域分别设置只在冬小麦的越冬期或拔节期或抽穗期或灌浆期灌水一次、灌水定额均为 75 mm 的灌溉处理，即灌水时间不同、灌水次数为一次而灌水定额不变的处理，以 1993～2012 年作为模拟试验的时段进行模拟与分析。

基于以上模拟试验所获得的冬小麦优先灌溉生育阶段的排序结果，设置不同灌水次数的灌溉方案，运用已经构建的 SWAT 模型，对每一个子流域分别开展在冬小麦生育期内灌水四次方案、灌水三次方案、灌水两次方案和灌水一次方案（各方案中每次灌水定额均为 75 mm）及雨养条件下的模拟试验，探求不同灌水次数下的浅层地下水动态和作物产量变化，并参考已有的田间试验和地方政府相关管理部门拟主推的冬小麦限水灌溉模式（河北省人民政府，2014；与张喜英研究员私人通讯，2015 年）来设置冬小麦生育期的限水灌溉模拟情景，开展细致的模拟计算与分析。在不同的限水灌溉情景下，夏玉米的灌溉制度与现状灌溉制度（Sun and Ren，2014）保持一致。这些冬小麦生育期限水灌溉的模拟试验与情景设置的结果见第 5 章的 5.1 节和 5.2 节。其中，我们把本研究设计的冬小麦生育期的各种限水灌溉情景下的灌溉方案称之为冬小麦生育期的限水灌溉模式，同时，由于本研究探讨的限水灌溉均指在冬小麦生育期的灌溉策略，因此在后文的相关论述中将"冬小麦生育期的限水灌溉模式"中的冬小麦生育期往往省略，统一简称为"限水灌溉模式"。

2.3.2 限水灌溉模式的优化方法

考虑到研究区连续 20 年在冬小麦生育期实施同一种限水灌溉方案时，在不同的区域和年际间对于削减浅层地下水超采量和降低冬小麦减产幅度都分别具有各自的优劣。故本研究进一步采用线性规划的方法，针对每一个子流域及县（市）域，分别就冬小麦生育期的不同降水水平，从现状灌溉制度和几种限水灌溉情景中任意挑选出一种灌溉方案构成一个组合，如此遍历后，优选出能够满足特定约束条件与目标函数、不同降水水平下的最佳组合，从而"因地制宜"地得到每一个子流域及县（市）域内冬小麦生育期的优化灌溉模式。在约束条件和目标函数的选择方面，我们首先考虑到：由于浅层地下水可以直接接受大气降水、地表水等的补给，具有较强的更新能力和可恢复性（Maidment，1993；中国地质调查局，2009；郑连生，2009），故"采补平衡"一直是浅层地下水合理开发利用及国家相关管理部门针对本研究区浅层地下水超采综合治理工作的重要目标（陈望和，1999；张蔚榛，2003；河北省水利厅，2013；河北省人民政府办公厅，2014；中华人民共和国水利部，2017；中华人民共和国农业农村部和中华人民共和国财政部，2019；中华人民共和国水利部等，2019）。因此，我们首先以"浅层地下水基本采补平衡"为约束条件、以"冬小麦减产幅度最小"为目标函数对限水灌溉模式进行优化。由于浅层地下水位的起伏是浅层含水层储水量多寡（蓄变量增减）的直观表现，因此本研究假设若 20 年浅层地下水位基本保持平稳，即可认为浅层地下水达到了"采补平衡"的状态。另一方面，考虑到本研究区是河北省粮食生产的主产区之一（王慧军，2010），不合理的冬小麦减产水平或许会影响河北省冬小麦的自给自足。因此，我们还以"冬小麦可容许的减产幅度"为约束条件、"以浅层地下水下降速度最小"为目标函数对限水灌溉模式从另一个角度进行优化。

具体地，我们采用 0-1 规划，即整数线性规划（Inter Linear Programming，ILP）的一种特殊形式来进行优化计算，它的决策变量的取值仅限于 0 或 1。本节涉及的 0-1 规划问题的建模过程为：

（1）决策变量：

在冬小麦生育期的降水水平为 j（j=1，2，3）的条件下，灌溉方案 i（i=1，2，$\cdots$，n）是否被选择：x_{ij}=1 表示被选择，x_{ij}=0 表示未被选择，具体设置见表 2.5。

表 2.5　0-1 规划的变量设置

i ＼ j	1. 平水期	2. 枯水期	3. 特枯水期
1. 冬小麦生育期的"现状灌溉制度"	x_{11}	x_{12}	x_{13}
2. 冬小麦生育期的限水灌溉方案 1	x_{21}	x_{22}	x_{23}
3. 冬小麦生育期的限水灌溉方案 2	x_{31}	x_{32}	x_{33}
...	...	...	...
n. 冬小麦生育期的限水灌溉方案 n–1	x_{n1}	x_{n2}	x_{n3}

（2）约束条件：

① 浅层地下水位在多年平均尺度基本保持平稳：

$$\sum_{i=1}^{n}\sum_{j=1}^{3} p_j h_{ij} x_{ij} \approx 0 \qquad (2.7)$$

或冬小麦的多年平均减产幅度控制在 $a\%$ 以下：

$$\sum_{i=1}^{n}\sum_{j=1}^{3} p_j y_{ij} x_{ij} \leqslant a\% \qquad (2.8)$$

式中，h_{ij} 为在冬小麦生育期的降水水平为 j 的情况下采用第 i 种灌溉方案时浅层地下水位的年均下降速度，m/a（若浅层地下水位表现为回升态势，则 h_{ij} 取为负值）；y_{ij} 为在冬小麦生育期降水水平为 j 的情况下采用第 i 种灌溉方案时冬小麦的年均减产幅度，%；p_j 为冬小麦生育期降水水平为 j 的情况之概率。

② 平水期、枯水期和特枯水期分别只能选择一种灌溉方案：

$$\sum_{i=1}^{n} x_{ij} = 1, \quad j=1,2,3 \qquad (2.9)$$

③ 变量 x_{ij} 是否被选择：

$$x_{ij} = 0 或 1, \quad i=1,2,\cdots,n; \quad j=1,2,3 \qquad (2.10)$$

（3）目标函数：

冬小麦多年平均的减产幅度最小：

$$\min z = \sum_{i=1}^{n}\sum_{j=1}^{3} p_j y_{ij} x_{ij} \qquad (2.11)$$

或浅层地下水位多年平均的下降速度最小：

$$\min z=\sum_{i=1}^{n}\sum_{j=1}^{3}p_{j}h_{ij}x_{ij}$$

（2.12）

根据以上建立的数学模型，我们采用 Microsoft Excel 中的规划求解工具进行计算。

2.4 休耕模式的情景设置和"水－粮食－能源"关联性的评估指标及优化方法

2.4.1 休耕模式的情景设置思路

如前所述，自 2014 年起，我国政府有关部门发布了一系列针对海河流域地下水超采问题而计划实施农田休耕的政策文件，并于 2016 年明确地提出了"一季休耕、一季雨养"的季节性休耕模式，具体是：将需要抽水灌溉的冬小麦季休耕，只种植一季雨热同期的玉米等一年一熟作物，减少地下水用量，并计划在河北省深层地下水超采严重的黑龙港地区开展试点工作（河北省人民政府办公厅，2014；中国政府网，2015；中华人民共和国农业部等，2016；河北省农业厅和河北省财政厅，2017；中华人民共和国农业部，2018；河北省农业厅等，2018；中华人民共和国农业农村部和中华人民共和国财政部，2019）。这种休耕模式的提出，旨在通过不再开采地下水的方式缓解有"化石水"之称的深层地下水的超采情势。考虑到这种季节性休耕政策或许会在与黑龙港地区毗邻的本研究区实施，这是因为该区域的浅层含水层在将来也面临着被疏干的风险（详见第 4 章）。然而，与黑龙港地区井灌开采的深层地下水不同，本研究区农田灌溉主要开采的是具有一定恢复能力的浅层地下水（陈望和，1999；任宪韶等，2007；中国地质调查局，2009；郑连生，2009），从这个角度看，若本研究区为了涵养浅层地下水也采用黑龙港地区这种对种植冬小麦的农田实施连年休耕的模式，则浅层地下水位的恢复将以牺牲冬小麦生产为代价，这显然不是一个考虑了浅层地下水的水循环特征、兼顾水粮安全的理想模式。河北省太行山山前平原是河北省农业的精华所在，在保障粮食安全和持续提升粮食生产能力方面占据着不可替代的地位（王慧军，2010）。另一方面，对于我国这样一个人口大国来说，粮食安全在任何时候都不能放松，我国政府特别强调保持小麦播种面积的基本稳定，所以只能适可而止地实施休耕（高云才，2018）。考虑到在河北省黑龙港地区已经实施了通过压减冬小麦播种面积来涵养深层地下水的试点方案，那么从保障粮食安全的角度，再在河北省太行山山前平原实施冬小麦生育期连年休耕的模式似乎是不切实际的。我们注意到，20 世纪上半叶，研究区所在的黄淮海平原多为两年三熟制，1949 年以后，随着水肥条件的改善，一年两熟制逐渐增多（刘巽浩和陈阜，2005）。20 世纪 90 年代以前，在河北省太行山山麓平原，特别是太行山北段山麓平原，也曾有过"冬小麦－夏玉米→春玉米"这种两年三熟制[1][河北省农业区划委员会（综合农业区划）编写组，1985；王慧军，2010]。因此，受研究区在历史上曾出现过的种植制度的启发，并注意到春玉米一般需要灌溉而夏玉米生育期内的降水基本能够满足其生长需求，我们考虑：在模拟时段内的现状种植制度的基础上，在冬小麦生育期每隔一年休耕一次（即"冬小麦－夏玉米→夏玉米"的两年三熟制）可以在冬小麦产量少损失的同时充分利用浅层地下水具有一定恢复能力的特征来调节浅层地下水库的盈亏，这在本研究区应该具有现实可操作性。因此，我们在本研究中将这种冬小麦生育期（为叙述简便起见，在下文中冬小麦生育期简称为冬小麦季，同样，夏玉米生育期也简称为夏玉米季）的隔年休耕模式设置为模拟情景中的种植方案。进一步地，在灌溉方案的设置工作中，我们重点考量以下两个方面：①在隔年休耕模式下种植冬小麦的年份，在其生育期内应保持现状灌溉制度还是实施限水灌溉方案？②参考政府提出的"一季休耕、一季雨养"模式，在本研究设计的冬小麦季隔年休耕模式下，在雨热同季的夏玉米季实施雨养方案与否的利弊有多大？

针对上述问题，我们首先在夏玉米季灌溉制度保持不变的条件下，设计 n 种冬小麦季隔年休耕的情景，其中冬小麦在种植条件下的灌溉处理包括现状灌溉制度和基于上一节所述的经模拟试验获得的 $n-1$ 种限水灌溉方案；进一步地，将这 n 种情景下的夏玉米季的灌溉设置为雨养方案，再设计与以上所提及的相应的 n 种冬小麦季隔年休耕的情景。休耕情景的具体设置详见第 6 章的 6.1 节。其中，基本情景（即冬小麦－夏玉米一年两熟种植制度下的农民历史灌溉制度）所对应的种植制度和灌溉制度称之为现状模式；本研究设计的各种冬小麦季隔年休耕情景下的种植方案和灌溉方案称之为冬小麦季隔年休耕模式。由于本研究探讨的休耕均指在冬小麦季的休耕，故在下文的相关论述中往往将"冬小麦季隔年休耕模式"中的"冬小麦季隔年"省略，统一简称为"休耕模式"。

此外，在后文相关的论述中，现状模式下冬小麦与夏玉米一年两熟的轮作周年是指每年 10 月冬小麦播种至来年 9 月夏玉米收获这个时段。在休耕模式下，若在冬小麦－夏玉米轮作周年内不种植冬小麦，该冬小麦生育期被称为冬小麦休耕季；若在冬小麦－夏玉米轮作周年内依旧种植冬小麦，该冬小麦生育期被称为冬小麦非休耕季；前已述及，夏玉米生育期亦被称为夏玉米季。

2.4.2　休耕模式下"水－粮食－能源"关联性的评估指标

基于指标的计算来定量化地表征"水－粮食－能源"的关联性已经成为评估水资源管理实践的可持续性的重要方法（Moioli *et al.*，2016；Willis *et al.*，2016；de Vito *et al.*，2017）。参考我国政府有关管理部门在本研究区开展地下水超采综合治理工作所重点关注

---

[1] 河北省农林科学院农作物研究所，1983，河北省粮食作物种植区划（调查研究总结报告）。

的控制目标（河北省水利厅，2013；河北省人民政府办公厅，2014；河北省农业厅和河北省财政厅，2017；中华人民共和国农业农村部和中华人民共和国财政部，2019；中华人民共和国水利部等，2019）和国际上相关领域已发表的研究（de Vito et al.，2017），我们分别设置了表征休耕模式对水、粮食和能源 3 个方面的影响，以及"水－粮食"和"能源－粮食"关联的共 17 个指标（表 2.6），对不同休耕模式下的"水－粮食－能源"的关联性进行定量评估。

从水的视角看，研究区休耕模式的设计、模拟与评估都是为了涵养面临疏干风险的浅层含水层中的地下水资源。一方面，与现状模式的井灌强度相比，休耕模式可削减的井灌所用的浅层地下水开采量可为水资源管理实践提供最直接的定量化参考数据；另一方面，与现状模式的井灌强度相比，休耕模式可削减的井灌引起的浅层地下水超采量也是水资源管理部门所关心的、能够量化浅层地下水压采效应的定量表达。因此，本研究选择与现状模式相比不同休耕模式下浅层地下水的年均井灌开采量和年均井灌超采量之减少量（RGW_e 和 RGW_o）及相应的减少程度（$RDGW_e$ 和 $RDGW_o$）对浅层地下水的压采效应进行评估与分析，其计算公式详见表 2.6。

从粮食的视角看，在研究区内实施休耕模式对冬小麦产量的影响是政府及其相关部门的重要关注点之一（中国政府网，2015；中华人民共和国农业部，2018）。此外，本研究的休耕模式涉及夏玉米季的雨养方案，这会对研究区夏玉米的产量水平造成多大程度的影响或许也是政府部门在决策时需要考虑的方面。因此，我们分别对模拟分析时段内冬小麦和夏玉米这两种作物在不同休耕模式下的年均产量 [*]（Y_{ww} 和 Y_{sm}）及其与现状模式下这两种作物相应的年均产量的比值（YR_{ww} 和 YR_{sm}）作为指标来定量化地评估休耕模式对粮食产量的影响，相关计算公式详见表 2.6。

从能源的视角看，本研究中各种休耕模式所节省的能源消耗包括两个部分：① 与现状模式相比，在冬小麦休耕季所节省的播种、收获和翻耕的农业机械的耗油量；② 与现状模式相比，在冬小麦休耕季不进行灌溉、在冬小麦非休耕季开展限水灌溉和在夏玉米季实施雨养所节省的井灌泵站的耗电量。因此，我们将与现状模式相比不同休耕模式下农业机械的年均耗油量和井灌泵站的年均耗电量之减少量（RE_{diesel} 和 $RE_{electric}$）及相应的减少程度（RDE_{diesel} 和 $RDE_{electric}$）作为指标来定量化地评估休耕模式对降低能源消耗的贡献，其计算公式详见表 2.6。另外，我们还将对这两部分所能节省的年均能源消耗成本（REC）进行统计计算（表 2.6）。根据河北省太行山山前平原近年来常用的播种机、收获机和翻耕机的马力及其播幅、割幅和翻幅及它们的行进速度来估算，在现状模式下，一个冬小麦季的农业机械的使用需要消耗柴油大约 10 kg/ 亩，一个夏玉米季的农业机械的使用需要消耗柴油大约 5.6 kg/ 亩，河北省柴油的平均价格约为 8.9 元 /kg（河北省人民政府办公厅和河北省统计局，1995 ～ 2013；与胡建良高级工程师私人通讯，2018 年）。表 2.6 中由井灌的抽水量和水泵的净扬程估算井灌泵站耗电量的公式是参阅了研究报告[①]（与白美

---

　　[*] 这里所谓的冬小麦年均产量是指在本书的模拟分析时段内将冬小麦在非休耕季产量的平均值折半平摊到冬小麦休耕季后的产量，此即所谓的 20 年内的平均产量。

　　[①] 中国水利水电科学研究院，2015，北京市大兴区中央财政小型农田水利重点县 -2015 年实施方案。

健教授级高级工程师私人通讯，2018 年）和 de Vito 等（2017）的研究报道，其中，各子流域在不同休耕模式下井灌的抽水量 IRP 是由我们沿用的冬小麦和夏玉米生育期的现状灌溉制度（Sun and Ren，2014）及我们所设定的冬小麦生育期的限水灌溉方案（详见第 5 章）计算获得的。参考 Tyson 等（2012）和 de Vito 等（2017）的工作，我们将水泵净扬程近似地取为抽水当日的浅层地下水埋深的模拟值，将其参与到各子流域在不同情景下井灌泵站耗电量的计算中。泵站效率 η 为泵站输出功率与输入功率的比值，根据研究区的田间实际情况[1]（与白美健教授级高级工程师私人通讯，2018 年），本研究取泵站效率为 60%。在相关研究[1]中，水泵耗电的平均电价是 0.6 元 /（kW·h）；此外，根据王金霞等（2005）对河北省 3 个县 30 个村的调查统计结果，样本中灌溉所用电费分布在 0.55～0.65 元 /（kW·h）的比例最大。因此，我们按 0.6 元 /（kW·h）的电价对休耕模式下可节省的井灌耗电成本费用进行估算。

在"水 - 粮食 - 能源"关联性的框架下，基于更加综合且全面的评估指标来管理农业水资源的利用是十分重要的，因此，用更少的资源生产更多的粮食的理念（即提高每一滴水、每一度电、每一滴油的消耗所带来的作物产量）应运而生（EL-Gafy *et al.*，2017；Avellán *et al.*，2018）。水分生产力（water productivity，WP）是作物的产量与其生育期内农田耗水量（实际蒸散量）之比，它是定量分析水分利用效率的重要指标（Droogers and Bastiaanssen，2002；van Dam *et al.*，2006），本研究包括：冬小麦的水分生产力（WP_{ww}）和夏玉米的水分生产力（WP_{sm}）这两个指标（表 2.6）。与之相仿，我们定义能源生产力（energy productivity，EP）为一个轮作周年内冬小麦和夏玉米的产量之和与能源的消耗量之比，包含：农业机械的油耗生产力（EP_{diesel}）和井灌泵站的电耗生产力（$EP_{electric}$）这两个指标（表 2.6）。

---

[1] 中国水利水电科学研究院，2015，北京市大兴区中央财政小型农田水利重点县 -2015 年实施方案。

表 2.6　冬小麦季休耕模式下"水－粮食－能源"关联性的评估指标

评估指标	计算公式	变量描述
水的指标：		
RGW_e（m³）：与现状模式相比休耕模拟分析时段内所削减的浅层地下水年均井灌开采量	$RGW_e = \dfrac{\sum\limits_{i=1}^{20} IRP_{(o),i}}{20} \times S \times 1000 - \dfrac{\sum\limits_{i=1}^{20} IRP_{(f),i}}{20} \times S \times 1000$	$IRP_{(o),i}$ 为现状模式下在第 i 个作物周年的井灌开采量，mm（i＝1, 2, …, 20）；$IRP_{(f),i}$ 为休耕模式下在第 i 个轮作周年* 的井灌开采量，mm（i＝1, 2, …, 20）；S 为井灌耕地面积，km²；$\Delta SAST_{(o),i}$ 为现状模式下在第 i 个轮作周年的浅层含水层储水量变化，（i＝1, 2, …, 20）；$\Delta SAST_{(f),i}$ 为休耕模式下在第 i 个轮作周年* 的浅层含水层储水量变化，mm（i＝1, 2, …, 20）
RGW_o（m³）：与现状模式相比休耕模拟分析时段内所削减的浅层地下水年均井灌超采量	$RGW_o = -\left[\dfrac{\sum\limits_{i=1}^{20}\Delta SAST_{(o),i}}{20} \times S \times 1000 - \dfrac{\sum\limits_{i=1}^{20}\Delta SAST_{(f),i}}{20} \times S \times 1000\right]$	
$RDGW_e$（%）：与现状模式相比休耕模拟分析时段内的浅层地下水年均井灌开采量的减少程度	$RDGW_e = \dfrac{RGW_e}{\dfrac{\sum\limits_{i=1}^{20} IRP_{(o),i}}{20} \times S \times 1000} \times 100\%$	
$RDGW_o$（%）：与现状模式相比休耕模拟分析时段内的浅层地下水年均井灌超采量的减少程度	$RDGW_o = \dfrac{RGW_o}{-\dfrac{\sum\limits_{i=1}^{20}\Delta SAST_{(o),i}}{20} \times S \times 1000} \times 100\%$	
粮食的指标：		
Y_{ww}（kg/ha）：休耕模式分析时段内冬小麦模拟的年均产量	$Y_{ww} = \dfrac{\sum\limits_{i=1}^{10} Y_{ww(f),i}}{20}$	$Y_{ww(f),i}$ 为休耕模式下冬小麦在第 i 个非耕作季的产量，kg/ha（i＝1, 2, …, 10）；$Y_{sm(f),i}$ 为休耕模式下在第 i 个轮作周年* 的夏玉米产量，kg/ha（i＝1, 2, …, 20）；$Y_{ww(o),i}$ 为现状模式下冬小麦在第 i 个轮作周年的产量，kg/ha（i＝1, 2, …, 20）；$Y_{sm(o),i}$ 为现状模式下在第 i 个轮作周年的夏玉米产量，kg/ha（i＝1, 2, …, 20）

续表

评估指标	计算公式	变量描述
Y_{sm}（kg/ha）：休耕模式下模拟分析时段内休耕时段夏玉米均产量	$$Y_{sm}=\dfrac{\sum\limits_{i=1}^{20} Y_{sm(f),i}}{20}$$	$Y_{ww(f),i}$ 为休耕模式下冬小麦在第 i 个非休耕季的产量，kg/ha（$i=1, 2, \cdots, 10$）；$Y_{sm(f),i}$ 为休耕模式下在第 i 个轮作周年* 的夏玉米产量，kg/ha（$i=1, 2, \cdots, 20$）；$Y_{ww(o),i}$ 为现状模式下在第 i 个轮作周年的冬小麦产量，kg/ha（$i=1, 2, \cdots, 20$）；$Y_{sm(o),i}$ 为现状模式下在第 i 个轮作周年的夏玉米产量，kg/ha（$i=1, 2, \cdots, 20$）
YR_{ww}（%）：模拟分析时段内休耕模式下的冬小麦年均产量与现状模式下的冬小麦年均产量的比值	$$YR_{ww}=\dfrac{Y_{ww}}{\dfrac{\sum\limits_{i=1}^{20} Y_{ww(o),i}}{20}}\times100\%$$	
YR_{sm}（%）：模拟分析时段内休耕模式下的夏玉米年均产量与现状模式下的夏玉米年均产量的比值	$$YR_{sm}=\dfrac{Y_{sm}}{\dfrac{\sum\limits_{i=1}^{20} Y_{sm(o),i}}{20}}\times100\%$$	
能源的指标：		
RE_{diesel}（kg/ha）：与现状模式相比休耕模式在模拟分析时段内节省的农业机械年均耗油量	$$RE_{diesel}=\dfrac{\sum\limits_{i=1}^{20} E_{ww(o),i}+\sum\limits_{i=1}^{10} E_{sm(o),i}}{20}-\dfrac{\sum\limits_{i=1}^{20} E_{ww(f),i}+\sum\limits_{i=1}^{20} E_{sm(f),i}}{20}$$	$E_{ww(o),i}$ 为现状模式下第 i 个轮作周年在冬小麦季的农业机械耗油量，kg/ha（$i=1, 2, \cdots, 20$）；$E_{sm(o),i}$ 为现状模式下第 i 个轮作周年在夏玉米季的农业机械耗油量，kg/ha（$i=1, 2, \cdots, 20$）；$E_{ww(f),i}$ 为现状模式下第 i 个轮作周年* 在冬小麦季的农业机械耗油量，kg/ha（$i=1, 2, \cdots, 10$）；$E_{sm(f),i}$ 为休耕模式下第 i 个轮作周年* 夏玉米季的农业机械耗油量，kg/ha（$i=1, 2, \cdots, 20$）；$H_{(o),i}$ 为现状模式下第 i 个轮作周年* 内每次井灌的水泵净扬程的平均值，m（$i=1, 2, \cdots, 20$）；$H_{(f),i}$ 为休耕模式下第 i 个轮作周年* 内每次井灌的水泵净扬程的平均值，m（$i=1, 2, \cdots, 20$）；η 为泵站效率；$C_{electric}$ 为井灌电费，元/（kW·h）；C_{diesel} 为柴油单价，元/kg

续表

评估指标	计算公式	变量描述
RE_electric（kW·h/ha）：与现状模式相比休耕模式在模拟分析时段内节省的井灌泵站年均耗电量	$$RE_{electric} = \frac{\sum_{i=1}^{20}\left(0.00272 \times IRP_{(c),i} \times \dfrac{H_{(c),i} \times S \times 1000}{\eta}\right)}{20} - \frac{\sum_{i=1}^{20}\left(0.00272 \times IRP_{(f),i} \times \dfrac{H_{(f),i} \times S \times 1000}{\eta}\right)}{20}\bigg/ 100 \times S$$	$E_{ww(c),i}$ 为现状模式下第 i 个轮作周年*在冬小麦季的农业机械耗油量，kg/ha（i=1, 2, …, 20）； $E_{sm(c),i}$ 为现状模式下第 i 个轮作周年在夏玉米季的农业机械耗油量，kg/ha（i=1, 2, …, 20）； $E_{ww(f),i}$ 为休耕模式下第 i 个轮作周年*在冬小麦季非休耕季的农业机械耗油量，kg/ha（i=1, 2, …, 10）； $E_{sm(f),i}$ 为休耕模式下第 i 个轮作周年在夏玉米季的农业机械耗油量，kg/ha（i=1, 2, …, 20）； $H_{(c),i}$ 为现状模式下第 i 个轮作周年*个轮作周年内每次井灌的水泵净扬程的平均值，m（i=1, 2, …, 20）； $H_{(f),i}$ 为休耕模式下第 i 个轮作周年*内每次井灌的水泵净扬程的平均值，m（i=1, 2, …, 20）； η 为泵站效率； $C_{electric}$ 为井灌电费，元/（kW·h）； C_{diesel} 为柴油单价，元/kg
RDE_diesel（%）：与现状模式相比休耕模式在模拟分析时段内农业机械耗油量的减少程度	$$RDE_{diesel} = \frac{RE_{diesel}}{\dfrac{\sum_{i=1}^{20} E_{ww(c),i} + \sum_{i=1}^{20} E_{sm(c),i}}{20}} \times 100\%$$	
RDE_electric（%）：与现状模式相比休耕模式在模拟分析时段内井灌的减少年均耗电量度	$$RDE_{electric} = \frac{RE_{electric}}{\dfrac{\sum_{i=1}^{20}\left(0.00272 \times IRP_{(c),i} \times \dfrac{H_{(c),i} \times S \times 1000}{\eta}\right)}{20}\bigg/ 100 \times S} \times 100\%$$	
REC（元/ha）：与现状模式在模拟分析时段内所节省的年均能源消耗成本	$$REC = RE_{electric} \times C_{electric} + RE_{diesel} \times C_{diesel}$$	

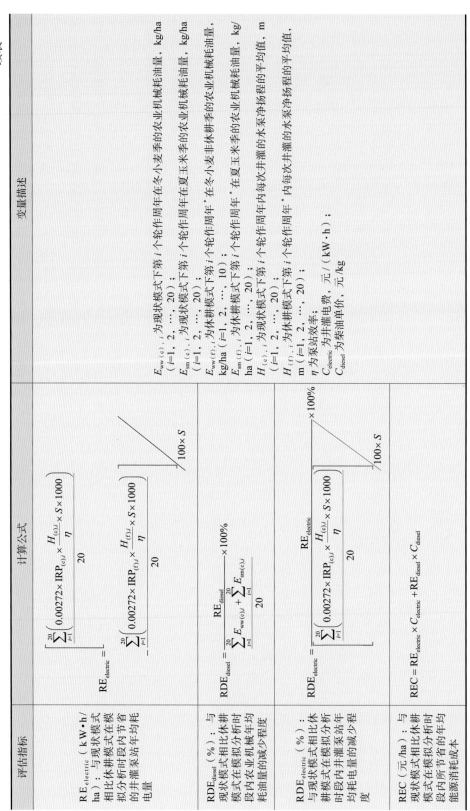

续表

评估指标	计算公式	变量描述
"水-粮食"关系的指标: WP_{ww}（kg/m³）: 现状模式下模拟分析时段内冬小麦分生产水分生产力或休耕模式下模拟分析时段内冬小麦非休耕季的平均水分生产力	$$WP_{ww}=\dfrac{\sum\limits_{i=1}^{20}10\times\dfrac{Y_{ww(c),i}}{ET_{a_{ww(c),i}}}}{20}\ 或\ \dfrac{\sum\limits_{i=1}^{10}10\times\dfrac{Y_{ww(f),i}}{ET_{a_{ww(f),i}}}}{10}$$	$ET_{a_{ww(c),i}}$ 为现状模式下在第 i 个轮作周内冬小麦季的农田蒸散量, mm（$i=1$, 2, …, 20）; $ET_{a_{ww(f),i}}$ 为休耕模式下冬小麦在第 i 个非休耕季的农田蒸散量, mm（$i=1$, 2, …, 10）; $ET_{a_{sm(c),i}}$ 为现状模式下在第 i 个轮作周年*夏玉米季的农田蒸散量, mm（$i=1$, 2, …, 20）; $ET_{a_{sm(f),i}}$ 为休耕模式下在第 i 个轮作周年*夏玉米季的农田蒸散量, mm（$i=1$, 2, …, 20）
WP_{sm}（kg/m³）: 现状模式或休耕模式下模拟分析时段内夏玉米的水分生产力	$$WP_{sm}=\dfrac{\sum\limits_{i=1}^{20}10\times\dfrac{Y_{sm(c),i}}{ET_{a_{sm(c),i}}}}{20}\ 或\ \dfrac{\sum\limits_{i=1}^{20}10\times\dfrac{Y_{sm(f),i}}{ET_{a_{sm(f),i}}}}{20}$$	
"能源-粮食"关系的指标: EP_{diesel}（kg/kg）: 现状模式或休耕模式下模拟分析时段内农业机械的年均耗油生产力	$$EP_{diesel}=\dfrac{\sum\limits_{i=1}^{20}\left(\dfrac{Y_{ww(c),i}+Y_{sm(c),i}}{E_{ww(c),i}+E_{sm(c),i}}\right)}{20}\ 或\ \dfrac{Y_{ww}+Y_{sm}}{\left(\sum\limits_{i=1}^{10}E_{ww(f),i}+\sum\limits_{i=1}^{20}E_{sm(f),i}\right)\Big/20}$$	同上
$EP_{electric}$〔kg/（kW·h）〕: 现状模式下或休耕模式下模拟分析时段内井灌泵站的年均电耗生产力	$$EP_{electric}=\dfrac{\sum\limits_{i=1}^{20}\left[\dfrac{Y_{ww(c),i}+Y_{sm(c),i}}{0.00272\times IRP_{(c),i}\times\dfrac{H_{(c),i}\times S\times1000}{\eta}}\right]\Big/(100\times S)}{20}\ 或$$ $$\dfrac{Y_{ww}+Y_{sm}}{\sum\limits_{i=1}^{20}\left[0.00272\times IRP_{(f),i}\times\dfrac{H_{(f),i}\times S\times1000}{\eta}\right]\Big/(100\times S)}\Big/20$$	

注: * 表示方文献（Obour et al., 2018）在休耕模式下依然沿用轮作周年的表述方式。

2.4.3　休耕模式的优化方法

与对限水灌溉模式进行优化的出发点相似，考虑到气象条件和下垫面的变化，在研究区连续 20 年实施同一种"休耕－灌溉"方案时，浅层地下水的压采效应、作物产量的变化幅度和能源消耗的节约程度在空间上都存在一定的差异。因此，基于"水－粮食－能源"关联性的评估结果，针对研究区浅层地下水压采的现实需求，考虑到冬小麦产量对保障口粮安全的重要性，并兼顾到水和能源利用效率的提高，我们将 SWAT 模型的模拟结果再次与 0-1 规划方法相结合，针对研究区所涉及的每一个子流域和县（市）域，以浅层地下水能够实现"采补平衡"且水分生产力和能源生产力较现状模式均有所提高为约束条件，以冬小麦年均产量最高为目标函数，优选出能够满足上述约束条件下这一特定目标函数的休耕情景。如此遍历所有子流域及县（市）域，便可获得考虑了气象条件和下垫面的空间变化而优选的"因地施策"的休耕情景所对应的休耕模式的空间分布，我们称之为优化的休耕模式。在每一个子流域及县（市）域，本节涉及的 0-1 规划问题的建模过程为：

（1）决策变量：

在某一个子流域或县（市）域，第 j 种休耕情景下的休耕模式（j=1，2，…，m）是否被选择：x_j=1 表示被选择，x_j=0 表示未被选择。

（2）约束条件：

① 浅层地下水位多年平均基本保持平稳：

$$\sum_{j=1}^{m} h_i x_j \approx 0 \qquad (2.13)$$

式中，h_j 为第 j 种休耕情景下模拟分析时段内浅层地下水位的年均下降速度，m/a（若浅层地下水位表现为回升态势，则 h_j 取为负值）。

② 休耕模式下冬小麦在 10 个非休耕季的平均水分生产力与现状模式相比有所提高：

$$WP_{ww,\,j} > WP_{ww,c} \qquad (2.14)$$

式中，$WP_{ww,\,j}$ 为第 j 种休耕模式下模拟分析时段内冬小麦在 10 个非休耕季的平均水分生产力，kg/m³；$WP_{ww,c}$ 为现状模式下模拟分析时段内冬小麦的年均水分生产力，kg/m³。具体计算公式参见表 2.6。

③ 休耕模式下夏玉米的年均水分生产力与现状模式相比有所提高：

$$WP_{sm,\,j} > WP_{sm,c} \qquad (2.15)$$

式中，$WP_{sm,\,j}$ 为第 j 种休耕模式下模拟分析时段内夏玉米的年均水分生产力，kg/m³；$WP_{sm,c}$ 为现状模式下模拟分析时段内夏玉米的年均水分生产力，kg/m³。具体计算公式参见表 2.6。

④ 休耕模式下农业机械的年均油耗生产力与现状模式相比有所提高：

$$EP_{diesel,\,j} > EP_{diesel,c} \qquad (2.16)$$

式中，$EP_{diesel,\,j}$ 为第 j 种休耕模式下模拟分析时段内农业机械的年均油耗生产力，kg/kg；

$EP_{diesel,c}$ 为现状模式下模拟分析时段内农业机械的年均油耗生产力，kg/kg。具体计算公式参见表 2.6。

⑤ 休耕模式下井灌泵站的年均电耗生产力与现状模式相比有所提高：

$$EP_{electric,j} > EP_{electric,c} \qquad (2.17)$$

式中，$EP_{electric,j}$ 为第 j 种休耕模式下模拟分析时段内井灌泵站的年均电耗生产力，kg/（kW·h）；$EP_{electric,c}$ 为现状模式下模拟分析时段内井灌泵站的年均电耗生产力，kg/（kW·h）。具体计算公式参见表 2.6。

⑥ 每一个子流域及县（市）域只能选择一种休耕模式：

$$\sum_{j=1}^{m} x_j = 1, \quad j=1,2,\cdots,m \qquad (2.18)$$

⑦ 变量 x_j 是否被选择：

$$x_j = 0 或 1, \quad j=1,2,\cdots,m \qquad (2.19)$$

（3）目标函数：

冬小麦年均产量最高（即与现状模式相比冬小麦多年平均的减产幅度最小）：

$$\max z = \sum_{j=1}^{m} Y_{ww,j} x_j \qquad (2.20)$$

式中，$Y_{ww,j}$ 为第 j 种休耕情景所对应的休耕模式下模拟分析时段内冬小麦的年均产量，kg/ha。

根据以上建立的数学模型，我们同样采用 Microsoft Excel 中的规划求解工具进行计算。

第 3 章

参数的率定与模型的验证

3.1   地下水模块参数的率定结果

应用 SUFI-2 方法在研究区以浅层地下水埋深为目标变量对地下水和土壤水模块中的 4 个参数 GW_DELAY、RECHRG_DP、GWSPYLD 和 SOL_K 进行率定，其最终范围和最优值结果列于表 3.1。

表 3.1   以浅层地下水埋深为目标率定的参数在研究区所涉及的两个水资源三级区的
变化范围和最优值

参数	大清河淀西平原		子牙河平原	
	变化范围	最优值	变化范围	最优值
r_GW_DELAY.gw_AGRC	0.05 ~ 0.15	0.0833	0.05 ~ 0.15	0.1048
r_RCHRG_DP.gw_AGRC	−0.55 ~ −0.15	−0.3694	−0.55 ~ −0.15	−0.3086
a_GWSPYLD.gw_1	−0.03 ~ −0.01	−0.0153	−0.035 ~ −0.015	−0.0231
a_GWSPYLD.gw_2	0.040 ~ 0.065	0.0623	0.025 ~ 0.045	0.0282
a_GWSPYLD.gw_3	0.025 ~ 0.045	0.0430	0.045 ~ 0.065	0.0496
a_GWSPYLD.gw_4	0.035 ~ 0.055	0.0405	0.055 ~ 0.075	0.0706
a_GWSPYLD.gw_5	0.045 ~ 0.065	0.0592	0.050 ~ 0.070	0.0677
a_GWSPYLD.gw_6	0.030 ~ 0.050	0.0546	0.005 ~ 0.025	0.0158
a_GWSPYLD.gw_7	0.055 ~ 0.085	0.0668	0.055 ~ 0.075	0.0744
a_GWSPYLD.gw_8	0.055 ~ 0.085	0.0738	0.045 ~ 0.065	0.0613
a_GWSPYLD.gw_9	0.055 ~ 0.085	0.0589	0.025 ~ 0.045	0.0294
a_GWSPYLD.gw_10	0.035 ~ 0.055	0.0445	0.055 ~ 0.075	0.0745
a_GWSPYLD.gw_11	—	—	0.035 ~ 0.055	0.0505
a_GWSPYLD.gw_12	—	—	0.045 ~ 0.065	0.0592
r_SOL_K.sol_L	0.30 ~ 0.60	0.4812	0.35 ~ 0.65	0.5212
r_SOL_K.sol_CL	0.40 ~ 0.70	0.6288	0.45 ~ 0.75	0.6532
r_SOL_K.sol_SL	0.35 ~ 0.65	0.5428	0.40 ~ 0.70	0.6021

注：r_ 表示将参数初始值乘以（1+ 给定的值）；a_ 表示将给定的值加到参数初始值上；—表示在大清河淀西平原无第 11 和第 12 号子流域。

参数率定后，GW_DELAY 的范围是 28 ~ 136 天，Lu 等（2011）的研究表明：本研究区内两个定位点的地下水补给延迟时间约为 35 天，该值落在我们率定后的参数范围内。此外，根据模拟时段内平均的浅层地下水埋深和率定后的 GW_DELAY 的结果，反求得到土壤水从根系带（0 ~ 2 m）底部渗透到浅层地下水面的平均实际渗流速度约为 4.4 ~ 35.2 mm/h。另一方面，实际渗流速度也被定义为达西流速与土壤含水量的比值。考虑到从多年平均的角度研究区内根系带(0 ~ 2 m)以下的土壤含水量梯度通常变化不大，所以，由土壤剖面 2 m 深度处到浅层地下水面之间非饱和带的达西流速可以近似视为该非饱和带的土壤水力传导度（亦即单位总水势梯度下的达西流速）。而土壤剖面中的这段非饱和带多年平均的土壤含水量又可以用田间持水量来近似表达，亦即可以用 0.50 倍的饱和土壤含水量来近似（Warrick，2003）。进一步地，参考 Klute（1982）及 Radcliffe 和 Šimůnek（2010）的研究结果，把这段土壤剖面的非饱和土壤水力传导度在田间持水量时的值近似地取为 0.10 倍的饱和土壤水力传导度值。此外，参考王大纯等（1995），近似取这段土壤剖面的饱和土壤含水量为土壤的孔隙度（即 0.40），这样，把从地面以下 2 m 深度处到浅层地下水面处的距离乘以 2.0 之后再除以饱和水力传导度就可以近似地估计 GW_DELAY，换言之，把浅层地下水面埋深减去 2 m 的根系带厚度，然后乘以 2.0 再除以反求得到 GW_DELAY，就得到了用率定后的参数 GW_DELAY 所估算的饱和水力传导度，这样就可以与我们检索有关文献获得的饱和水力传导度进行对比。基于率定后的 GW_DELAY 的范围，估算得到的研究区内这段土壤剖面的饱和水力传导度约为 8.8 ~ 70.4 mm/h。根据研究区非饱和带的岩性，其饱和水力传导度的范围应在 1.2 ~ 61.1 mm/h 或 4.6 ~ 41.6 mm/h 之间（Rawls et al.，1982；王大纯等，1995；中国地质调查局，2009），这与我们根据 GW_DELAY 估算的结果相比也是较为接近的，说明率定的参数结果具有一定的可信度。另外，我们还根据与率定时所用的浅层地下水埋深实测值独立的一套调查数据，除以反求估算的参数 GW_DELAY，近似得到子流域 zy5 的土壤水湿润锋的运移速度约为 11.9 mm/h，通过与有关文献报道的在该子流域内点尺度上的土壤水湿润锋的运移速度约为 5.42 mm/h（Min et al.，2015）的对比，也说明所率定的参数 GW_DELAY 的范围具有一定的合理性。

我们率定后的研究区浅层含水层的给水度范围是 0.07 ~ 0.23，其初值、上下限和最优值的空间分布见图 3.1，整体表现为除大清河淀西平原北部个别子流域外，大部分地区率定后的给水度与初值相比要大，这主要与持续开采导致的水位变动带下移至以砂土、砾石为主要岩性的含水层相关（中国地质调查局，2009）。其中，变化范围较大的区域包括大清河淀西平原南部的 3 个子流域（dx7、dx8 和 dx9）、子牙河平原北部的两个子流域（zy4 和 zy7）和中南部的两个子流域（zy8 和 zy10），分别是浅层地下水的石家庄漏斗、宁柏隆漏斗和邢台漏斗所在的区域。通过查阅研究区所积累的有关粗砂类岩性含水层给水度范围的水文地质勘查资料（地质矿产部黄淮海平原水文地质综合评价组，1992；陈望和，1999；张宗祜和李烈荣，2005；中国地质调查局，2009），表明率定后的浅层含水层的给水度范围是相对合理的。率定后的研究区土壤剖面（0 ~ 2 m）的饱和水力传导度范围是 4.32 ~ 25.02 mm/h，与我们收集的研究区典型剖面（白由路研究员提供）由土壤质地间接估算的结果对比也是较为接近的。

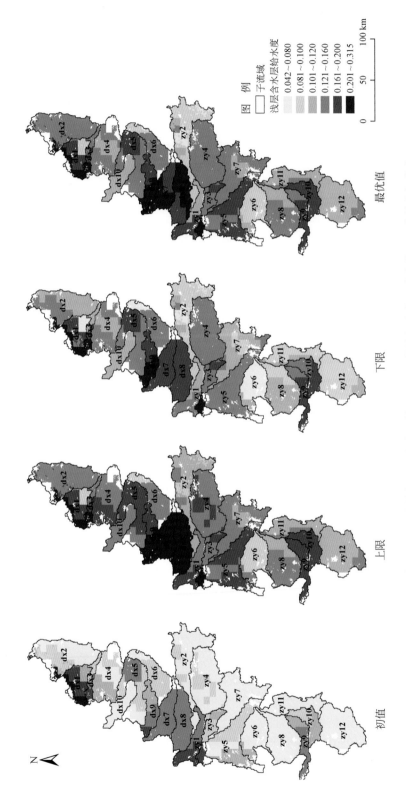

图 3.1 浅层含水层给水度的初值和率定后的上下限及最优值在水文响应单元尺度的空间分布

dx 表示大清河淀西平原；zy 表示子牙河平原

3.2　以浅层地下水埋深为目标的率定和验证结果

从率定和验证的整体效果来看，研究区 22 个子流域中浅层地下水埋深的模拟值与实测值具有较好的一致性，由用于两者对比的 1∶1 线图（图 3.2）可知，决定系数 R^2 在率定期和验证期分别达到了 0.962 和 0.964，纳什系数 NSE 在率定期和验证期分别达到了 0.958 和 0.955。

根据 SUFI-2 算法的评价指标，在率定期和验证期均有 90% 以上的子流域的 P-factor 大于 0.6，其中分别有 50% 和 77% 的子流域的 P-factor 大于 0.8，表明绝大多数模拟值落在了实测值区间中［图 3.3（a）］；率定和验证过程中的 R-factor 总体都很小，在率定期和验证期所有子流域的 R-factor 均小于 1，其 R-factor 的平均值在率定期和验证期分别为 0.24 和 0.32，说明模拟结果的不确定性较小［图 3.3（b）］；同时，各子流域"最优模拟"参数组合下的 Φ 值在率定期和验证期分别有 91% 和 60% 的子流域的结果显示大于 0.6，显示出最优参数具有可接受的模拟效果［图 3.3（c）］。

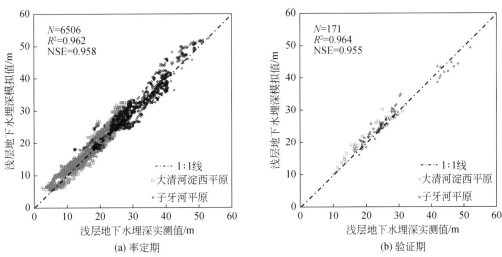

图 3.2　研究区所涉及的子流域中浅层地下水埋深在率定期（a）和验证期（b）的模拟值与实测值的对比

将所有子流域以浅层地下水埋深为目标采用 SUFI-2 方法进行率定与验证的结果列于图 3.4 和图 3.5，由图可知，模拟值与实测值随时间变化的趋势较为一致，水位的起伏较为相似。其中，率定期较好的拟合结果说明：本研究率定的参数组合对于浅层地下水埋深的模拟能够在较细的时间间隔（月度）和较长的时间跨度（20 年左右）上都达到较好的仿真效果，同时也说明本研究中对那些较强依赖于时间变化的参数（如补给延迟的时间 GW_DELAY）的估计，是比较合理的；验证期较好的模拟结果说明：我们对于参数空间异质性的刻画能够在较细的空间尺度上把握总体变化趋势，换言之，不仅可以对那些空间变异较强的参数之变化有较好的模拟，如含水层的给水度 GWSPYLD，而且对其值大小的估算也是相对合理的。然而，由于我们难以收集到更多的数据，使得模型的概化和实际情况仍存在一定的差异，这会导致模拟结果的不确定性，例如，①本模拟研

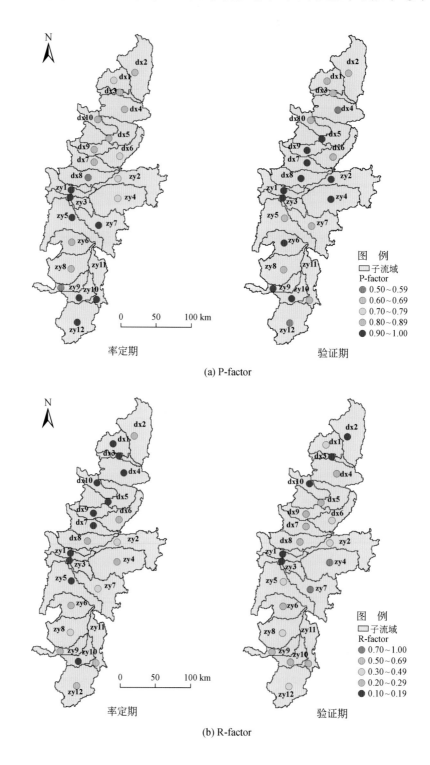

(a) P-factor

(b) R-factor

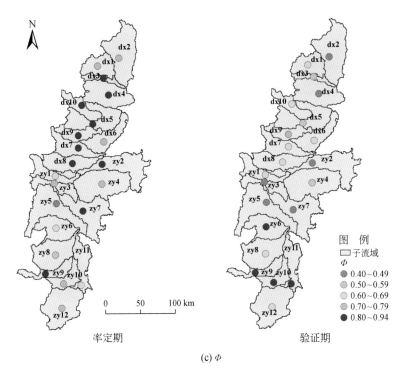

图 3.3　研究区所涉及的 22 个子流域以浅层地下水埋深为目标在率定期和验证期的统计指标

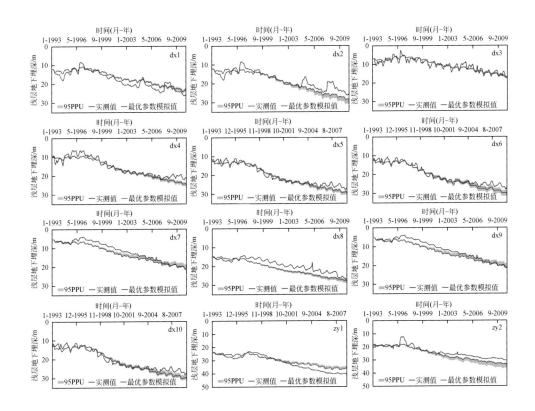

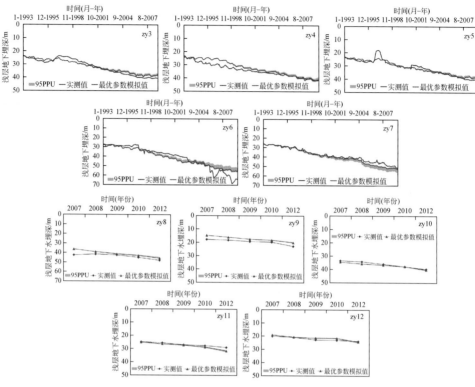

图 3.4　研究区所涉及的 22 个子流域以浅层地下水埋深为目标的率定结果

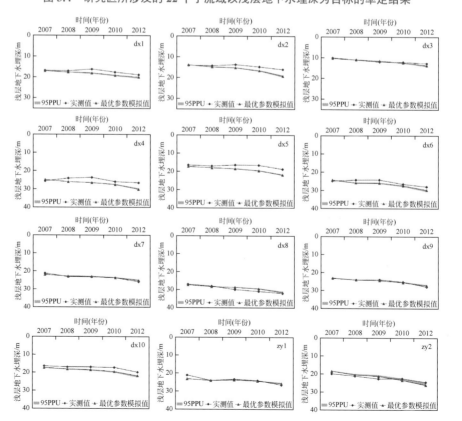

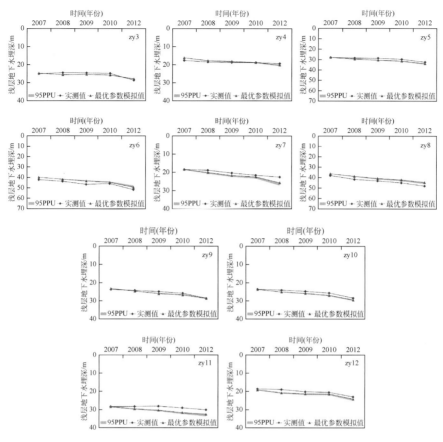

图 3.5　研究区所涉及的 22 个子流域以浅层地下水埋深为目标的验证结果

究中所沿用的概化后的灌溉制度是根据作物需水量给定的，并未考虑到流域内某些子流域由于节水或者水资源短缺等情况近些年来或许已经实行了非充分灌溉，尤其是大清河淀西平原。事实上，根据我们的调研，在实际的农业生产中，2010 年以后研究区内部分区域的农民已经逐渐减少了灌溉的次数和定额，这导致这些地区在率定时段的中后期的拟合效果有所降低；②在本模拟研究沿用的对种植结构所进行的概化中，同样均设置为冬小麦–夏玉米一年两熟种植制度，这也可能带来一定的误差；③对于水浇地灌溉水源的概化，我们假设研究区内所有 HRU 的灌溉水均来自浅层地下水，然而，研究区内有少部分区域是采用渠灌或井渠结合灌溉的方式，这也会增加率定和验证过程的不确定性。总体来说，尽管灌溉制度、耕地利用和灌溉水源等的概化所带来的误差会增大模拟结果的不确定性，但是，统计指标显示：我们率定后的这个 SWAT 模型对子流域尺度浅层地下水埋深的模拟是可信且合理的。

3.3   浅层地下水均衡的验证结果

本研究模拟得到的研究区冬小麦－夏玉米一年两熟制井灌平原的多年平均浅层地下水补给量约为 237 mm，排泄量与补给量之差约为 159 mm。沈振荣（2000）的研究表明上述两个均衡项在该研究区分别为 235～246 mm 和 131～179 mm，这说明我们模拟的浅层地下水均衡状况在区域整体上的精度是可以接受的。另外，根据定位试验点上的人工氚、溴示踪结果，在河北省鹿泉区和栾城县的冬小麦－夏玉米种植制度下的畦灌农田中，用同位素示踪方法获得的年地下水补给量为 177～239 mm（Wang *et al.*，2008），而本研究构建的模型在相同地区的模拟结果为 173～202 mm，他们的这个研究结果对我们模拟的浅层地下水补给量的精度也提供了一个间接支撑。

我们知道，全国性的水文地质调查和资源评价工作具有长久的历史，是我国水文地质研究的特色，尤其是在地下水作为主要供水源的华北平原，积累了较为丰富的数据资料（陈梦熊，2003）。"新一轮全国地下水资源评价"工作对地下水资源量和开发利用状况进行了调查和评价，是科学的、全面的、最新的区域地下水系统宏观研究工作成果（张宗祜和李烈荣，2004a）。因此，我们参照"新一轮全国地下水资源评价"附表[①]，将 SWAT 模型的模拟结果在对应的计算单元及其面积上折算成相应的浅层地下水补给量和排泄量，然后与区域地下水资源评价结果进行比较。具体地，由 1994～2012 年《河北水利统计年鉴》[②]，得到相应于不同地下水资源评价亚区的机电井灌溉面积，然后将 SWAT 模型的输出结果与该机电井灌溉面积相乘，便获得了模拟计算的相应于不同地下水资源评价亚区的浅层地下水均衡量。表 3.2 的对比结果显示：根据 SWAT 模型模拟计算得到浅层地下水补给量、排泄量和蓄变量与地下水资源评价结果在总体上比较接近，平均相对误差分别约为 10.8%、9.6% 和 3.6%。其中对于主要的浅层地下水补给源－降水入渗补给量的模拟，在 3 个评价亚区尺度的相对误差分别约为 4.6%、3.9% 和 6.1%，这说明所构建的模型能够比较满意地模拟自然条件下降水从根系带底部到浅层含水层的入渗过程。虽然在本研究的模拟中难以考虑浅层地下水补给量中的山区来水的河道渗漏、渠系渗漏和地表水灌溉渗漏这三部分补给量，但是这部分水量在研究区内约为 7.56 亿 m^3，在数值上与我们同时难以考虑的用于工业和生活的开采量约为 6.34 亿 m^3 相比，从宏观角度看是较为接近的［这里所对比的两个量，是我们根据有关文献[①]以及相关研究结果（张宗祜和李烈荣，2004b）折算的］，这意味着我们在模拟中不得不同时忽略这些"源"和"汇"对所模拟的浅层含水层储水量的变化影响不大。总之，本研究模拟得到的浅层含水层地下水储水量的变化在特定的空间尺度上的精度是可以接受的，当然，这得益于 SWAT 模型地下水模块的水量平衡算法在方法论和计算尺度上与区域地下水资源评价工作的结果具有可比性。换言之，一方面，我们的这项模拟研究工作可以利用丰富的地下水资源评

---

① "新一轮全国地下水资源评价"项目办公室，2004，"新一轮全国地下水资源评价"附表。
② 河北省水利厅，1994～2012，河北水利统计年鉴。

价结果在宏观尺度上验证模型的可靠性；另一方面，我们的模拟输出结果和率定与验证后的参数也可为今后该区域地下水资源评价工作提供新的参考。

表 3.2　研究区浅层地下水均衡项的模拟结果与地下水资源评价结果的对比

分区	计算面积 /km²	降水入渗补给量 /（亿 m³/a）		地下水总补给量 /（亿 m³/a）		地下水总排泄量 /（亿 m³/a）		地下水蓄变量 /（亿 m³/a）	
		评价	模拟	评价	模拟	评价	模拟	评价	模拟
Ⅰ	10747	11.20	11.72	22.12	23.28	26.33	27.33	-4.21	-4.05
Ⅱ	4523	4.83	5.02	12.96	8.94	15.59	11.09	-2.63	-2.15
Ⅲ	4160	5.27	4.95	9.34	7.40	10.74	9.15	-1.40	-1.75
总计	19430	21.30	21.69	44.42	39.62	52.66	47.57	-8.24	-7.95

注：评价数据来自"新一轮全国地下水资源评价"附表[①]，均衡期为 1991～2000 年。其中分区为地下水资源评价工作的地下水资源亚区，Ⅰ为大清河流域冲洪积扇孔隙水淡水亚区；Ⅱ为滹沱河流域冲洪积扇孔隙水淡水亚区；Ⅲ为子牙河流域冲洪积扇孔隙水淡水亚区。

3.4　农田蒸散和作物产量的验证结果

将率定后的参数带入 SWAT 模型运行，把模拟的蒸散量与收集的 2002～2004 年遥感反演的空间分辨率为 1 km×1 km 的月尺度蒸散量聚合至子流域尺度的数据（潘登，2011，孙琛，2012；Sun and Ren，2013）进行对比，把模拟的冬小麦和夏玉米产量与1994～2012 年县（市）域的统计年鉴数据聚合至子流域尺度的数据进行对比（图 3.6）。结果表明：相较于开启地下水模块前 Sun 和 Ren（2013）的模拟结果，通过启用地下水模

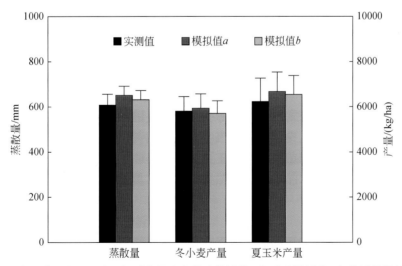

图 3.6　以浅层地下水埋深为目标对参数率定前（模拟值 a）后（模拟值 b）模型模拟的蒸散量及冬小麦和夏玉米产量与相应的实测值的对比

---

① "新一轮全国地下水资源评价"项目办公室，2004，"新一轮全国地下水资源评价"附表。

块并率定其参数后，我们对研究区所构建的更为完善的 SWAT 模型对于冬小麦－夏玉米一年两熟制的农田蒸散量和作物产量的整体模拟精度有所提高。其中 2002～2004 年平均蒸散量的模拟值由原来的 652±41 mm（Sun and Ren，2013）变化为 633±40 mm，与 609±48 mm 的遥感反演结果较为接近。在率定了地下水模块参数以后，模拟的蒸散量与遥感结果相比较的 R^2 指标和 NSE 指标的平均值分别提高到了 0.77 和 0.50。

研究区冬小麦和夏玉米产量的平均模拟值分别为 5714±553 kg/ha 和 6556±823 kg/ha，虽然 R^2 指标和 NSE 指标显示出子牙河平原部分子流域的模拟精度有轻微的下降，但从区域总体来看精度有所提高。与统计数据相比，本研究所模拟的冬小麦产量略低于统计数据，各个子流域的标准均方根误差 NRMSE 在 8%～21%；对于夏玉米，模拟结果略高于统计数据，各个子流域的 NRMSE 范围在 12%～22%，误差是可以接受的，这说明本模拟研究构建的模型能够较好地模拟研究区近 20 年来冬小麦－夏玉米一年两熟种植制度下的作物产量水平。此外，较为理想的验证结果也进一步说明我们改进和率定了地下水模块后所构建的 SWAT 模型，在某种程度上可以更好地模拟该区域冬小麦－夏玉米一年两熟制轮作农田的水文循环。

3.5 小　结

本章基于改进的 SWAT 模型，运用 SUFI-2 方法以浅层地下水埋深为目标变量，对地下水模块和土壤水模块的相关参数进行了率定，并对参数率定后模型对浅层地下水位的模拟精度进行了独立的验证。同时还分别利用"新一轮全国地下水资源评价"的结果、遥感反演的实际蒸散量和统计年鉴的作物产量数据，分别对地下水、土壤水和作物模块的模拟结果进行了多源与多尺度的验证，主要结论如下：

（1）以浅层地下水埋深为目标，用较长时间序列且监测频率相对密集的 16 口国家级监测井在 1993～2010 年期间的 3264 个监测数据，以及空间分布较为密集但统测频率相对稀疏的 20 口区域调查井在 2006～2012 年期间的 100 个实测数据作为率定参比值，用空间分布相对密集但实测频率相对稀疏的 128 口区域调查井在 2006～2012 年期间的 650 个监测数据作为验证值，对修改后的地下水模块及土壤水模块中的 4 个参数进行了率定。参考这些参数的物理意义并利用相关的文献资料数据进行了对比，结果表明：率定后的地下水模块参数范围较为合理，模拟值与观测值匹配良好，决定系数 R^2 在率定期和验证期分别达到了大约 0.962 和 0.964，纳什系数 NSE 在率定期和验证期分别达到了大约 0.958 和 0.955。模拟和实测的浅层地下水位波动较为一致，90% 以上的子流域的 P-factor 值大于 0.6，所有子流域的 R-factor 值都小于 1。

（2）以浅层含水层的储水量变化为目标变量，对模型进行了进一步验证，一方面，以长度量纲单位的模拟计算结果在区域和定位点尺度上分别与该井灌区地下水资源评价数据和同位素示踪结果进行了比较，结果较为接近；另一方面，根据研究区井灌面积将长度量纲单位的模拟计算结果折算为体积量纲的单位后，将模拟的浅层地下水补给量和排泄量统计到地下水资源亚区,与"新一轮全国地下水资源评价"结果进行了对比,结果显示:总体上补给量、排泄量和蓄变量都是较接近的,平均相对误差分别约为 10.8%、9.6% 和 3.6%,说明所构建的模型对于浅层含水层地下水储水量变化的仿真是可信的。

(3)分别以农田蒸散量和作物产量为目标变量,对率定了修改后的地下水模块的参数和土壤水模块有关参数而更加完善的 SWAT 模型,进一步验证了土壤水模块的模拟精度,结果表明:与 Sun 和 Ren(2013)的模拟结果相比,本模拟研究在其率定好的参数保持不变的基础上又率定表层 2 m 土体的饱和水力传导度及地下水模块的参数,不仅使得所修改的地下水模块能有较好的模拟效果,而且使得土壤水模块和作物模块的整体模拟精度有所提高,与实测值相比,模拟的农田蒸散量与遥感反演结果相比的 R^2 指标和 NSE 指标的平均值均有提高;模拟的冬小麦产量和夏玉米产量与统计数据相比,标准均方根误差 NRMSE 均小于 25%,这也进一步验证了我们对模型参数率定的合理性。

以上结果表明:本模拟研究的参数率定和模型验证结果无论是与地下水埋深的实测值还是与地下水量的评价结果相比都是比较接近的,模型能够合理地刻画该井灌区浅层地下水埋深和含水层储水量的时空变化特征,此外,通过对农田蒸散量和作物产量的模拟进行验证,表明:在已有研究的基础上进一步开启地下水模块并对其参数及土壤水模块有关参数加以率定后,所构建的模型也提高了土壤水动态和作物生长的模拟精度,从而为该井灌区的作物–土壤水–地下水系统构建了一个更完备的模拟区域尺度农田水文循环的研究工具。

第 4 章

现状灌溉情景的模拟分析与评估

4.1　浅层地下水的时间变化特征

4.1.1　浅层地下水埋深的时间变化特征

应用参数率定和模型验证后的 SWAT 模型，我们对研究区冬小麦－夏玉米轮作农田现状灌溉制度下 20 个轮作周年的浅层地下水动态进行模拟。研究区多年平均降水量约为 493.0 mm，冬小麦－夏玉米轮作制度的灌溉量约为 397.0 mm，根据多年平均的模拟结果，这两部分水量中大约 33.3 mm（即 3.74%）会形成地表径流、大约 651.5 mm（即 73.17%）通过蒸散进入大气，大约 203.6 mm（即 22.87%）从 2 m 土体的作物根系带渗漏到其下的非饱和带土壤剖面中。渗漏到非饱和带中的水经过 1～4 个月不等的时间延迟后补给到浅层含水层中。但是，由于多年平均的浅层地下水的总补给量（包括垂向补给量和侧向补给量）为 237.0 ± 68.2 mm，持续低于年均 397.0 ± 22.0 mm 的井灌开采量，造成浅层含水层的储水量逐年减少、浅层地下水位持续下降且区域内的差异增大。模拟结果显示：研究区浅层地下水埋深范围已经由 1993 年的 7.5～12.4 m 增加到 2012 年的 15.7～60.2 m，其年际间的变化情况见图 4.1。

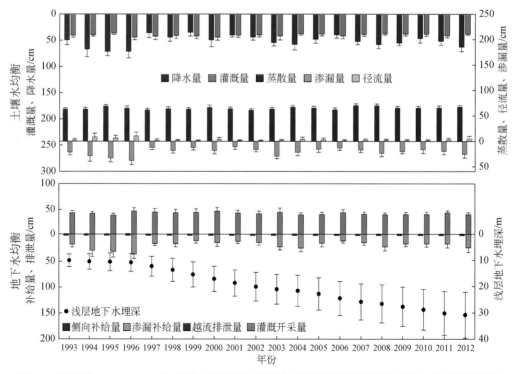

图 4.1　研究区 1993～2012 年土壤水均衡项和地下水均衡项及浅层地下水埋深变化的模拟结果

在冬小麦生育期，由于研究区内的有效降水量不足作物需水量的三分之一，该区域农民不得不大量开采浅层地下水以保障作物的正常生长。从 1990 年起，现状的灌溉制度可概化为：当冬小麦生育期的降水水平为平水期时，在越冬、拔节、抽穗和灌浆期灌溉 4 次；当冬小麦生育期的降水水平为枯水期时，在越冬、返青、拔节、抽穗和灌浆期灌溉 5 次或在越冬、起身、拔节、抽穗和灌浆期灌溉 5 次；当冬小麦生育期的降水水平为特枯水期时，在越冬、返青、起身、拔节、抽穗和灌浆期灌溉 6 次或在越冬、返青、拔节、孕穗、抽穗和灌浆期灌溉 6 次；每次的灌水定额因灌溉分区的不同而不等（参见 Sun and Ren，2014）。我们选择了栾城试验站所在的典型水文响应单元，在日时间尺度上分析冬小麦不同生育期的降水水平下土壤水均衡项和浅层地下水埋深的变化特征（图 4.2）。模拟结果显示：在该水文响应单元上，每一次的灌溉开采平均会造成浅层地下水位下降 0.41～0.43 m，灌溉开采之后由于降水和灌溉回归的补给作用，水位会以平均 1～5 mm/d 的速度回升，直到下一次灌溉开采带来剧烈的水位降落。进一步地，根据对该井灌区所有子流域在冬小麦生育期不同降水水平下浅层地下水均衡项的统计结果（表 4.1），冬小麦生育期浅层地下水开采量平均为 345.7～424.3 mm，而补给量平均仅为 111.1～178.2 mm，故导致该区域浅层含水层的储水量动态表现为负均衡。在平水期、枯水期和特枯水期，当冬小麦收获时，该区域浅层地下水位较播种时分别平均降低大约 1.43 m、1.88 m 和 1.81 m，其中，子牙河平原的浅层含水层由于垂向和侧向补给量的匮乏，浅层地下水位的下降情况尤为明显。此外，在大清河淀西平原冬小麦生育期的降水水平为特枯水期的水位降落幅度出现低于平水期和枯水期的情况（详见表 4.1），其原因是：虽然在轮作周年内该区域的部分地区出现冬小麦生育期降水量不足 50 mm 的特枯水期，但在冬小麦播种前的夏玉米生育期恰逢遇到累计总量为 650 mm 以上的降雨，从而增大了土壤墒情和对浅层地下水的补给，增大的土壤水渗漏补给量弥补了由于冬小麦生育期降水不足而增加的井灌对浅层地下水的消耗。总之，分析轮作周年两茬作物的生育期在不同降水水平下的农田水文循环及其对这两种作物生长的影响，对于一年两熟制农作区的地下水资源合理利用与定量化管理具有一定的实际意义。

在夏玉米生育期，现状的灌溉制度基本上是：当生育期的降水水平为平水期和枯水期时播前灌溉一次，当特枯水期时，则在抽雄期增加一次灌溉或在拔节期和抽雄期增加两次灌溉，每次的灌水定额因灌溉分区的不同而不等（参见 Sun and Ren，2014）。根据研究区典型水文响应单元的日尺度模拟结果，在平水期和枯水期，播前灌溉对地下水的开采会造成浅层地下水位下降 0.07～0.18 m，然而，随着生育期内的有效降水补给，浅层地下水位会以平均 2～7 mm/d 的速度回升，使得夏玉米收获时的浅层地下水埋深比播种时浅，地下水位得以恢复［图 4.3（a）、（b）］。但是遇到特枯水期，随着灌水次数和灌水定额的增加，夏玉米生育期内浅层地下水埋深会出现 0.57 m 左右的下降［图 4.3（c）］。根据对研究区所有水文响应单元在夏玉米生育期不同降水水平下浅层地下水均衡项的统计结果（表 4.2），在平水期、枯水期和特枯水期，夏玉米生育期浅层地下水平均开采量分别约为 29.1 mm、53.2 mm 和 177.4 mm；平均总补给量分别约为 105.3 mm、76.6 mm 和 86.2 mm，这使得该区域当夏玉米生育期的降水水平为平水期和枯水期时，浅层地下水位会有 0.28～0.57 m 的回升，但是遇到特枯水期时，由于增加的灌溉量和减少的补给量之共同作用，浅层地下水位会有平均大约 0.39 m 的降落。

表 4.1　1993～2012 年在不同降水水平下冬小麦生育期内浅层地下水均衡项及地下水埋深变化

区域	降水水平	入渗补给 /mm	侧向补给 /mm	进入非饱和带的浅层地下水 /mm	渗漏到深层含水层的浅层地下水 /mm	基流 /mm	灌溉开采 /mm	浅层含水层储水量变化 /mm	浅层地下水埋深变化 /m
大清河淀西平原	平水期	118.4	25.5	1.7	0.8	1.4	364.6	-224.6	1.38
	枯水期	95.8	25.5	2.8	0.7	3.6	405.5	-291.3	1.73
	特枯水期	214.7	25.5	2.4	1.5	1.3	438.2	-203.2	1.26
子牙河平原	平水期	109.6	16.2	0.0	2.4	0.0	322.2	-198.8	1.49
	枯水期	84.1	16.2	0.0	1.9	0.0	365.5	-267.1	1.99
	特枯水期	110.9	16.2	0.0	2.5	0.0	413.4	-288.8	2.24
研究区	平水期	114.5	21.9	0.9	1.5	0.4	345.7	-212.1	1.43
	枯水期	89.2	21.9	1.2	1.3	0.0	382.9	-274.3	1.88
	特枯水期	156.3	21.9	1.0	2.1	0.0	424.3	-249.2	1.81

表 4.2　1993～2012 年在不同降水水平下夏玉米生育期内浅层地下水均衡项及地下水埋深变化

区域	降水水平	入渗补给 /mm	侧向补给 /mm	进入非饱和带的浅层地下水 /mm	渗漏到深层含水层的浅层地下水 /mm	基流 /mm	灌溉开采 /mm	浅层含水层储水量变化 /mm	浅层地下水埋深变化 /m
大清河淀西平原	平水期	110.3	13.1	1.3	0.8	1.5	30.7	89.1	-0.65
	枯水期	65.4	13.1	1.3	0.5	1.5	42.1	33.1	-0.32
	特枯水期	77.9	13.1	0.0	0.5	0.0	170.2	-79.7	0.15
子牙河平原	平水期	79.4	6.7	0.0	1.7	0.0	27.3	57.1	-0.48
	枯水期	68.5	6.7	0.0	1.6	0.0	68.8	4.8	-0.23
	特枯水期	75.0	6.7	0.0	1.6	0.0	183.2	-103.1	0.58
研究区	平水期	95.4	9.9	0.7	1.2	0.2	29.1	74.1	-0.57
	枯水期	66.7	9.9	0.8	0.9	0.7	53.2	21.0	-0.28
	特枯水期	76.3	9.9	0.0	1.1	0.0	177.4	-92.3	0.39

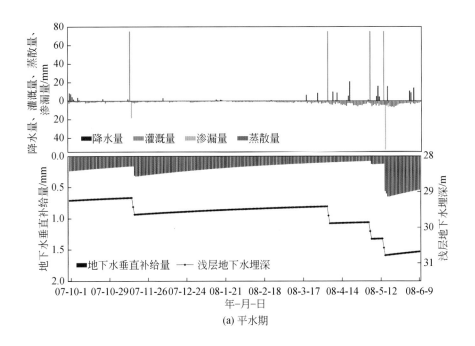

(a) 平水期

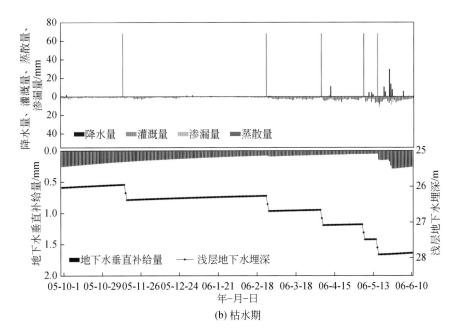

(b) 枯水期

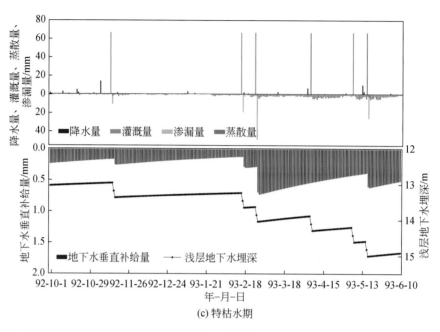

(c) 特枯水期

图 4.2　典型水文响应单元内冬小麦生育期在平水期（a）、枯水期（b）和特枯水期（c）的
土壤水均衡项与浅层地下水埋深的变化

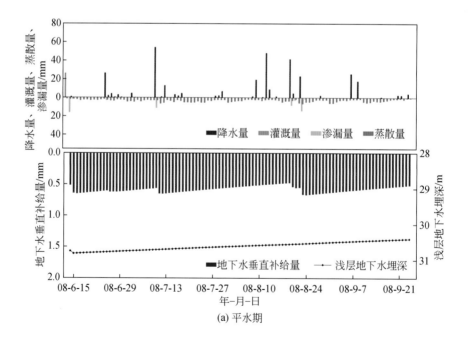

(a) 平水期

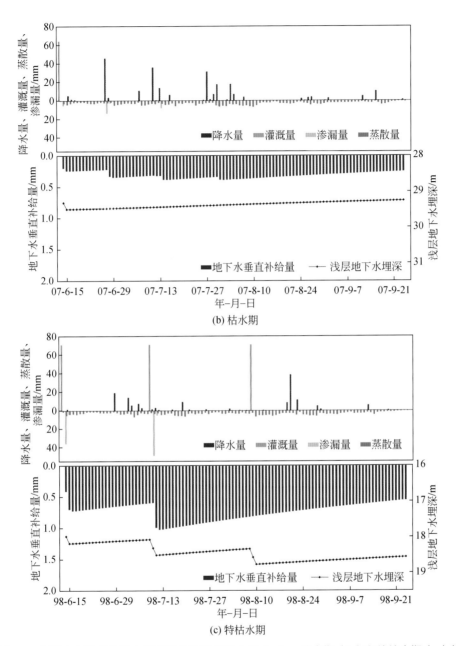

图 4.3　典型水文响应单元内夏玉米生育期在平水期（a）、枯水期（b）和特枯水期（c）的
土壤水均衡项与浅层地下水埋深的变化

4.1.2　浅层含水层储水量的时间变化特征

　　由研究区内各县（市）域机电井的灌溉面积[①]，将井灌区冬小麦和夏玉米生育期内浅层含水层储水量的变化值折算为体积量纲的单位，统计计算到便于流域管理机构参考使

[①] 河北省水利厅，1994 ～ 2012，河北水利统计年鉴。

用的水资源三级区尺度上，结果如图 4.4 所示。在每一季冬小麦的生育期，该研究区内的浅层含水层的储水量分别在平水期、枯水期和特枯水期减少约 23.5 亿 m³、30.9 亿 m³ 和 29.2 亿 m³［图 4.4（a）］；在每一季夏玉米的生育期，该研究区内的浅层含水层的储水量分别在平水期和枯水期增加约 10.6 亿 m³ 和 6.6 亿 m³，在特枯水期减少约 3.6 亿 m³［图 4.4（b）］。若按照自然年统计，1993～2012 年该研究区内浅层含水层的储水量在平水年、枯水年和特枯水年这三种水文年型下，每年分别平均减少 14.0 亿 m³、26.4 亿 m³ 和 36.6 亿 m³［图 4.4（c）］。以上模拟结果可为制定不同的降水水平下浅层地下水采补平衡的节水灌溉制度及确保作物稳产而合理地利用跨流域调配的水资源（如南水北调工程中线的调水）进行农田灌溉提供定量化的参考。

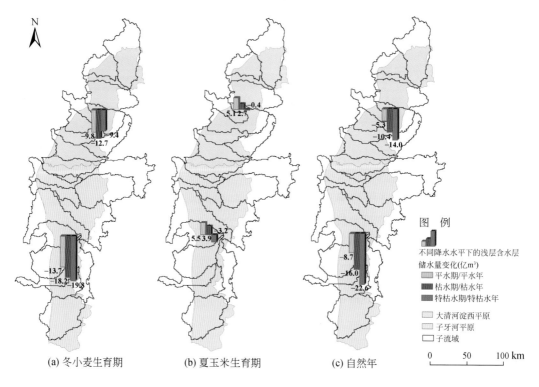

(a) 冬小麦生育期　　　　(b) 夏玉米生育期　　　　(c) 自然年

图 4.4　冬小麦生育期（a）、夏玉米生育期（b）和自然年（c）在不同降水水平下浅层含水层储水量的变化

4.2　浅层地下水的空间变化特征

4.2.1　浅层地下水埋深的空间变化特征

受降水、耕地利用、土壤质地和水文地质条件等因素空间差异的影响，区域浅层地下水埋深和浅层含水层储水量随时间之变化在空间上的差异也不同。从研究区整体上看，

20 世纪 90 年代以来，浅层地下水位普遍呈现大幅度下降趋势，研究区所涉及的各子流域的年均下降速度在 0.49～2.38 m/a［图 4.5（a）］，其中在研究区的中部，属于赞皇、高邑、临城、柏乡、宁晋、隆尧、辛集、晋州和深泽这几个县（市）域的区域，浅层地下水位下降情势尤为明显，年均下降速度高达 1.50 m/a 以上［图 4.5（b）］。

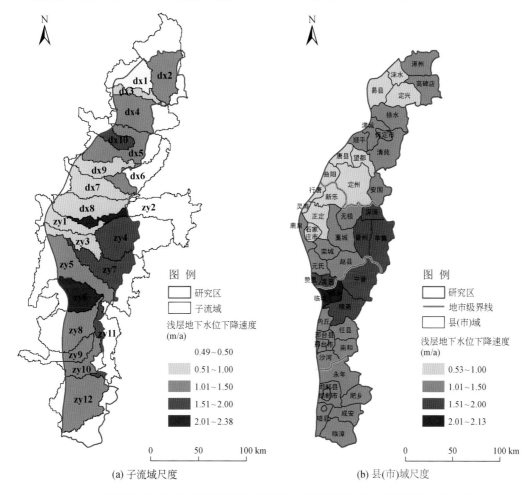

(a) 子流域尺度　　　　　　　　　　　　(b) 县(市)域尺度

图 4.5　浅层地下水位年均下降速度的模拟值在研究区所涉及的子流域尺度（a）和
县（市）域尺度（b）的空间分布

从浅层地下水位变化的阶段性来看，1992～1997 年、1997～2002 年、2002～2007 年和 2007～2012 年这 4 个时段的研究区浅层地下水位的平均下降速度分别为 0.69 m/a、1.56 m/a、1.15 m/a 和 1.00 m/a 左右，这主要与上述时段内降水量的变化有关。根据不同时间节点的浅层地下水埋深模拟值的空间分布（图 4.6、图 4.7），1992 年底研究区内大部分区域的浅层地下水埋深小于 10 m，至 1997 年年底，埋深小于 10 m 的分布区只剩下研究区内属于保定地区的 10 个县（市），所涉及区域的面积从 1992 年约占研究区面积的 76.0% 缩减为 20.2%；进入到 21 世纪初期，浅层地下水位继续持续下降，研究区平均的浅层地下水埋深降至 15 m 以下；又经过 5 年的剧烈开采，浅层地下水情势更加恶化，

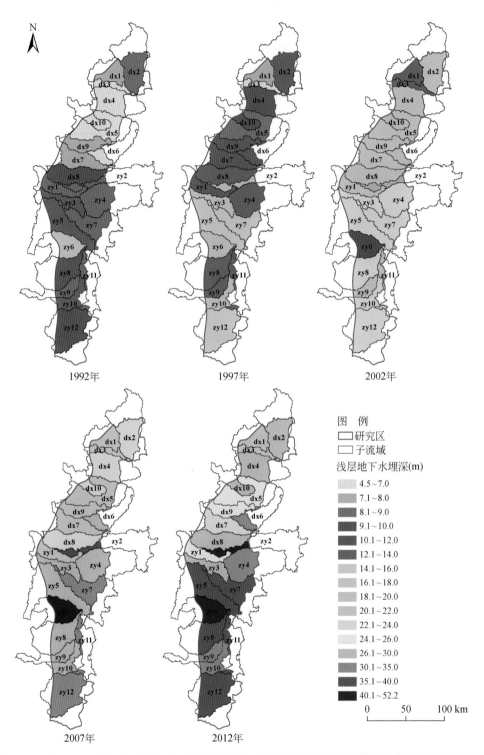

图 4.6　1992 年、1997 年、2002 年、2007 年和 2012 年浅层地下水埋深模拟值在研究区所涉及的 22 个子流域的空间分布

图中的 1992 年浅层地下水埋深模拟值是指 1992 年 12 月 31 日的浅层地下水埋深模拟值，以此类推，1997 年、2002 年、2007 年和 2012 年浅层地下水埋深模拟值分别指这 4 年的 12 月 31 日的浅层地下水埋深模拟值

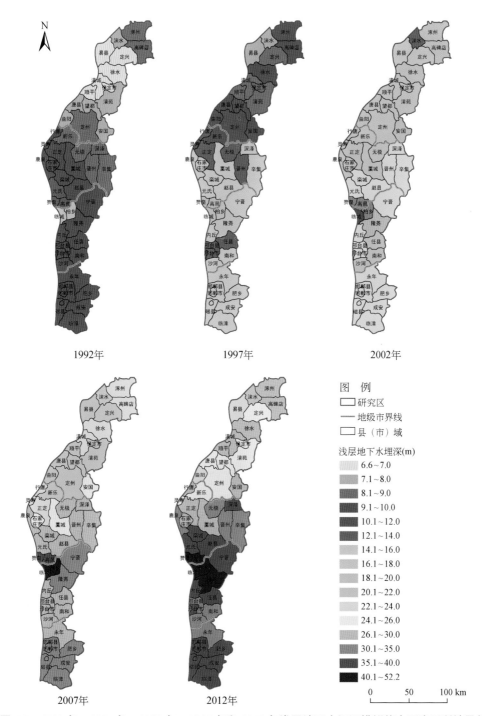

图 4.7　1992 年、1997 年、2002 年、2007 年和 2012 年浅层地下水埋深模拟值在研究区所涉及的
48 个县（市）域的空间分布

图中的 1992 年浅层地下水埋深模拟值是指 1992 年 12 月 31 日的浅层地下水埋深模拟值，以此类推，1997 年、2002 年、
2007 年和 2012 年浅层地下水埋深模拟值分别指这 4 年的 12 月 31 日的浅层地下水埋深模拟值

其中在研究区内石家庄地区、邢台地区和邯郸地区所属的区域，浅层地下水埋深全部降至 20 m 以下；到 2012 年年底，浅层地下水埋深大于 30 m 的区域面积约占到研究区面积的 50.7%，且在邢台地区与邯郸地区的交界，属于赞皇县、高邑县、柏乡县、临城县和隆尧县的区域，浅层地下水埋深已大于 40 m，研究区浅层地下水的情势已呈现出危机的态势。

4.2.2　浅层含水层储水量的空间变化特征

按照研究区在 1993～2012 年这 20 年来不同程度的浅层地下水埋深的累积变化幅度，统计其对应的井灌耕地面积比例及 20 年来累积的浅层含水层储水量变化（图 4.8）。结果表明：研究区约一半面积的井灌耕地由于农田灌溉导致 20 年来浅层地下水位的累积下降值在 20～30 m，即年均浅层地下水位下降速度在 1.0～1.5 m/a，这部分井灌耕地 20 年来累积的浅层含水层储水量的变化约为 -186.2 亿 m³，亦即每年超采约 9.3 亿 m³；约 42% 面积的井灌耕地由于农田灌溉导致 20 年来浅层地下水位的累积下降值小于 20 m，即年均浅层地下水位下降速度小于 1.0 m/a，其 20 年来累积的浅层含水层储水量的变化约为 -137.5 亿 m³，亦即每年超采约 6.9 亿 m³；约 7% 面积的井灌耕地由于农田灌溉导致 20 年来浅层地下水位的累积下降值大于 30 m，即年均浅层地下水位下降速度大于 1.5 m/a，其 20 年累积的浅层含水层储水量的变化约为 -25.8 亿 m³，亦即每年超采浅层地下水约 1.3 亿 m³。由此可见，研究区的井灌耕地虽然为该区域粮食的生产尤其是冬小麦的生产做出了重要贡献，但是浅层地下水资源的消耗也是巨大的，换言之，该区域浅层地下水资源的涵养与冬小麦和夏玉米的生产，特别是与冬小麦的生产之间，存在着明显的矛盾，因此，迫切需要在"水－粮"权衡的基础上，调整该区域的井灌强度，以实现既保障地下水安

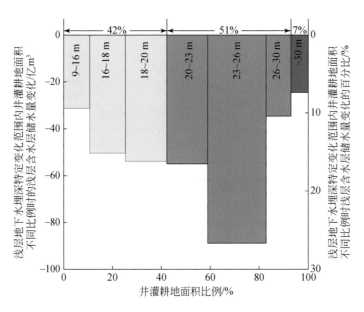

图 4.8　1993～2012 年浅层地下水埋深特定变化范围内井灌耕地面积
不同比例时的浅层含水层储水量变化

全又维持一定的粮食产能这样的种植业可持续发展的目标。为便于相关管理部门参阅，表 4.3 详细地给出了我们模拟计算的冬小麦生育期、夏玉米生育期和自然年在不同降水水平下研究区所涉及的各县（市）域浅层含水层储水量变化的统计结果，这些模拟结果可为管理者和决策者了解县（市）域这样的水资源管理的最小行政单元在现状灌溉下的浅层地下水超采程度提供定量化的参考依据。

表 4.3　冬小麦生育期和夏玉米生育期及自然年在不同降水水平下研究区所涉及的各县（市）域浅层含水层储水量变化

所属地级市	县（市）	井灌耕地面积/km²	浅层含水层储水量变化 / 亿 m³								
			冬小麦生育期			夏玉米生育期			自然年		
			平水期	枯水期	特枯水期	平水期	枯水期	特枯水期	平水年	枯水年	特枯水年
保定市	保定市	82	-0.292	-0.440	-0.237	0.157	0.085	-0.027	-0.155	-0.296	-0.540
	满城县	130	-0.284	-0.406	-0.226	0.138	0.064	-0.020	-0.153	-0.291	-0.493
	清苑县	566	-1.223	-1.760	-1.023	0.661	0.373	-0.037	-0.656	-1.225	-2.106
	涞水县	58	-0.106	-0.144	-0.092	0.073	0.060	0.009	-0.031	-0.105	-0.145
	徐水县	349	-0.725	-0.951	-0.702	0.418	0.175	0.121	-0.340	-0.750	-0.866
	定兴县	450	-0.962	-1.238	-1.009	0.562	0.357	0.090	-0.452	-1.006	-1.126
	唐县	47	-0.110	-0.145	-0.086	0.047	0.017	-0.008	-0.064	-0.116	-0.190
	望都县	225	-0.501	-0.665	-0.432	0.248	0.139	—	-0.285	-0.503	-0.812
	易县	41	-0.083	-0.110	-0.079	0.049	0.033	0.004	-0.032	-0.087	-0.103
	曲阳县	38	-0.092	-0.109	-0.080	0.037	0.013	-0.007	-0.054	-0.106	-0.125
	顺平县	82	-0.188	-0.270	-0.132	0.083	0.036	-0.031	-0.107	-0.195	-0.371
	涿州市	434	-0.967	-1.279	-1.271	0.578	0.289	0.015	-0.469	-1.012	-1.077
	定州市	830	-1.868	-2.210	-1.656	0.890	0.466	-0.168	-1.085	-2.058	-2.688
	安国市	336	-0.774	-0.938	-0.928	0.362	0.174	-0.056	-0.479	-0.829	-1.092
	高碑店市	390	-0.876	-1.131	-1.126	0.529	0.303	0.078	-0.438	-0.892	-0.961
	合计	4057	-9.051	-11.796	-9.080	4.832	2.584	-0.037	-4.800	-9.471	-12.695
石家庄市	石家庄市	125	-0.188	-0.281	-0.184	0.105	0.046	-0.101	-0.077	-0.237	-0.391
	正定县	274	-0.483	-0.625	-0.444	0.219	0.117	-0.210	-0.278	-0.601	-0.927
	栾城县	268	-0.502	-0.727	-0.754	0.164	0.145	-0.205	-0.360	-0.599	-0.900
	行唐县	78	-0.165	-0.199	-0.058	0.058	0.003	-0.102	-0.104	-0.198	-0.292
	灵寿县	43	-0.071	-0.091	-0.058	0.038	0.013	-0.036	-0.032	-0.088	-0.147
	高邑县	161	-0.273	-0.379	-0.468	0.099	0.074	-0.110	-0.204	-0.347	-0.369

续表

所属地级市	县（市）	井灌耕地面积/km²	浅层含水层储水量变化 / 亿 m³								
			冬小麦生育期			夏玉米生育期			自然年		
			平水期	枯水期	特枯水期	平水期	枯水期	特枯水期	平水年	枯水年	特枯水年
石家庄市	深泽县	198	-0.427	-0.506	-0.472	0.170	0.119	-0.145	-0.287	-0.456	-0.702
	赞皇县	17	-0.028	-0.040	-0.049	0.009	0.004	-0.017	-0.020	-0.037	-0.039
	无极县	355	-0.697	-0.865	—	0.287	0.194	-0.258	-0.465	-0.809	-1.223
	元氏县	132	-0.228	-0.343	-0.396	0.092	0.052	-0.106	-0.166	-0.264	-0.460
	赵县	510	-1.028	-1.447	-1.478	0.283	0.319	-0.402	-0.749	-1.231	-1.724
	辛集市	245	-0.613	-0.698	-0.834	0.223	0.210	-0.150	-0.410	-0.590	-0.901
	藁城市	550	-0.989	-1.355	-0.995	0.432	0.302	-0.371	-0.589	-1.215	-1.836
	晋州市	408	-1.034	-1.118	-1.390	0.415	0.338	-0.220	-0.674	-0.938	-1.510
	新乐市	280	-0.614	-0.740	—	0.255	0.065	-0.253	-0.363	-0.730	-0.997
	鹿泉市	76	-0.119	-0.181	-0.157	0.062	0.024	-0.068	-0.060	-0.145	-0.251
	合计	3720	-7.459	-9.595	-7.679	2.911	2.025	-2.754	-4.838	-8.485	-12.669
邢台市	邢台市	35	-0.062	-0.073	-0.117	0.026	0.019	-0.016	-0.033	-0.082	-0.110
	邢台县	104	-0.193	-0.226	-0.357	0.073	0.058	-0.040	-0.112	-0.247	-0.345
	临城县	30	-0.050	-0.067	-0.088	0.018	0.013	-0.023	-0.036	-0.068	-0.048
	内丘县	139	-0.243	-0.287	-0.457	0.102	0.072	-0.070	-0.129	-0.322	-0.410
	柏乡县	186	-0.330	-0.438	-0.543	0.108	0.107	-0.099	-0.261	-0.427	-0.360
	隆尧县	447	-0.816	-1.020	-1.420	0.281	0.260	-0.179	-0.575	-1.033	-1.168
	任县	296	-0.573	-0.702	-1.026	0.198	0.173	-0.068	-0.379	-0.681	-1.049
	南和县	280	-0.602	-0.747	-1.040	0.189	0.151	-0.043	-0.424	-0.672	-1.219
	宁晋县	329	-0.652	-0.918	-0.967	0.177	0.205	-0.293	-0.442	-0.763	-1.045
	沙河市	71	-0.144	-0.183	-0.260	0.049	0.030	-0.026	-0.088	-0.165	-0.303
	合计	1918	-3.665	-4.661	-6.276	1.221	1.088	-0.857	-2.479	-4.460	-6.057
邯郸市	邯郸市	10	-0.018	-0.027	-0.034	0.010	0.004	0.001	-0.009	-0.021	-0.027
	邯郸县	116	-0.207	-0.315	-0.389	0.113	0.052	0.008	-0.099	-0.247	-0.311
	临漳县	491	-0.946	-1.374	-1.715	0.422	0.231	0.055	-0.570	-1.117	-1.385
	成安县	325	-0.584	-0.887	-1.096	0.318	0.146	0.023	-0.280	-0.695	-0.875
	磁县	75	-0.143	-0.211	-0.262	0.068	0.035	0.008	-0.082	-0.169	-0.211

续表

所属地级市	县（市）	井灌耕地面积 /km²	浅层含水层储水量变化 / 亿 m³								
			冬小麦生育期			夏玉米生育期			自然年		
			平水期	枯水期	特枯水期	平水期	枯水期	特枯水期	平水年	枯水年	特枯水年
邯郸市	肥乡县	354	-0.636	-0.967	-1.195	0.347	0.159	0.025	-0.305	-0.757	-0.954
	永年县	445	-0.840	-1.172	-1.514	0.380	0.197	-0.047	-0.470	-0.955	-1.469
	合计	1815	-3.373	-4.953	-6.204	1.657	0.824	0.073	-1.814	-3.961	-5.231

注：—表示这个县（市）在模拟分析时段内的 20 个冬小麦或夏玉米生育期未出现特枯水期这种降水水平，因而无特枯水期的模拟计算结果。研究区所涉及的各县（市）域井灌耕地面积是由《河北水利统计年鉴》中的平原区机电井灌溉面积计算的 1994～2012 年的平均值。

4.3　浅层地下水资源利用的可持续性

我们基于该研究区的灌溉制度所概化的 1993～2012 年冬小麦-夏玉米轮作农田浅层地下水的开采量约为 42.1 ± 2.8 亿 m³/a，根据所构建的分布式 SWAT 模型的模拟结果，由浅层含水层储水量变化，推算出该区域农田井灌所带来的超采量为 17.5 ± 9.4 亿 m³/a。模拟结果显示：截至 2012 年，该研究区已经有近 50% 面积的区域中浅层地下水埋深低于第 Ⅰ 含水层组的底板埋深，这就意味着开采的浅层地下水将全部来自第 Ⅰ 含水层组底板埋深 20～60 m 以下的第 Ⅱ 含水层组。按照所模拟的现状灌溉制度下浅层含水层储水量的变化速率估算，再过 30 年该区域第 Ⅰ 含水层组储水量枯竭的井灌区面积将达到 90% 以上，再过 80 年该区域第 Ⅱ 含水层组储水量枯竭的井灌区面积将达到 80% 以上，浅层含水层将面临被疏干的风险。因此，若不改变现状轮作农田的灌溉制度特别是冬小麦的灌溉制度，未来不仅可能发生严重的地下水危机，同时也将给该区域的农田灌溉带来前所未有的挑战，进而影响粮食的生产，特别是冬小麦的生产。

Sun 和 Ren（2014）给出了海河平原在保证粮食稳产情况下的优化灌溉制度，表明：在本研究区内冬小麦-夏玉米轮作周年平均的灌溉开采量范围是 277.5～467.0 mm。若假设这样的灌溉制度下的浅层地下水天然补给量在模拟分析时段内变化不大，上述农田灌溉开采量依然大于该地区每年大约 124 mm 的年均浅层地下水天然补给量，即依然无法减缓浅层地下水位的进一步下降。因此，若要遏制该地区浅层地下水资源的恶化情况，必须降低浅层地下水资源的开采强度，换言之，需要以减少一定的粮食产量为代价，尤其是要削减一定的冬小麦产量。为了进一步量化研究区内不同区域的冬小麦产量与浅层地下水资源的关系，我们将对比分析冬小麦在雨养条件和灌溉条件下的"水-粮"关联性。为便于分析，这里，我们定义作物地下水生产力（crop groundwater productivity，CGWP）这一指标，该指标反映地下水消耗对冬小麦生产的灌溉贡献，即灌溉条件与雨养条件下冬小麦产量的变化值与浅层地下水的消耗量之比。具体地，一方面考虑到浅层地下水位的降幅是地下水消耗的表征且便于监测，另一方面考虑到浅层含水层储水量的变化是地下水收支状况的反映，是浅层地下水资源开发利用是否具有可持续性的重要指标，故我们分别从这两个角度再具体定义如下：$CGWP_1$ 为灌溉条件与雨养条件相比，浅层地下水位（m）每下降一个单位所带来的产量（kg/ha）增加值；$CGWP_2$ 为灌溉条件与雨养条件相比，浅层含水层储水量（mm）每减少一个单位所带来的产量（kg/ha）增加值。显然，$CGWP_1$ 和 $CGWP_2$ 的值越小，表明：与雨养条件相比，该区域农田灌溉所开采的浅层地下水对冬小麦增产的贡献相对较小，或冬小麦的增产所消耗的浅层地下水资源相对较多。这种从"水－粮"权衡的角度，基于分布式水文模型的模拟结果给出的这两个指标的空间分布，对从水位和水量双控的角度划定该区域浅层地下水的压采范围、调整耕地利用方式具有一定的参考意义。上述指标在研究区所涉及的 22 个子流域和 48 个县（市）域的计算结果进行离差标准化后的空间分布分别如图 4.9 和图 4.10 所示。从 $CGWP_1$ 的空间分布来看，子牙河平原中部，即在研究区内属于邢台地区的柏乡县、隆尧县、临城县和内丘县，以及属于石家庄地区的高邑县和赞皇县，$CGWP_1$ 值相对最小；子牙河平原南部，即在研究区内属于邯郸地区和邢台地区的大部分县（市），$CGWP_1$ 值相对较小。这表明：与雨养条件相比，这些区域开采浅层地下水灌溉对冬小麦增产的贡献相对较小，且会带来浅层地下水位大幅度下降的后果。从 $CGWP_2$ 的空间分布来看，子牙河平原中南部，即

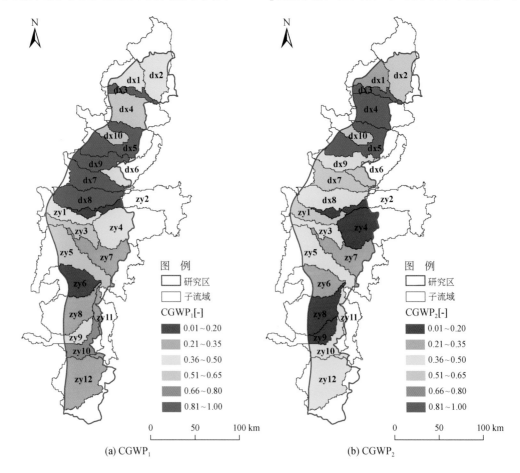

图 4.9　研究区所涉及的各子流域离差标准化的 $CGWP_1$（a）和 $CGWP_2$（b）的空间分布

在研究区内属于邢台地区的任县、沙河市、内丘县、邢台县和邢台市，$CGWP_2$ 值相对最小；子牙河平原北部，即在研究区内属于邢台地区的宁晋县、柏乡县、隆尧县、临城县和南和县，属于石家庄地区的辛集市、晋州市和深泽县，以及位于大清河淀西平原的属于保定地区的涞水县，$CGWP_2$ 值相对较小。这表明：与雨养条件相比，这些区域开采浅层地下水灌溉对冬小麦增产的贡献相对较小，且会带来浅层含水层储水量大幅度减少的后果，即浅层地下水超采量相对较大。大清河淀西平原的大部分地区，即在研究区内属于保定地区的大部分县（市），$CGWP_1$ 和 $CGWP_2$ 都相对较大。说明：与雨养条件相比，这些区域开采浅层地下水灌溉对冬小麦增产的贡献相对较大。因此，为了涵养浅层地下水资源，考虑在该研究区的井灌耕地减少农田灌溉量，从兼顾浅层地下水位与浅层含水层储水量的涵养和尽可能减少冬小麦产量下降的角度，可以按照上述作物地下水生产力的模拟评估结果从小到大之顺序，有针对性地减少各县（市）用于农田灌溉的浅层地下水开采量，以保证浅层地下水利用的可持续性。

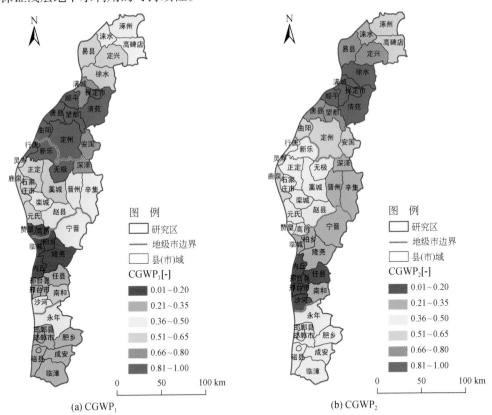

图 4.10　研究区所涉及的各县（市）域离差标准化的 $CGWP_1$（a）和 $CGWP_2$（b）的空间分布

4.4　小　　结

本章基于参数率定和多目标验证后的 SWAT 模型，以 1993 ～ 2012 年为模拟分析时段，对冬小麦–夏玉米一年两熟种植制度下的浅层地下水时空变化开展了模拟研究，并进一步对这种耕地利用下的浅层地下水资源的可持续性进行了评估，主要结论如下：

（1）在现状农田灌溉制度下，开采量持续高于补给量，造成区域整体上浅层含水层储水量的逐年减少，浅层地下水位持续下降。研究区平均浅层地下水埋深已经由 1993 年的约 8.7 m 增大到 2012 年的约 30.8 m，浅层地下水位年均下降速度 0.69～1.56 m/a，其中子牙河平原中北部地区的下降速度高达 1.5 m/a 以上。农田灌溉导致 20 年来浅层地下水位的累积下降值小于 20 m、20～30 m 和大于 30 m 的井灌耕地面积分别约占其总面积的 42%、51% 和 7%，造成 20 年来浅层含水层的储水量累积减少约 350 亿 m^3。

（2）在研究区中部的典型水文响应单元内，每一次农田灌溉开采使得冬小麦生育期内浅层地下水位下降 0.41～0.43 m、夏玉米生育期内下降 0.07～0.18 m，灌溉开采之后由于降水和灌溉回归水的补给作用，浅层地下水位在不同降水水平下会以平均 1～7 mm/d 的速度回升，直到下一次灌溉开采再带来剧烈的水位降落。由于冬小麦生育期内有效降水量不足作物需水量的三分之一，在降水水平为平水期、枯水期和特枯水期时，高强度的灌溉造成冬小麦收获时该井灌区浅层地下水位平均较播种时分别下降约 1.43 m、1.88 m 和 1.81 m，浅层含水层储水量分别减少约 23.5 亿 m^3、30.9 亿 m^3 和 29.2 亿 m^3；夏玉米生育期的降水水平为平水期或枯水期时，该区域浅层地下水位将平均回升 0.28～0.57 m，浅层含水层储水量增加约 10.6 亿 m^3 或 6.6 亿 m^3，但是，若遇到特枯水期，随着灌溉开采量的增加，在夏玉米收获时，该区域浅层地下水位平均较播种时会下降约 0.39 m，浅层含水层储水量减少约 3.6 亿 m^3。

（3）根据我们所构建的 SWAT 模型的模拟结果，该井灌区冬小麦–夏玉米种植制度下农田灌溉引起的浅层地下水超采量约为 17.5 亿 m^3/a，这样的浅层地下水利用是不可持续的。若按照现在的浅层地下水位和浅层含水层储水量的变化速度推算，从 2012 年开始，再有 30 年的时间，研究区 90% 以上的井灌面积内的浅层地下水埋深将跌至第 I 含水层组底板以下，第 I 含水层组将面临被疏干的风险；再有 80 年的时间，研究区 80% 以上的井灌面积内的第 II 含水层组的储水量也将面临被疏干的风险，这将是难以修复的地下水生态安全危机。此外，即使该区域按照 Sun 和 Ren（2014）模拟得到的粮食稳产下的优化灌溉制度对冬小麦–夏玉米轮作农田进行灌溉，依然会使得浅层含水层的储水量减少，难以遏制浅层地下水位的进一步下降。所以，若要减缓该区域浅层地下水情势的恶化，需要以减小一定的粮食产量为代价，调整该井灌区的灌溉制度，尤其是冬小麦的灌溉强度。从兼顾浅层地下水恢复和尽可能减少冬小麦产量下降的角度出发，根据不同地区地下水消耗对冬小麦产量贡献的差异，应该按照从子牙河平原到大清河淀西平原的顺序，减少农田灌溉所开采的浅层地下水量，重点在研究区内属于邢台地区、邯郸地区和石家庄地区的部分县（市），调整现状的农田井灌强度，以确保该区域浅层地下水利用的可持续性，遏制浅层地下水资源的持续消耗。

第 5 章

限水灌溉情景的模拟分析与评估

5.1 模拟试验结果

5.1.1 冬小麦优先灌溉的生育阶段排序

相关研究者在研究区内的栾城试验站已经进行了针对冬小麦的不同生育阶段水分亏缺程度与生育期内不同灌水次数对其产量和水分利用效率影响的多年田间试验与计算（Zhang *et al.*，2003，2017；Chen *et al.*，2014；Sun *et al.*，2014）。同时，相关的地方政府部门和研究者也提出了一系列关于以节水丰产或节水稳产或节水增效为目标的减少冬小麦生育期内灌水次数的技术规程或建议（河北省质量技术监督局，2008，2012；王慧军，2011；李月华和杨利华，2017）。此外，潘登（2011）应用 SWAT 模型在海河流域平原区子流域尺度上的模拟结果，基于作物水分生产函数的 Blank 模型和 Jensen 模型，计算了冬小麦的水分敏感系（指）数并进行了排序，获得了冬小麦生长过程中对水分最敏感的生育阶段。然而，这些冬小麦优先灌溉的生育阶段的确定是以获得较高的产量或水分利用效率为目标，确保作物水分敏感期的用水，把有限的水量在作物生育期内进行最优分配，未考虑在作物不同生育阶段的灌溉开采对地下水动态影响的差异。我们知道，田间试验站的结果是代表试验点所在地的田块尺度，在区域尺度上对相关科学问题的探究则往往需要通过模型开展大量的情景模拟。本研究基于我们已经构建的 SWAT 模型，对研究区的每一个子流域开展冬小麦在 4 个关键灌溉生育阶段分别灌水一次的模拟试验，并将模拟结果与冬小麦雨养条件下的情形进行比较，分析在不同生育阶段的灌溉方案下浅层地下水动态和冬小麦产量的差异，从而获得考虑研究区在降水和下垫面的空间变异情形下、权衡浅层地下水涵养与作物生产的冬小麦优先灌溉之生育阶段排序的空间变化。模拟试验中的具体灌水时间和灌水定额等设置详见第 2 章的 2.3.1 节。

一方面，从冬小麦的不同生育阶段灌溉一次对其产量的影响来看，研究区全部子流域均表现为在拔节期的灌溉处理下的产量最高，其次为抽穗期［图 5.1（a）］，这与田间的灌溉试验结果及冬小麦的水分敏感系（指）数的计算排序结果是一致的（张喜英等，2001；潘登，2011）。就越冬水和灌浆水对冬小麦产量的重要程度而言，本研究的模拟试验结果显示：对于位于研究区南部的子牙河平原，约有一半的子流域表现为越冬水比灌浆水对收获更多的冬小麦产量更为重要；而在大清河淀西平原，只有一个子流域表现为越冬水比灌浆水对收获更多的冬小麦产量更为重要［图 5.1（a）］。根据对模型输入数据和模拟结果的详细分析，这主要是因为在研究区的南部，冬小麦的前茬作物夏玉米在生育期内的降水量相对于中北部地区较小，同时由于季风气候下的降水量在年际间和季节内的变化幅度较大，在研究区南部的邢台地区和邯郸地区，夏玉米生育期内降水量小于 200 mm 的年份相对较多，因而这些年份下冬小麦播种时的土壤墒情就会相对较差，浇灌越冬水对增加土壤的储水量进而保障冬小麦的产量来说较为重要。根据河北省农业气候区划的结果，研究区南部的干燥度相对于北部地区较大，并且 7 ～ 8 月的降水量相对较小（贾银锁和郭进考，2009），这也在一定程度上支撑了我们对上述模拟结果的解释。对于冬小麦 - 夏玉米一年两熟制农田，由于前茬作物生育期内的土壤水分动态会影响后茬作物的生长，因此，我们也将冬小麦不同灌溉处理对夏玉米产量及其对冬小麦 - 夏玉米周年产量的影响进行对比和分析。总体来看，从收获更多的夏玉米产量的角度来说，冬小麦优先灌溉的生育阶段排序依次为：灌浆期、抽穗期、拔节期和越冬期［图 5.1（b）］，这是因为越接近冬小麦生育期的后段，灌溉后根系带的土壤水分对其后茬作物夏玉米生长的贡献越大。从冬小麦 - 夏玉米周年产量来看，冬小麦优先灌溉的生育阶段排序在全部子流域均表现为：拔节期、抽穗期、灌浆期和越冬期［图 5.1（c）］。

　　另一方面，从冬小麦的不同生育阶段灌溉一次对浅层地下水动态的影响来看，若从农田井灌对浅层地下水位下降程度的影响越小则其对地下水可持续利用越好这样的角度来考虑，研究区冬小麦优先灌溉的生育阶段排序与考虑冬小麦 - 夏玉米一年两熟制农田周年产量越高越好的排序会完全相反，其排序依次为：越冬期、灌浆期、抽穗期、拔节期［图 5.1（d）］。这主要是因为：灌溉水进入土壤后会对冬小麦 - 夏玉米一年两熟制农田的土壤水均衡产生影响，若土壤中的水分更多地被作物根系吸收，那么通过渗透作用对浅层地下水的补给量就会减少。本研究的模拟试验中四种灌溉处理下浅层地下水的井灌开采量是相同的，那么补给量越小，浅层含水层的储水量消耗就会越大，因而浅层地下水位的下降幅度也会越大。

　　由于从单独考虑对作物产量影响或单独考虑对浅层地下水影响的方面，冬小麦优先灌溉的生育阶段排序呈现出矛盾的情况，这里与第 4 章相仿，同样引入 CGWP 这一指标来权衡浅层地下水的井灌开采与冬小麦的生产，从效率的角度对冬小麦优先灌溉的生育阶段进行排序。CGWP 的具体定义详见第 4 章的 4.3 节，其值越大则表明：该区域农田井灌所开采的浅层地下水对冬小麦产量增加的贡献越大，或冬小麦产量增加所消耗的浅层地下水资源越少。根据不同的特定灌溉处理下各子流域的 CGWP 的模拟结果［图 5.1（e）、（f）］，若按照井灌所用浅层地下水对冬小麦产量的贡献程度大小来排序，冬小麦优先灌溉的生育阶段排序在 dx1、dx2、dx3 和 dx9 这 4 个子流域表现为：拔节期、抽穗期、灌浆期和越冬期；在其他的 18 个子流域表现为：拔节期、抽穗期、越冬期和灌浆期。造成上述空间差异的主要原因是：根据模拟试验结果，在 dx1、dx2、dx3 和 dx9 这 4 个子流域，由于降水量的季节性差异，在灌浆期灌溉一次的冬小麦平均产量比在越冬期灌溉一次的结果高出约 234 kg/ha，是其他子流域在上述两种模拟试验设置下冬小麦的平均产量之差 64 kg/ha 的 3 倍左右。因此，在这 4 个子流域，在满足冬小麦拔节期和抽穗期的灌溉需求下，应该将浅层地下水灌溉在冬小麦灌浆期。基于此，在下文，我们将以能够兼顾浅层地下水动态与冬小麦产量变化的 CGWP 这一指标所计算的冬小麦优先灌溉的生育阶段排序作为选择标准，为合理地制定减少冬小麦生育期灌水次数的限水灌溉方案提供依据。同时，以上对冬小麦生育期不同生育阶段灌溉处理下作物产量和浅层地下水位的变化所做的对比与分析，也可为该区域未来从更多地考虑保持冬小麦产能的角度或更多地考虑遏制浅层地下水漏斗进一步发展的角度，来实施更有针对性的冬小麦限水灌溉方案提供定量化的决策参考。

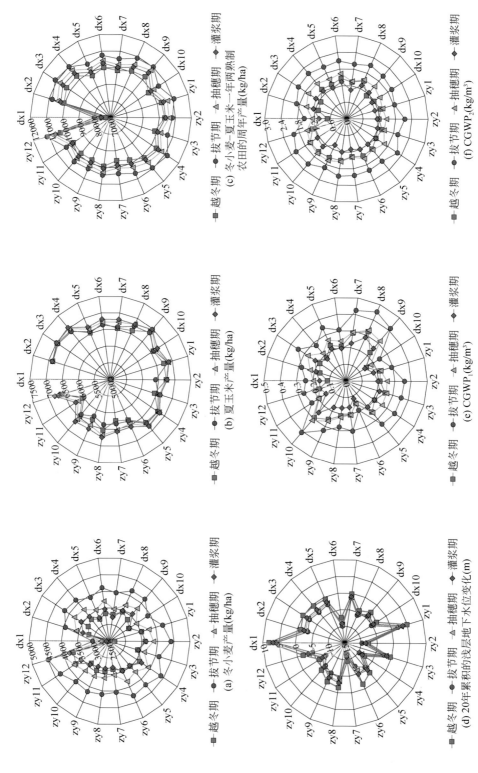

图 5.1 在冬小麦不同生育阶段分别灌溉一次的处理下作物产量、浅层地下水位变化和作物地下水生产力的模拟试验结果

5.1.2　冬小麦生育期不同灌水次数下的模拟试验结果

我们按照前一节基于井灌所用浅层地下水对冬小麦产量的贡献程度大小所确定的冬小麦优先灌溉的生育阶段之排序，并根据第 2 章 2.3.1 节所述，在本节设置不同灌水次数的具体灌溉方案，其中：灌水四次方案是指冬小麦生育期内降水水平为平水期条件下的"现状灌溉制度"，即分别在冬小麦的越冬期、拔节期、抽穗期和灌浆期进行灌溉；灌水三次方案是指分别在冬小麦的越冬期、拔节期和抽穗期，或分别在冬小麦的拔节期、抽穗期和灌浆期进行灌溉；灌水两次方案是指分别在冬小麦的拔节期和抽穗期进行灌溉；灌水一次方案是指只仅在冬小麦的拔节期进行灌溉；雨养条件是指在冬小麦生育期内不进行灌溉。

从冬小麦的产量变化来看［图 5.2（a）］，在雨养条件下，研究区 20 年的平均产量约为 2624 kg/ha，当增加一次灌溉（即拔节水）时，平均产量约增加到 4144 kg/ha，相当于比雨养条件下增加了近 60%；再增加一次灌溉（即抽穗水），即灌水两次方案，冬小麦的平均产量约为 4986 kg/ha，与灌水一次方案相比，又增加了 20% 左右；在灌水三次方案下，冬小麦的平均产量约增加到 5348 kg/ha，相当于在灌水两次方案的基础上增加了大约 7%；当冬小麦生育期内的灌溉制度为灌水四次方案时，冬小麦的平均产量约为 5617 kg/ha，与灌水三次方案相比又增加了近 5%。Zhang 等（2017）于 2008～2015 年间在本研究区内的栾城试验站开展的田间试验表明：冬小麦从雨养条件到生育期内灌溉一次，平均增产幅度约为 44.7%；从生育期内灌溉一次到灌溉两次，平均增产幅度约为 13.1%；从生育期内灌溉两次到灌溉三次，平均增产幅度约为 1.8%；从生育期内灌溉三次到灌溉四次，平均增产幅度约为 0.5%。尽管本研究的模拟试验和这些田间试验在时空尺度、灌水定额及与灌水四次方案中的某次灌水时间上存在差异，但是我们模拟试验得到的冬小麦从雨养逐次增加灌水次数后的产量增幅之变化特征与这些田间试验是基本一致的，这在一定程度上说明了上述模拟试验结果的合理性。通过以上分析可知，从对冬小麦增产贡献的角度来说，在其雨养的条件下增加的拔节水和抽穗水具有相对较高的增产效果，而在灌溉这两水的基础上再增加越冬水和灌浆水则对冬小麦产量增加的效果相对较小。

从浅层地下水位变化的角度来看，在研究区分别有 1 个、2 个和 19 个子流域具有在冬小麦生育期分别灌水两次、灌水一次和雨养下能够实现 20 年浅层地下水位的累积变化为正，或累积下降值趋于零的表现，换言之，可以改变浅层地下水位持续下降的态势［图 5.2（b）］。而冬小麦生育期灌水三次和灌水四次的灌溉方案，无论是在哪一个子流域，20 年内浅层地下水位依然表现为下降的趋势。因此，从遏制浅层地下水位持续下降趋势的角度看，冬小麦生育期灌水三次和灌水四次的灌溉方案在区域尺度上对浅层地下水可持续利用是不利的。

另一方面，由冬小麦生育期不同灌水次数的灌溉方案下 CGWP 的模拟结果［图 5.2（c）、（d）］，其从大到小的排序依次为：灌水一次方案、灌水两次方案、灌水三次方案和灌水四次方案，即灌水次数越少的处理下农田井灌所开采的浅层地下水对冬小麦增产的贡献越高。因此，总体来说，冬小麦生育期灌水一次方案和灌水两次方案是冬小麦对浅层地下水利用效率相对较高的冬小麦生育期的限水灌溉方案。

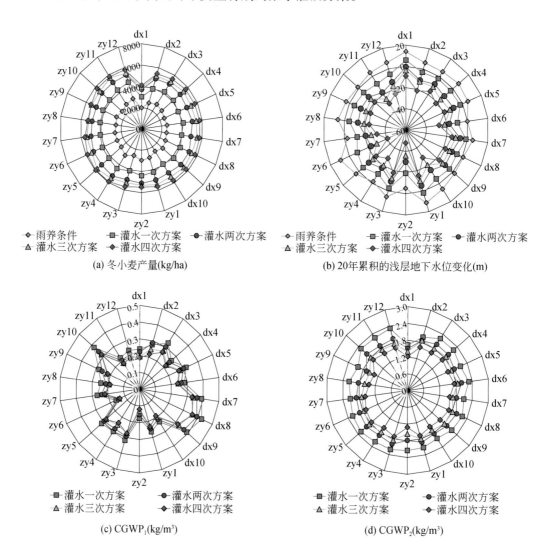

(a) 冬小麦产量(kg/ha)　　　　　　　(b) 20年累积的浅层地下水位变化(m)

(c) CGWP$_1$(kg/m³)　　　　　　　(d) CGWP$_2$(kg/m³)

图 5.2　在冬小麦生育期内不同灌水次数的灌溉处理下作物产量、浅层地下水位变化
和作物地下水生产力的模拟试验结果

5.2　模拟情景分析

根据上一节的模拟试验结果，我们从既考虑井灌开采对冬小麦增产效果明显、开采强度能够在一定程度上遏制浅层地下水位持续下降，又考虑作物对浅层地下水的利用效率相对较高的角度，选择冬小麦生育期内灌水两次方案（又称"春浇两水"方案）、灌

水一次方案（又称"春浇一水"方案）和"雨养"这三种冬小麦限水灌溉方案分别作为情景 L1、情景 L2 和情景 L3 来开展模拟，其具体设置列于表 5.1。

表 5.1　冬小麦生育期限水灌溉方案的情景设置

模拟情景设置	冬小麦生育期的灌溉制度	夏玉米生育期的灌溉制度
基本情景	4 个灌溉分区的现状灌溉制度 （Sun and Ren，2014）	
情景 L1	灌水时间：拔节期和抽穗期 灌水定额：75 mm 灌溉定额：150 mm	4 个灌溉分区的现状灌溉制度 （Sun and Ren，2014）
情景 L2	灌水时间：拔节期 灌水定额：75 mm 灌溉定额：75 mm	
情景 L3	生育期内不灌溉	

5.2.1　浅层含水层储水量和浅层地下水埋深

根据我们所概化的冬小麦限水灌溉方案，在情景 L1、情景 L2 和情景 L3 下，研究区的浅层地下水年均灌溉开采量将由基本情景下的 397±22 mm 分别减少为 192±18 mm、117±18 mm 和 42±18 mm。模拟结果显示：冬小麦在这三种限水灌溉情景下，浅层地下水的年均补给量将由基本情景下的 237±68 mm 分别减少为 101±58 mm、85±53 mm 和 76±52 mm，其年际间的变化如图 5.3 所示。由于冬小麦生育期内农田灌溉量的减少会影响作物根系带的土壤水分动态，进而影响根系带土壤水分从 2 m 土体向下渗漏量的大小，加之部分从作物根系带渗漏的水量补给到浅层含水层会有一定的时间延迟，所以，冬小麦限水灌溉情景对浅层地下水补给量的影响不仅表现在限制灌溉开采的冬小麦生育期，还会对一年两熟种植制度中的夏玉米生育期内的浅层地下水均衡产生影响。将研究区所涉及的 22 个子流域在模拟分析时段内浅层地下水的均衡情况分别按第 2 章第 2.1.2 节所给出的冬小麦、夏玉米的生育期和自然年的不同降水水平对冬小麦、夏玉米的生育期和自然年内的模拟结果进行统计，结果如图 5.4 所示。在冬小麦生育期"春浇两水"的情景下，浅层含水层储水量在这两种作物生育期内的变化态势与基本情景一致，表现为冬小麦生育期内负均衡和夏玉米生育期内正均衡。具体地，在冬小麦这种限水灌溉情景下浅层含水层储水量的变化将由基本情景下的冬小麦生育期内平均减少约 222.4 mm［图 5.4（a）］、夏玉米生育期内平均增加约 49.4 mm［图 5.4（b）］，变为冬小麦生育期内平均减少约 100.5 mm［图 5.4（a）］、夏玉米生育期内平均增加约 1.5 mm［图 5.4（b）］，在自然年尺度上浅层含水层储水量的变化约为 -95.5 mm［图 5.4（c）］，即从研究区的时空平均的角度看，该区域井灌开采浅层地下水仍然表现为"超采"的态势。在冬小麦生育期"春浇一水"情景下，冬小麦生育期内的浅层地下水总排泄量虽然与基本情景相比平均减少了约 277.7 mm，但是浅层含水层的储水量无论是在冬小麦生育期内还是在自然年内的不同降水水平下都仍然表现为负均衡［图 5.4（a）、（c）］，这主要是由于在冬小麦的这种限水灌溉方案下，冬小麦生育期内的浅层地下水补给量仍在整体上小于井灌开采量所致。而对于夏玉米生育期，在冬小麦生育期"春浇一水"的情景下，浅层地下水储量从研究区时空平均的角度看由基本情景下的正均衡态势变为负均衡态势，这主要与轮作农田的前茬作物－冬小麦在其生育期内根系带土壤水渗漏减少、进而造成灌溉回归补给浅层含水层的水量减少，从而使得夏玉米生育期内的总补给量小于总排泄量有关［图 5.4（b）］。对于冬小麦生育期"春浇一水"的这种限水灌溉情景，在平水年的降水水平下，研究区浅层含水层储水量的年均变化约为 -15.4 mm［图 5.4（c）］，其中在研究区内的大清河淀西平原，其年均变化仅为 -5.6 mm 左右。这就意味着：若采用这种冬小麦限水灌溉方案，在正常年景的降水水平下，在研究区所涉及的该水资源三级区具有接近实现浅层地下水"采补平衡"的压采效应。但是，当降水水平为枯水年和特枯水年时，由于降水量的减少，研究区浅层含水层储水量将平均每年减少 92.6 ～ 195.4 mm 左右，浅层地下水的超采情势依然较为严峻［图 5.4（c）］。而在冬小麦生育期"雨养"的情景下，研究区浅层含水层的储水量整体表现为在冬小麦生育期平均增加约 40.2 mm［图 5.4（a）］、在夏玉米生育期平均减少约 13.0 mm［图 5.4（b）］，在自然年尺度上将每年平均增加约 29.9 mm［图 5.4（c）］，这样便扭转了该区域浅层地下水井灌超采的态势，因此，冬小麦生育期的"雨养"方案对于已经呈现出浅层地下水超采情势的研究区来说，将是可供参考的能够实现浅层地下水储量得以增加的压采方案。

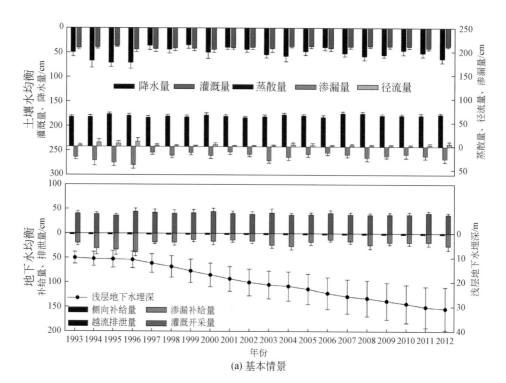

(a) 基本情景

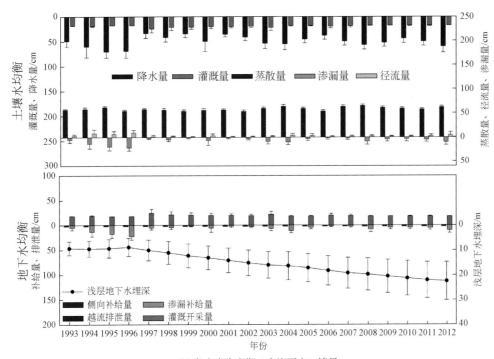

(b) 冬小麦生育期"春浇两水"情景

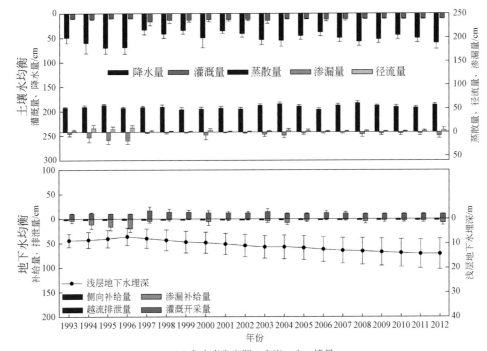

(c) 冬小麦生育期"春浇一水"情景

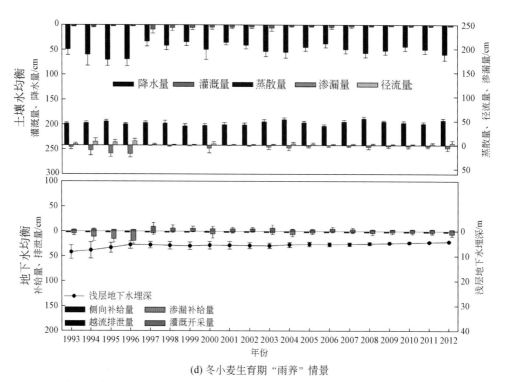

(d) 冬小麦生育期 "雨养" 情景

图 5.3　研究区在基本情景和冬小麦限水灌溉情景下模拟分析时段内土壤水均衡项和浅层地下水均衡项及浅层地下水埋深的动态模拟结果

　　从浅层地下水埋深的变化来看，在冬小麦生育期 "春浇两水" 和 "春浇一水" 的情景下，研究区的浅层地下水位依然整体呈现下降的趋势，但其平均下降速度将由基本情景的大约 1.10 m/a 分别减缓为大约 0.70 m/a 和 0.28 m/a，其年际间的变化情况如图 5.3 所示。其中，在冬小麦生育期 "春浇两水" 的情景下，研究区涉及的所有子流域的浅层地下水位虽然仍呈现下降的趋势，但是平均下降速度大于 1.0 m/a 的子流域已经由基本情景下的 14 个减少为 3 个［图 5.5（a）、（b）］，且这 3 个子流域（zy2、zy6 和 zy7）全部分布在子牙河平原。根据对模型输入的分析，与研究区所涉及的其他子流域相比，这 3 个子流域的浅层含水层的给水度相对较小，因而浅层含水层储水量的消耗所带来的地下水位的下降程度会比其他区域更大。相关的水文地质调查结果（张兆吉和费宇红，2009）也表明，这 3 个子流域所在区域与毗邻区域相比，浅层含水层的给水度较小。由浅层地下水位变化在县（市）域尺度的空间分布（图 5.6）可知：在冬小麦生育期 "春浇两水" 的情景下，浅层地下水位下降速度仍大于 1.0 m/a 的情况发生在研究区内属于石家庄地区的深泽县、赞皇县和高邑县，以及属于邢台地区的临城县和柏乡县。因此，在浅层地下水井灌压采工作中，若以减缓浅层地下水位下降速度为目标，这 5 个县（市）或许应该压减比其他区域更多的浅层地下水井灌开采量。在冬小麦生育期 "春浇一水" 的情景下，除了两个子流域外，研究区内大部分区域的浅层地下水位仍然表现为普遍下降的趋势，但有 16 个子流域的浅层地下水位下降速度已经减缓为 0.5 m/a 以下，与基本情景相比得到了明显的缓解［图 5.5（a）、（c）］；根据研究区所涉及的县（市）

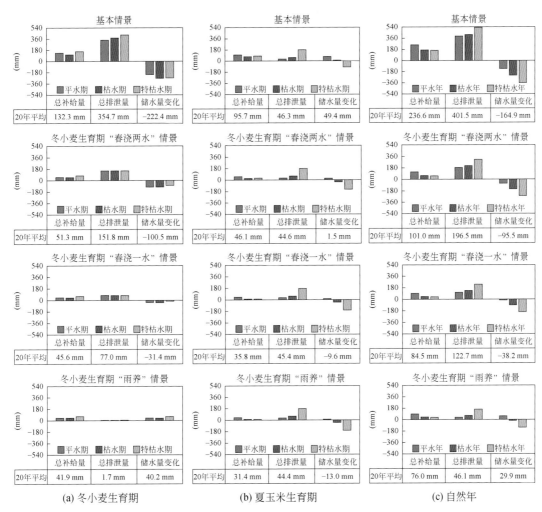

(a) 冬小麦生育期　　　　　(b) 夏玉米生育期　　　　　(c) 自然年

图 5.4　研究区在基本情景和冬小麦生育期三种限水灌溉情景中不同降水水平下
冬小麦生育期、夏玉米生育期和自然年内的浅层地下水均衡的模拟结果

域尺度的模拟结果，在这种模拟情景下，除研究区内属于保定地区涞水县和易县的浅层地下水位表现为回升趋势以外，其他 46 个县（市）的浅层地下水位仍表现为下降趋势，在这 46 个县（市）中，石家庄地区的深泽县、无极县、晋州市、辛集市及邢台地区的宁晋县 5 个县（市）的浅层地下水位下降速度仍大于 0.5 m/a（图 5.6）。而在冬小麦生育期"雨养"的情景下，研究区所涉及的大部分子流域的浅层地下水位呈现上升趋势，其平均回升速度在 0.06 ~ 0.71 m/a〔图 5.5（d）〕。其中，子流域 dx6、zy2、zy4 和 zy7 由于距离研究区西侧的太行山相对较远、浅层地下水的山前侧向补给量相对较少，在冬小麦生育期"雨养"的情景下浅层地下水位仍然表现为下降趋势，其年均下降速度在 0.01 ~ 0.27 m/a〔图 5.5（d）〕；在研究区所涉及的县（市）域的空间尺度上，冬小麦"雨养"情景下浅层地下水位仍表现为下降趋势的区域集中在石家庄地区的东部，包括：深泽县、无极县、晋州市和辛集市（图 5.6）。因此，若要实现在冬小麦生育期

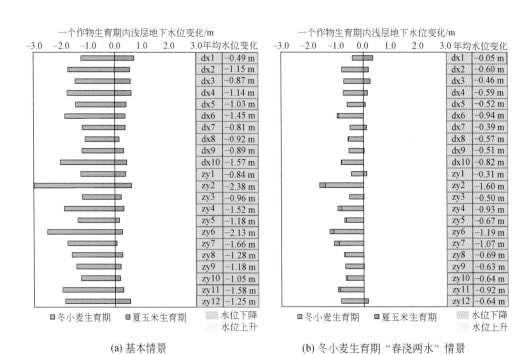

图 5.5　研究区所涉及的各子流域在基本情景和冬小麦生育期三种限水灌溉情景下
浅层地下水位变化的模拟结果

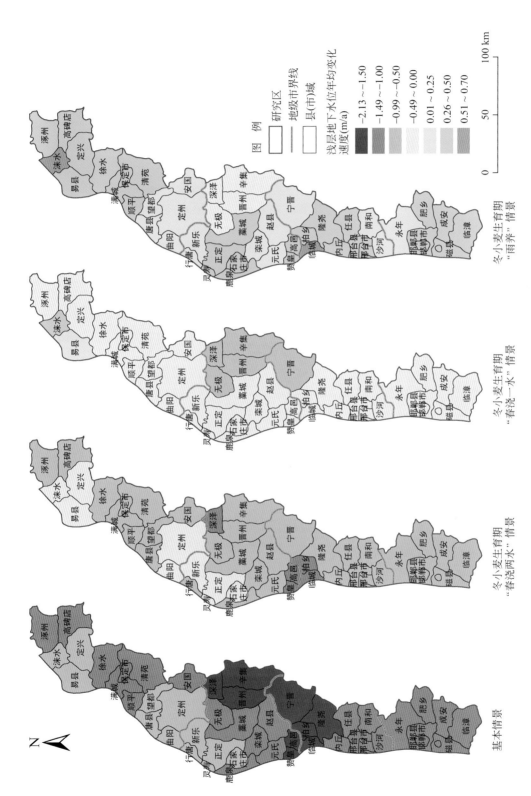

图 5.6　研究区所涉及的各县（市）域在基本情景和冬小麦生育期三种限水灌溉情景下浅层地下水位变化的模拟结果

"雨养"情景下研究区内所有井灌耕地中的浅层地下水位由下降趋势转变为回升态势，如果有可能利用"南水北调"等工程的外调水回灌浅层含水层，则这 4 个县（市）应该是重点考虑的区域。

针对基本情景、冬小麦生育期的"春浇两水"情景、"春浇一水"情景和"雨养"情景，分别按研究区在模拟分析的 20 年内浅层地下水埋深累积变化幅度的不同程度，统计了其对应的井灌耕地面积和浅层含水层储水量的累积变化。在基本情景下，农田灌溉导致 20 年来浅层地下水位的累积下降值小于 20 m、20～30 m 和大于 30 m 的井灌耕地面积分别约占研究区内井灌耕地总面积的 42%、51% 和 7%，造成 20 年来浅层含水层储水量累积减少约 350 亿 m³（详见第 4 章第 4.2.2 节），如图 5.7（a）所示。在冬小麦生育期"春浇两水"情景下，有 82% 的井灌耕地表现为 20 年来浅层地下水位的累积下降值在 10～20 m，即年均浅层地下水位下降速度在 0.5～1.0 m/a，这部分井灌耕地 20 年来浅层含水层储水量的累积变化约为 -175.1 亿 m³，亦即每年超采约 8.8 亿 m³；另外，分别有 11% 和 7% 的井灌耕地表现为 20 年来浅层地下水位的累积下降值小于 10 m 和大于 20 m，即年均浅层地下水位下降速度分别小于 0.5 m/a 和大于 1.0 m/a，这两部分井灌耕地 20 年来浅层含水层储水量的累积变化约为 -44.1 亿 m³，亦即每年超采约 2.2 亿 m³［图 5.7（b）］。在冬小麦生育期"春浇一水"情景下，由于农田井灌导致 20 年来浅层地下水位的累积下降值大于 10 m，即年均浅层地下水位下降速度大于 0.5 m/a 的井灌耕地面积的比例由冬小麦生育期"春浇两水"情景下的约 89% 变化为大约 10%，这部分井灌耕地 20 年来浅层含水层储水量的累积变化约为 -16.8 亿 m³，亦即每年超采约 0.8 亿 m³；约有 88% 的井灌耕地表现为 20 年来浅层地下水位的累积下降值小于 10 m，即年均浅层地下水位下降速度小于 0.5 m/a，这部分井灌耕地 20 年来浅层含水层储水量的累积变化

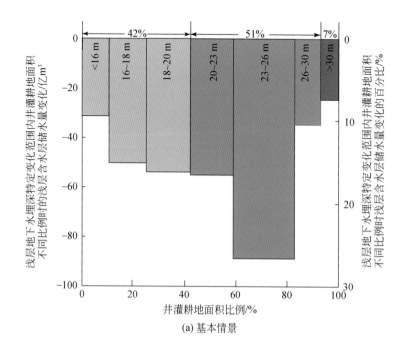

(a) 基本情景

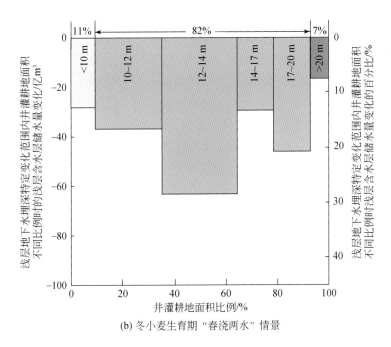

(b) 冬小麦生育期 "春浇两水" 情景

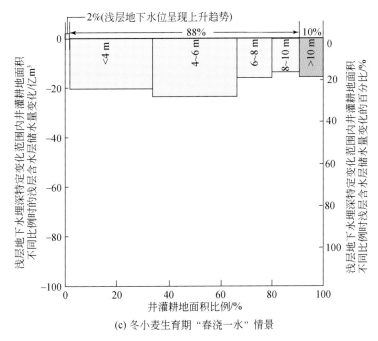

(c) 冬小麦生育期 "春浇一水" 情景

图 5.7　在基本情景、冬小麦生育期 "春浇两水" 和 "春浇一水" 的情景下 20 年浅层地下水埋深特定变化范围内井灌耕地面积不同比例时的浅层含水层储水量变化

约为 -74.6 亿 m³, 亦即每年超采约 3.7 亿 m³; 另有约 2% 的井灌耕地的浅层地下水位呈现上升趋势, 其 20 年累积回升值小于 4 m, 这部分井灌耕地 20 年来浅层含水层储水量的累积变化约为 0.8 亿 m³, 亦即每年增加浅层地下水储量约 0.04 亿 m³ [图 5.7 (c)]。在冬小麦生育期"雨养"情景下, 约有 12% 的井灌耕地表现为 20 年来浅层地下水位呈现下降趋势, 其累积下降值小于 2 m, 即年均浅层地下水位下降速度小于 0.1 m/a, 这部分井灌耕地 20 年来浅层含水层储水量的累积变化约为 -1.9 亿 m³, 亦即每年超采约 0.1 亿 m³; 其余 88% 的井灌耕地面积在这种雨养情景下表现为浅层地下水位呈现上升趋势, 20 年来的累积回升值在 1 ~ 15 m, 即年均浅层地下水位上升速度在 0.05 ~ 0.75 m/a, 这部分井灌耕地 20 年来浅层含水层储水量的累积变化约为 71.7 亿 m³, 亦即每年增加约 3.6 亿 m³ 的浅层地下水储量。

综上所述, 在冬小麦生育期"春浇两水"情景下, 研究区的浅层地下水依然在整体上呈现超采的情势, 但浅层地下水位的平均下降速度可减缓为基本情景的 2/3 左右, 浅层地下水的年均超采量可减少为基本情景的 63% 左右, 这将较大程度地缓解研究区的浅层地下水超采程度。在冬小麦生育期"春浇一水"情景下, 除了约有 2% 的井灌耕地外, 大部分区域的浅层地下水位仍呈现下降趋势, 但其下降速度可进一步减缓为基本情景的 1/4 左右, 研究区的浅层地下水年均超采量也会进一步减少为基本情景的 25% 左右, 这将有效地遏制研究区的浅层地下水超采情势。而在冬小麦生育期"雨养"情景下, 除了约 12% 的井灌耕地外, 大部分区域的浅层地下水储量变化会由基本情景的负均衡态势转变为正均衡态势, 使得浅层地下水位以大约平均 0.22 m/a 的速度回升, 相当于每年增加了约 3.5 亿 m³ 的浅层地下水储量。以上对冬小麦不同的限水灌溉情景下浅层地下水位和水量的模拟计算结果, 不仅可作为相关管理部门定量了解这几种限水灌溉方案下浅层地下水变化的参考依据, 而且对于该区域有关部门细化浅层地下水在水位与水量双控下的压采政策也具有一定的参考意义。

本章基于前文所构建的 SWAT 模型开展了冬小麦生育期限水灌溉方案的情景模拟, 尽管该模型已经在冬小麦生育期现状灌溉制度的基本情景下对浅层地下水模块中的相关参数进行了初值的设定和详细的参数率定及模型验证, 详见第 3 章, 但是这些参数的"最优值"反映的是基本情景下现状灌溉强度对浅层含水层中地下水变化的影响。浅层地下水模块中的 RECHRG_DP (深层含水层的渗漏分数)、LARCHRG (山前侧向补给量)、GW_DELAY (作物根系带水分渗透补给浅层含水层的延迟时间) 和 GWSPYLD (浅层含水层的给水度) 这 4 个参数不仅会受到研究区内浅层地下水动态的影响, 在某种程度上也会受到研究区内灌溉方案的影响, 换言之, 地下水模块中的这 4 个参数在某种程度上是依赖于研究中所涉及的地下水位与水量动态的模拟情景的。为此, 我们在这里对这 4 个参数在模拟限水灌溉情景时可能会对模拟结果产生的不确定性进行初步的分析。

RECHRG_DP 是计算通过土壤剖面 2 m 土体底部穿过包气带渗漏补给到地下水系统中的水量有多大比例越流到深层含水层的参数。由第 4 章的模拟分析可知, 在基本情景下, 这部分水量约占地下水总补给量的 1% 左右。另一方面, 根据地下水资源评价结果 (中国地质调查局, 2009), 在本研究区内浅层地下水越流补给深层地下水的排泄量相对于浅层地下水补给量来说是一个小量。因此, 这里我们仍可以近似地认为, 在模拟限水灌溉情景时该参数对浅层含水层储水量和浅层地下水位的模拟计算结果影响不大，所以仍采用基本情景下该参数的取值。

LARCHRG 是我们在所构建的 SWAT 模型中修改的地下水模块内新增加的参数，其在各子流域上的取值是根据海河流域水资源评价中地下水资源量计算的相关结果（任宪韶等，2007）按照单宽流量平均与线性分配的方法概化计算获得。在任宪韶等（2007）的研究中，山前侧向补给量的计算依据达西公式。在本章的限水灌溉模拟情景中，虽然减少浅层地下水井灌开采量会导致浅层地下水位下降幅度变小，也就是说与基本情景相比浅层地下水的水力坡度会减小，但是计算断面的浅层含水层的平均厚度会所有增大。若假设浅层含水层的渗透性在垂向上变化不大，我们可近似地认为：在限水灌溉情景下研究区的山前侧向补给量对浅层含水层储水量和浅层地下水位的影响与基本情景相比是相近的，故仍采用原参数的取值。

在基本情景中已经率定和验证的参数 GW_DELAY 在限水灌溉情景下会有所减小，这种减小会在多大程度上影响浅层地下水动态取决于我们对模拟结果进行分析的时间尺度，显然，在日尺度上这样的影响较大，但随着我们所分析的时间尺度的增大（如从月尺度到作物生育期尺度再到自然年尺度），这样的影响会逐渐减小的。为了考量在限水灌溉情景的模拟中仍应用在基本情景下的该参数所带来的不确定性，我们首先将每一个子流域在基本情景下模拟时段平均的浅层地下水埋深与限水灌溉情景下模拟时段平均的浅层地下水埋深进行对比，结果显示：限水灌溉方案下模拟时段平均的浅层地下水埋深与其在基本情景下的结果之比值在 50%～100%，在此，我们假设延迟时间与埋深呈线性关系，而对每一个子流域的 GW_DELAY 进行 -50% 的扰动，并将扰动前后浅层含水层储水量的变化与浅层地下水埋深的变化之相对误差在子流域空间的不同时间尺度上进行统计，结果如图 5.8 所示。从数值试验的结果来看，虽然 GW_DELAY 会对日尺度的模拟结果产生一定的影响，平均相对误差达到了 -10% 左右，但是当我们在月尺度上分析时，其平均相对误差将会下降到 -5% 左右。而在本研究中所进行的土壤水均衡、浅层地下水均衡、作物的产量和水分生产力等的评估，都是在更大的时间尺度，亦即作物生育期尺度和自然年尺度，甚至是多个生育期平均的尺度或多年平均的尺度上进行的。由对 GW_DELAY 进行扰动前后所模拟的浅层含水层储水量和浅层地下水位的结果之相对误差的分布可知（图 5.8），在作物生育期、年、5 年平均、10年平均和 20 年平均的时间尺度上，相对误差在 -5% 到 5% 之间的概率分别约为 63%、66%、92%、95% 和 98%，相对误差的平均值分别约为 6.95%、1.45%、-0.25%、1.40% 和 0.07%。这里需要指出的是，本研究进行的数据统计和分析多是基于冬小麦生育期不同降水水平下作物多个生育期尺度和多个自然年尺度的平均值或是 20 年尺度的平均值。因此，从这个意义上说，虽然在本章的限水灌溉的模拟情景下 GW_DELAY 会对浅层地下水动态模拟结果产生一定的影响，但是就我们重点分析 20 年的时间尺度来说，模拟结果所带来的不确定性是相对较小的，换言之，这里所给出的大区域长时间的宏观评估结果是比较客观的。

参考张蔚榛和张瑜芳（1983）的研究，若忽略浅层含水层的给水度与自由孔隙率在浅层含水层的释水与储水之间的差异，可以认为本章所采用的经过参数率定与模型验证

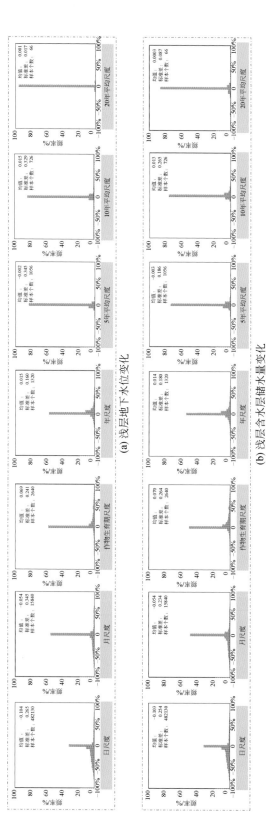

图 5.8　对参数 GW_DELAY 扰动 −50% 前后模拟的浅层地下水位变化和浅层含水层储水量变化的相对误差在不同时间尺度上的分布

后各水文响应单元的 GWSPYLD 是能够代表基本情景下浅层地下水从 1993 年到 2012 年在水位变动带的"综合"释水（或储水）特性的。就本章所涉及的不同限水灌溉模拟情景而言，因为大部分情景下浅层地下水位模拟结果均落在基本情景下的浅层地下水位的变动带内，所以，从这个意义上说，在本章的不同限水灌溉情景下沿用第 3 章率定和验证后的 GWSPYLD，仍可以基本反映研究区浅层含水层水位变动带的"综合"释水（或储水）能力。

5.2.2　土壤水均衡和水管理响应指标

从研究区土壤水均衡变化的模拟结果来看，冬小麦生育期的"春浇两水"情景、"春浇一水"情景和"雨养"情景这三种限水灌溉方案与基本情景的现状灌溉制度相比，土壤水均衡项的组分均发生了一定程度的变化（图 5.9，图中的蒸散量包括作物蒸腾量和土面蒸发量及冠层截留量）。在冬小麦生育期，与基本情景相比，三种限水灌溉情景下的井灌开采量减少了 58% 以上，而生育期内农田蒸散量的减少幅度范围在 19% ～ 51%［图 5.9（a）］。在基本情景中，冬小麦生育期内作物根系带 2 m 土体的储水量变化平均约为 3.7 mm，表现为正均衡，而在冬小麦生育期的"春浇两水"、"春浇一水"和"雨养"的情景下，根系带 2 m 土体的储水量变为负均衡，冬小麦收获时的储水量较播种时分别平均减少了约 21.5 mm、44.1 mm 和 51.3 mm，这说明与基本情景相比，在冬小麦的三种限水灌溉情景下，农田蒸散过程中更多地消耗了作物根系带的土壤水分。从土壤水均衡各排泄量所占比例的变化情况来看，冬小麦的这三种限水灌溉情景下作物根系带 2 m 土体水分渗漏量所占的比例，由基本情景下的大约 25% 减小到 1% ～ 2%，这说明限水灌溉方案更有利于冬小麦生育期内的降水和灌溉水被作物生长所利用。另一方面，与基本情景相比，作物蒸腾量占土壤水排泄总量的比例也增加了 11% ～ 18%，这说明：在冬小麦生育期的这三种限水灌溉情景下，进入到作物根系带的降水和灌溉水，能够比基本情景更大程度地被冬小麦根系所吸收，提高了冬小麦的蒸腾效率。在冬小麦生育期内限采浅层地下水用于农田灌溉的措施会对夏玉米生育期的土壤水均衡产生影响［图 5.9（b）］。与基本情景相比，在冬小麦生育期的这三种限水灌溉情景下，夏玉米生育期内根系带的土壤水分渗漏量和地表径流量分别平均减少了 25% ～ 51% 和 16% ～ 31%，这主要是由于：在这些限水灌溉情景下，冬小麦 - 夏玉米一年两熟制农田的前茬作物冬小麦收获时的根系带储水量较低，致使夏玉米生育期的降水能够更容易也更多地储存在 2 m 土体的作物根系带中。在基本情景下，夏玉米生育期内根系带 2 m 土体储水量的变化平均约为 -5.8 mm，呈现负均衡，而在冬小麦生育期的"春浇两水"、"春浇一水"和"雨养"的情景下，夏玉米生育期内根系带 2 m 土体储水量的变化转为正均衡，夏玉米收获时的储水量较播种时分别平均增加了大约 21.1 mm、43.4 mm 和 50.5 mm，这说明：冬小麦生育期这三种限水灌溉方案更有利于夏玉米这种雨热同期的作物在其生育期内通过土壤水库蓄存夏季较多的降水，从而有助于提高夏玉米生长过程中对降水的利用效率。从自然年尺度来看，与基本情景相比，在冬小麦生育期这三种限水灌溉情景下，除了作物蒸腾在土壤水排泄总量中的比例由大约 50% 增加到 57% ～ 60%，根系带

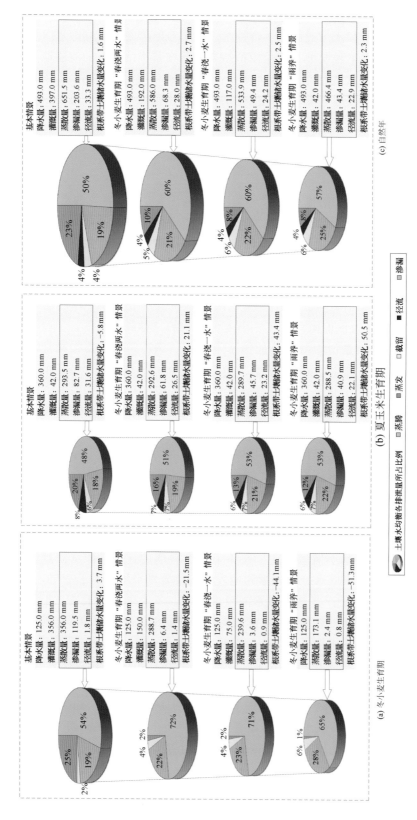

图 5.9　研究区在基本情景和三种限水灌溉情景下冬小麦生育期、夏玉米生育期和自然年内的土壤水均衡

2 m 土体水分渗漏量在土壤水排泄总量中所占的比例也由大约23%下降为8%～10%[图5.9（c）]，这说明：在这三种限水灌溉情景下，通过作物根系带土壤渗漏到浅层含水层的水量会大幅度减少，这意味着限水灌溉方案下，在研究区这样的冬小麦－夏玉米一年两熟种植制度下，施入农田的化肥和农药对浅层地下水面源污染的风险也会有所降低。

　　水管理响应指标有助于对农业水利用和管理的效果进行定量化的评价（Singh and Singh，1997）。参考 Singh 和 Singh（1997）及 van Dam 和 Malik（2003）的工作，本研究使用以下 6 个水管理响应指标，来评估与对比基本情景和冬小麦生育期这三种限水灌溉情景下该区域井灌耕地对降水和灌溉水的利用情况：①蒸腾效率 = 作物实际蒸腾量 /（毛灌溉量 + 降水量）；②蒸散效率 = 农田实际蒸散量 /（毛灌溉量 + 降水量）；③渗漏指数 = 作物根系带 2 m 土体的水分渗漏量 /（毛灌溉量 + 降水量）；④灌溉贡献 = 毛灌溉量 / 农田实际蒸散量；⑤降水贡献 = 降水量 / 农田实际蒸散量；⑥土壤储水量变化 =（作物收获时或自然年内最后一天的根系带 2 m 土体的储水量 - 作物播种时或自然年内第一天的根系带 2 m 土体的储水量）/ 作物播种时或自然年内第一天的根系带 2 m 土体的储水量。

　　将上述水管理响应指标的模拟计算结果列于表5.2。在冬小麦生育期的"春浇两水"、"春浇一水"和"雨养"这三种限水灌溉方案的情景下，冬小麦生育期的蒸腾效率由基本情景下的平均约 0.53 分别增加到平均约 0.77、0.87 和 0.91，冬小麦生育期的蒸散效率也由基本情景下的平均约 0.74 分别增加到平均约 1.05、1.20 和 1.38。不同情景中夏玉米生育期的蒸腾效率和蒸散效率变化不大（表 5.2）。从渗漏指数来看，冬小麦生育期的"春浇两水"、"春浇一水"和"雨养"的情景使得作物根系带 2 m 土体的水分渗漏量占灌溉和降水总量的比例与基本情景相比，无论在冬小麦生育期还是在夏玉米生育期内，都有所降低，分别由基本情景下的平均约 0.25 和 0.21，下降到平均约 0.02 和 0.12。从降水和灌溉对于农田耗水量（实际蒸散量）贡献的变化情况来看（表 5.2），冬小麦生育期内这三种限水灌溉情景与基本情景相比，井灌农田的作物生长过程中更好地利用了天然降水；在基本情景下，冬小麦生育期内研究区浅层地下水的灌溉贡献平均约为 1.0，在冬小麦生育期"春浇两水"和"春浇一水"这两种限水灌溉方案下，其分别约减小为 0.52 和 0.31，而在冬小麦生育期"雨养"方案下，冬小麦生育期无灌溉量，即灌溉贡献为零。但是，冬小麦生育期内这三种限水灌溉情景与基本情景相比，冬小麦生育期的降水贡献由平均约 0.35 增加到 0.43 ～ 0.72，夏玉米生育期的降水贡献总体上也有轻微程度的增加，自然年尺度的降水贡献在冬小麦生育期这三种限水灌溉情景下都达到了 0.8 以上，这说明限水灌溉方案下的井灌农田更加充分地利用了天然降水，这对于水资源严重短缺特别是浅层地下水超采严重的该区域农业水高效利用来说是非常重要的。根据作物根系带 2 m 土体储水量变化的模拟统计结果，虽然在冬小麦生育期"春浇两水"、"春浇一水"和"雨养"的情景下，冬小麦生育期内的土壤储水量呈现减少的趋势，但是在夏玉米生育期内土壤储水量有所增加（表 5.2）。从自然年尺度看，冬小麦生育期这三种限水灌溉情景下作物根系带 2 m 土体储水量变化接近于零（表 5.2）。这表明：若实施冬小麦生育期的"春浇两水"、"春浇一水"和"雨养"这三种限水灌溉方案，在平水偏枯的降水水平下，20 年内该区域井灌农田的土壤表层一般不会出现"干化"现象。

　　总体来说，冬小麦生育期这三种限水灌溉的情景，都也在一定程度上减少了根系带 2 m 土体的水分渗漏量和地表径流量，因而提高了井灌农田对降水和灌溉水的利用效率。与基本情景相比，作物根系带 2 m 土体的土壤水库的蓄水动态虽然在冬小麦和夏玉米生育期内发生了变化，但是从多年的土壤储水量变化看，20 年内几乎不存在土壤储水量持续下降的风险，换言之，在冬小麦生育期的这三种限水灌溉方案具有较长时段应用的可行性。

表 5.2　在基本情景和冬小麦生育期三种限水灌溉情景下水管理响应指标的计算结果

分析时段	模拟情景	蒸腾效率	蒸散效率	渗漏指数	灌溉贡献	降水贡献	土壤储水量变化
冬小麦生育期	基本情景	0.53	0.74	0.25	1.00	0.35	0.03
	冬小麦生育期"春浇两水"情景	0.77	1.05	0.02	0.52	0.43	−0.15
	冬小麦生育期"春浇一水"情景	0.87	1.20	0.02	0.31	0.52	−0.33
	冬小麦生育期"雨养"情景	0.91	1.38	0.02	0.00	0.72	−0.39
夏玉米生育期	基本情景	0.49	0.73	0.21	0.14	1.23	−0.04
	冬小麦生育期"春浇两水"情景	0.48	0.73	0.15	0.14	1.23	0.17
	冬小麦生育期"春浇一水"情景	0.48	0.72	0.11	0.15	1.24	0.47
	冬小麦生育期"雨养"情景	0.47	0.72	0.10	0.15	1.25	0.61
自然年	基本情景	0.50	0.73	0.23	0.61	0.76	0.00
	冬小麦生育期"春浇两水"情景	0.59	0.86	0.10	0.33	0.84	0.02
	冬小麦生育期"春浇一水"情景	0.60	0.88	0.08	0.22	0.92	0.02
	冬小麦生育期"雨养"情景	0.56	0.87	0.08	0.09	1.06	0.02

5.2.3　作物产量和作物水分生产力

水分生产力（WP）是分析灌溉农业节水和灌溉水利用效率的重要指标（Droogers and Bastiaanssen，2002；van Dam *et al.*，2006）。WP 受到作物产量与农田耗水量的共同影响，而农田耗水量在不同灌溉方案下的差异又是"真实"节水量的体现（沈振荣，2000）。因此，本节将对模拟获得的冬小麦生育期中三种限水灌溉情景下的作物产量、作物生育期内农田耗水量和作物的 WP 及其与基本情景相比的变化情况进行分析与讨论。

根据时间尺度为 20 年的模拟结果，在冬小麦生育期"春浇两水"、"春浇一水"和"雨养"的情景，即情景 L1、L2 和 L3 下，研究区冬小麦的平均产量由基本情景下的 5725 ± 600 kg/ha 分别下降为 4986 ± 744 kg/ha、4114 ± 868 kg/ha 和 2624 ± 918 kg/ha，其在不同降水水平下的差异如图 5.10（a）所示。与基本情景相比，这三种限水灌溉方案下冬小麦的多年平均减产率，即［（基本情景下的产量－限水灌溉情景下的产量）／基本情景下的产量］× 100%，分别约为 13%、28% 和 54%。其中在降水水平为平水期的冬小麦生育期，情景 L1、L2 和 L3 与基本情景相比，冬小麦的平均减产率分别约为 10%、25% 和 51%；当生育期内的降水水平为枯水期时，情景 L1、L2 和 L3 与基本情景相比，冬小麦的平均减产率分别大约增加为 21%、38% 和 65%；当生育期内的降水水平变为特枯水期时，情景 L1、L2 和 L3 与基本情景相比，冬小麦的平均减产率分别大约增加到 23%、40% 和 68%（表 5.3）。总之，在冬小麦生育期"春浇两水"和"春浇一水"的情景下，冬小麦产量的平均减产率在不同的降水水平下均可控制在 40% 以内；而在冬小麦生育期"雨养"情景下，其平均减产率在各降水水平下均表现为高于 50%，即与基本情景相比，冬小麦的产量将损失一半以上。

从冬小麦生育期不同限水灌溉情景下的冬小麦年均产量与基本情景相比之变化的空间分布来看（图 5.11、图 5.12），涉及研究区内中北部的子流域，亦即研究区内属于保定地区南部和石家庄地区的那些县（市）的区域，在冬小麦生育期实施限水灌溉情景下的减产程度相对较大；而涉及研究区北部、中南部和南部的子流域，亦即研究区内属于保定地区北部和邢台地区及邯郸地区的那些县（市）的区域，在冬小麦生育期实施限水灌溉情景下的减产程度相对较小。上述差异主要与研究区在冬小麦生育期内的降水量大小的空间分布（图 2.2）有关，图 5.11 和图 5.12 也可为相关部门考量本研究设计的冬小麦生育期的三种限水灌溉情景在所涉及的水资源三级区和行政管理这两个空间尺度上对冬小麦产量的影响提供参考。

在冬小麦生育期的"春浇两水"、"春浇一水"和"雨养"的情景下，研究区冬小麦生育期内平均的农田耗水量将由基本情景下的 356 ± 25 mm 分别下降为 289 ± 35 mm、240 ± 41 mm 和 173 ± 47mm，其在不同降水水平下的模拟结果如图 5.10（b）所示。与基本情景相比，在冬小麦的这三种限水灌溉方案下，冬小麦生育期内可减少的农田耗水量分别约为 67 mm、116 mm 和 183 mm，其在不同降水水平下的差异见表 5.3，在研究区所涉及的子流域尺度和县（市）域尺度上的空间分布分别见图 5.13、图 5.14。总体来看，与基本情景相比，在冬小麦的这三种限水灌溉情景下，大清河淀西平原中部的子流域和子牙河平

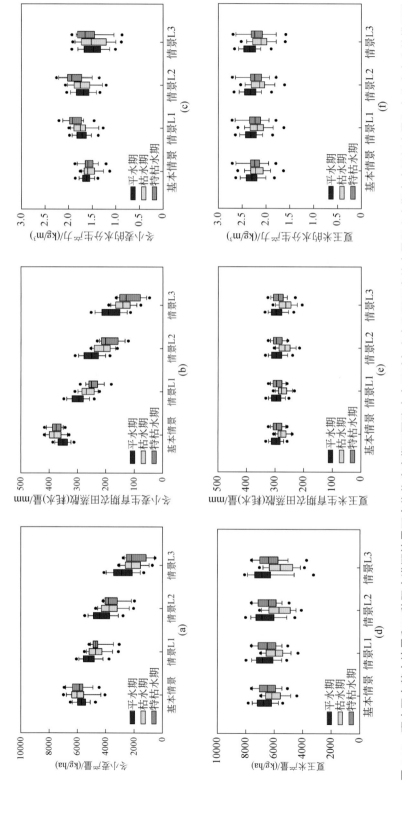

图 5.10　研究区在基本情景和三种限水灌溉情景下当作物生育期不同降水水平时冬小麦和夏玉米的产量及生育期内农田耗水量和水分生产力的模拟结果

原东北部的子流域（即研究区内属于保定地区的保定市、顺平县和曲阳县，属于石家庄地区的晋州市和辛集市，以及属于邢台地区的宁晋县等区域）在冬小麦生育期内农田耗水量减少得更多，这可能主要与冬小麦的现状灌溉制度的空间差异和土壤质地的空间变化有关。

从研究区冬小麦的 WP 的计算结果来看，冬小麦生育期的"春浇两水"和"春浇一水"情景相比于基本情景，冬小麦的 WP 有轻微程度的提高［图 5.10（c）］。其中，在冬小麦生育期"春浇两水"情景下，冬小麦的 WP 可由基本情景下的平均约为 1.61 kg/m³ 增加到平均约为 1.73 kg/m³，在平水期、枯水期和特枯水期这三个降水水平下分别增加了大约 6%、12% 和 18%（表 5.3）；在冬小麦生育期"春浇一水"情景下，冬小麦的 WP 可由基本情景下的平均约 1.61 kg/m³ 增加到平均约 1.71 kg/m³，其在不同的降水水平下的增幅为 5% ～ 18%（表 5.3）。而在冬小麦生育期"雨养"情景下，冬小麦的平均 WP 为 1.51 kg/m³ 左右，与基本情景相比，除在特枯水期的降水水平下有约 3% 的提高外，在生育期的其他降水水平下均表现为有所下降的趋势（表 5.3）。与基本情景相比，三种限水灌溉情景下冬小麦的 WP 的变化在研究区所涉及的子流域尺度和县（市）域尺度的空间分布分别如图 5.15、图 5.16 所示。总体来说，从 20 年的模拟情况来看，与基本情景相比，冬小麦生育期的"春浇两水"、"春浇一水"和"雨养"的情景下，各县（市）域的冬小麦的 WP 的变化范围均为 -0.2 ～ 0.2 kg/m³。

在冬小麦生育期的"春浇两水"、"春浇一水"和"雨养"的情景这三种限水灌溉方案下，与现状灌溉制度的基本情景相比，夏玉米的产量、生育期内农田蒸散量和 WP 的变化幅度均小于 2%，在其生育期的不同降水水平下的模拟结果分别如图 5.10（d）～（f）所示。总体来说，冬小麦生育期的这三种限水灌溉方案对夏玉米的产量、WP 及生育期内的农田耗水量影响不大。

表 5.3　研究区在冬小麦生育期不同降水水平下三种限水灌溉情景中的产量、耗水量和水分生产力的模拟结果及其相对于基本情景的变化

模拟结果	冬小麦生育期降水水平	基本情景（对照）	"春浇两水"情景		"春浇一水"情景		"雨养"情景	
			平均值	相对基本情景的变化	平均值	相对基本情景的变化	平均值	相对基本情景的变化
冬小麦产量 /（kg/ha）	平水期	5685	5099	−586（−10%）	4261	−1424（−25%）	2796	−2888（−51%）
	枯水期	5838	4600	−1238（−21%）	3625	−2213（−38%）	2069	−3769（−65%）
	特枯水期	5938	4567	−1371（−23%）	3535	−2403（−40%）	1911	−4027（−68%）
生育期内农田耗水量 /mm	平水期	351	297	−54（−15%）	251	−100（−28%）	185	−166（−47%）
	枯水期	377	265	−112（−30%）	211	−166（−44%）	138	−239（−63%）
	特枯水期	377	244	−133（−35%）	189	−188（−50%）	118	−259（−69%）
冬小麦的水分生产力 /（kg/m³）	平水期	1.62	1.72	0.10（6%）	1.70	0.08（5%）	1.51	−0.11（−7%）
	枯水期	1.55	1.74	0.19（12%）	1.72	0.17（11%）	1.50	−0.05（−3%）
	特枯水期	1.58	1.87	0.29（18%）	1.87	0.29（18%）	1.62	0.04（3%）

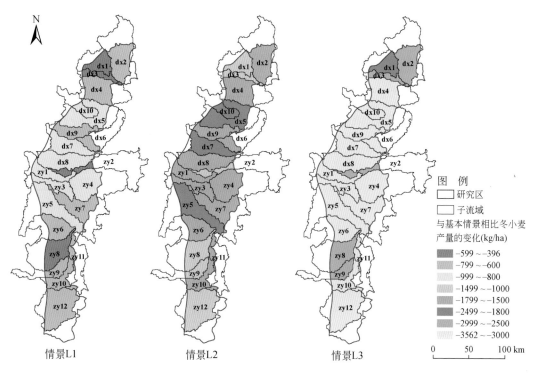

图 5.11 研究区所涉及的各子流域在三种限水灌溉情景下冬小麦产量与其在基本情景下相比的变化

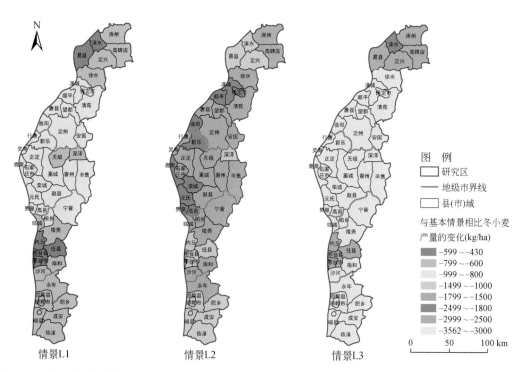

图 5.12 研究区所涉及的各县（市）域在三种限水灌溉情景下冬小麦产量与其在基本情景下相比的变化

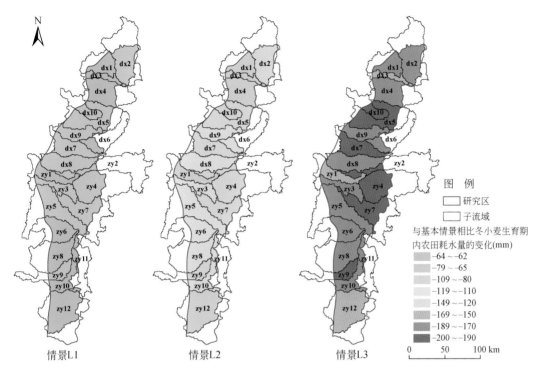

图 5.13　研究区所涉及的各子流域在三种限水灌溉情景下冬小麦生育期内农田耗水量
与其在基本情景下相比的变化

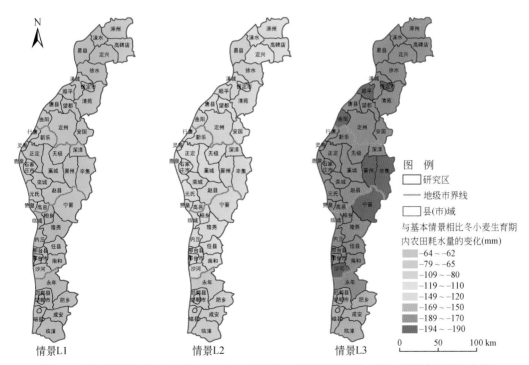

图 5.14　研究区所涉及的各县（市）域在三种限水灌溉情景下冬小麦生育期内农田耗水量
与其在基本情景下相比的变化

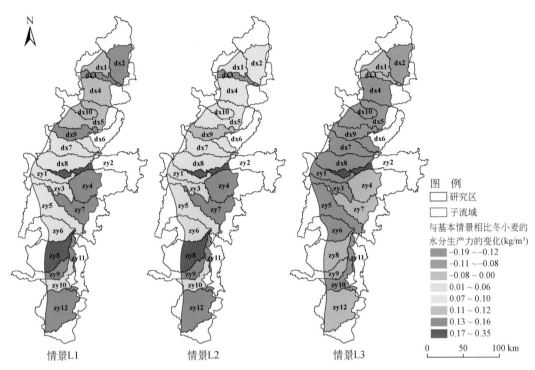

图 5.15　研究区所涉及的各子流域在三种限水灌溉情景下冬小麦的水分生产力
与其在基本情景下相比的变化

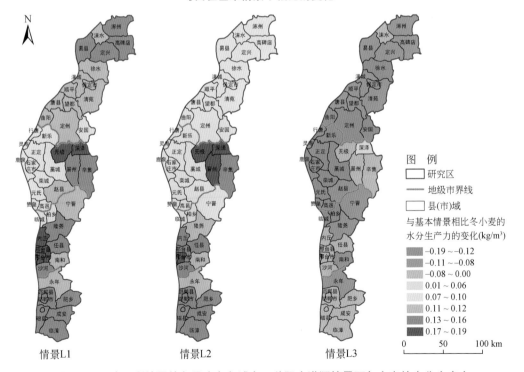

图 5.16　研究区所涉及的各县（市）域在三种限水灌溉情景下冬小麦的水分生产力
与其在基本情景下相比的变化

5.2.4　浅层地下水压采与农田节水的效应

由《河北水利统计年鉴》中的机电井灌溉面积[①]，为方便流域管理机构和政府管理部门的参考使用，这里我们将冬小麦生育期的三种限水灌溉方案对浅层地下水压采和农田节水的效应及其对产量和水分生产力的影响分别统计到研究区所涉及的水资源三级区尺度和县（市）域尺度上，结果如表 5.4 ～ 表 5.7 所示。其中，我们定义：冬小麦生育期限水灌溉情景与基本情景相比所减少的浅层地下水开采量占基本情景中浅层地下水开采量的比例为各限水灌溉情景下对浅层地下水井灌开采量的压采率（或各限水灌溉方案对井灌开采的浅层地下水量的压采率）；冬小麦生育期限水灌溉情景与基本情景相比所减少的浅层地下水超采量占基本情景中浅层地下水超采量的比例为各限水灌溉情景下对浅层地下水井灌超采量的压减率（或各限水灌溉方案对井灌超采的浅层地下水量的压减率）。

在冬小麦生育期"春浇两水"情景下，与基本情景相比，浅层地下水用于农田灌溉的年开采量平均减少约 205 mm，相当于在研究区每年可压减约 22.9 亿 m³ 的浅层地下水井灌开采量，平均压采率约为 50%（表 5.4）。这种限水灌溉情景与基本情景相比，浅层地下水的年均消耗量平均减少约 70 mm，相当于在研究区每年可减少约 6.5 亿 m³ 的浅层地下水井灌超采量，削减了基本情景下浅层地下水井灌超采量的 37% 左右（表 5.4）。在冬小麦生育期"春浇两水"的限水灌溉方案下，研究区多年平均的农田蒸散量较基本情景减少约 66 mm，这相当于减少了基本情景下 10% 左右的农田耗水量（表 5.4）。在这种限水灌溉方案下，与基本情景相比冬小麦的平均减产率（本章第 5.2.3 节已定义）在研究区内分别属于保定地区和石家庄地区的区域相对较大，平均约为 13% ～ 14%；在研究区内分别属于邢台地区和邯郸地区的区域相对较小，平均约为 11% ～ 12%（表 5.5）。就整个研究区而言，在冬小麦生育期"春浇两水"情景下，冬小麦的平均产量与基本情景相比下降约 13%，但是冬小麦的 WP 可平均提高 8% 左右（表 5.4）。

与基本情景相比，若采用冬小麦生育期"春浇一水"的限水灌溉方案，浅层地下水用于农田灌溉的年开采量将平均减少约 280 mm，相当于在研究区每年可压减约 31.5 亿 m³ 的浅层地下水井灌开采量，平均压采率达到 70% 左右（表 5.4）。其中，在研究区内属于保定地区的区域，浅层地下水井灌开采量的平均压采率约为 72%，在研究区内分别属于石家庄地区、邢台地区和邯郸地区的区域，平均压采率为 68% ～ 69%（表 5.6）。对于浅层含水层储水量的消耗来说，冬小麦生育期的"春浇一水"情景与基本情景相比，年均消耗量平均减少约 127 mm，相当于将浅层地下水井灌超采量由基本情景下的约 17.5 亿 m³/a 减少到约 4.5 亿 m³/a，削减了基本情景下浅层地下水井灌超采量的近 75% 左右（表 5.4）。这种限水灌溉情景下对浅层地下水井灌超采量的压减率在研究区内属于保定地区的区域最高、其次为研究区内分别属于邯郸地区和邢台地区的区域、在研究区内属于石家庄地区的区域最低，在这 4 个地区的平均值分别约为 82%、75%、73% 和 70%（表 5.6）。研究区多年平均的农田蒸散量在这种限水灌溉情景下较基本情景减少约 118 mm，相当于减少了

[①] 河北省水利厅，1994 ～ 2012，河北水利统计年鉴。

基本情景下 18% 左右的农田耗水量（表 5.4）。在这种限水灌溉方案下，研究区内冬小麦的平均产量与基本情景相比下降 28% 左右，其中在研究区内分别属于石家庄地区和保定地区的区域，冬小麦的减产率相对较大（表 5.6）。在冬小麦生育期的"春浇一水"情景下，研究区内各县（市）域所属区域冬小麦的 WP 较基本情景平均提高 0.1 kg/m³ 左右（表 5.6）。

对于冬小麦生育期"雨养"的限水灌溉方案，与基本情景相比，浅层地下水用于农田灌溉的年开采量平均减少约 355 mm，相当于在研究区每年可压减约 40.1 亿 m³ 的浅层地下水井灌开采量，平均压采率达到近 90%（表 5.4）。在冬小麦生育期"雨养"情景下，研究区浅层含水层的储水量由基本情景下的每年减少约 17.5 亿 m³ 变为每年增加约 3.5 亿 m³，扭转了浅层含水层储水量持续减少的情势。但是对于石家庄地区的深泽县、无极县、辛集市和晋州市来说，在这种情景下对浅层地下水井灌超采量的压减率仍小于 100%（表 5.7），这意味着这 4 个县（市）域仅在冬小麦生育期实施"雨养"的限水灌溉方案而在夏玉米生育期仍沿用现状灌溉制度，是难以改变浅层地下水超采态势的。在这种情景下，研究区多年平均的农田蒸散量较基本情景减小约 185 mm，相当于减少了基本情景下 29% 左右的农田耗水量（表 5.4）。但是，在这种限水灌溉方案下，冬小麦的减产幅度较高，平均产量与基本情景相比减少 54% 左右，同时其 WP 也平均降低近 0.1 kg/m³（表 5.4）。换言之，在冬小麦生育期"雨养"的情景下，虽然能够将研究区绝大部分区域浅层地下水位持续下降的情势转变为有所回升的态势，但其代价是将损失一半以上的冬小麦产量，同时冬小麦的水分生产力也有轻微程度的降低。

表 5.4　在研究区所涉及的水资源三级区尺度上冬小麦生育期三种限水灌溉方案对浅层地下水压采和农田节水的效应及其对产量和水分生产力的影响

计算内容	水资源三级区	冬小麦生育期"春浇两水"情景	冬小麦生育期"春浇一水"情景	冬小麦生育期"雨养"情景
与基本情景相比减少的浅层地下水井灌开采量 /（亿 m³/a）	大清河淀西平原	9.8	13.1	16.4
	子牙河平原	13.1	18.4	23.7
对浅层地下水井灌开采量的压采率	大清河淀西平原	53%	72%	90%
	子牙河平原	48%	68%	88%
与基本情景相比减少的浅层地下水井灌超采量 /（亿 m³/a）	大清河淀西平原	2.3	4.9	7.7
	子牙河平原	4.2	8.2	13.3
对浅层地下水井灌超采量的压减率	大清河淀西平原	37%	80%	125%
	子牙河平原	37%	72%	117%
与基本情景相比减少的农田耗水量 /（mm/a）	大清河淀西平原	66	118	184
	子牙河平原	66	118	186
农田耗水量的减少程度	大清河淀西平原	10%	18%	29%
	子牙河平原	10%	18%	29%
与基本情景相比冬小麦的减产量 /（kg/ha）	大清河淀西平原	748	1651	3083
	子牙河平原	731	1577	3115
与基本情景相比冬小麦的减产率	大清河淀西平原	13%	29%	55%
	子牙河平原	12%	27%	53%
与基本情景相比冬小麦水分生产力的变化量 /（kg/m³）	大清河淀西平原	0.11	0.08	−0.11
	子牙河平原	0.13	0.12	−0.08
与基本情景相比冬小麦水分生产力的变化率	大清河淀西平原	7%	5%	−7%
	子牙河平原	8%	8%	−5%

表 5.5　在研究区所涉及的县（市）域尺度上冬小麦生育期"春浇两水"方案对浅层地下水的效应及其对产量和水分生产力的影响

所属地级市	县（市）	与基本情景相比节省的浅层地下水井灌开采量/（亿 m³/a）	对浅层地下水井灌开采量的压采率	与基本情景相比减少的浅层地下水井灌超采量/（亿 m³/a）	对浅层地下水井灌超采量的压减率	与基本情景相比减少的农田耗水量/（mm/a）	农田耗水量的减少程度	与基本情景相比冬小麦的减产量/（kg/ha）	与基本情景相比冬小麦的减产率	与基本情景相比冬小麦水分生产力的变化量/（kg/m³）	与基本情景相比冬小麦水分生产力的变化率
保定市	保定市	0.31	54%	0.07	36%	70	11%	872	15%	0.10	6%
	满城县	0.29	54%	0.07	36%	69	11%	838	15%	0.11	7%
	清苑县	1.28	54%	0.30	35%	68	10%	836	14%	0.11	7%
	涞水县	0.13	55%	0.03	67%	61	9%	417	10%	0.12	10%
	徐水县	0.80	54%	0.16	35%	60	9%	720	13%	0.11	7%
	定兴县	1.03	54%	0.22	38%	61	9%	598	11%	0.13	8%
	唐县	0.11	54%	0.02	35%	67	10%	808	14%	0.11	7%
	望都县	0.51	54%	0.12	34%	67	10%	801	14%	0.11	7%
	易县	0.09	55%	0.02	45%	60	9%	549	11%	0.12	8%
	曲阳县	0.09	55%	0.02	37%	71	11%	884	15%	0.10	6%
	顺平县	0.19	54%	0.05	36%	71	11%	877	15%	0.10	6%
	涿州市	0.98	53%	0.23	36%	65	10%	595	11%	0.13	9%
	定州市	1.79	53%	0.44	34%	68	10%	833	14%	0.10	6%
	安国市	0.73	53%	0.17	29%	64	10%	822	14%	0.10	6%
	高碑店市	0.88	53%	0.20	35%	65	10%	599	11%	0.14	9%
	合计	9.21	54%	2.11	38%	66	10%	737	13%	0.11	7%

续表

所属地级市	县（市）	与基本情景相比节约的浅层地下水井灌开采量/（亿m³/a）	对浅层地下水井灌开采量的压采率	与基本情景相比减少的浅层地下水井灌超采量/（亿m³/a）	对浅层地下水井灌超采量的压减率	与基本情景相比减少的农田耗水量/（mm/a）	农田耗水量减少的程度	与基本情景相比冬小麦的减产量/（kg/ha）	与基本情景相比冬小麦减产率	与基本情景相比冬小麦水分生产力的变化量/（kg/m³）	与基本情景相比冬小麦水分生产力的变化率
石家庄市	石家庄市	0.21	46%	0.07	41%	64	10%	882	15%	0.07	5%
	正定县	0.46	46%	0.15	40%	63	10%	825	14%	0.08	5%
	栾城县	0.44	46%	0.16	34%	68	11%	879	15%	0.09	6%
	行唐县	0.13	47%	0.04	29%	64	10%	815	14%	0.10	6%
	灵寿县	0.07	46%	0.02	42%	62	10%	838	14%	0.07	5%
	高邑县	0.27	46%	0.09	36%	64	10%	835	14%	0.07	5%
	深泽县	0.43	51%	0.12	31%	72	11%	629	11%	0.19	13%
	赞皇县	0.03	46%	0.01	36%	64	10%	832	14%	0.07	5%
	无极县	0.70	49%	0.21	32%	69	11%	668	12%	0.16	11%
	元氏县	0.22	46%	0.08	36%	67	10%	962	16%	0.06	4%
	赵县	0.86	46%	0.32	32%	69	11%	830	14%	0.11	7%
	辛集市	0.60	54%	0.17	31%	76	11%	792	13%	0.14	10%
	藁城市	0.97	47%	0.31	39%	65	10%	815	14%	0.09	6%
	晋州市	1.07	55%	0.28	32%	76	11%	790	13%	0.15	10%
	新乐市	0.53	50%	0.15	32%	67	10%	858	15%	0.10	6%
	鹿泉市	0.13	46%	0.04	40%	65	10%	904	15%	0.07	4%
合计		7.11	48%	2.23	35%	67	10%	822	14%	0.10	7%

续表

所属地级市	县（市）	与基本情景相比节省的浅层地下水井灌开采量/（亿m³/a）	对浅层地下水井灌开采量的压采率	与基本情景相比减少的浅层地下水井灌超采量/（亿m³/a）	对浅层地下水井灌超采量的压减率	与基本情景相比减少的农田耗水量/（mm/a）	农田耗水量的减少程度	与基本情景相比冬小麦的减产量/（kg/ha）	与基本情景相比冬小麦的减产率	与基本情景相比冬小麦水分生产力生产的变化量/（kg/m³）	与基本情景相比冬小麦水分生产力的变化率
邢台市	邢台市	0.06	48%	0.02	39%	63	10%	460	9%	0.17	12%
	邢台县	0.19	48%	0.06	38%	64	10%	479	9%	0.16	12%
	临城县	0.05	46%	0.02	36%	62	9%	763	13%	0.08	5%
	内丘县	0.25	48%	0.08	38%	63	10%	486	9%	0.16	12%
	柏乡县	0.31	46%	0.11	36%	63	10%	784	13%	0.08	5%
	隆尧县	0.77	47%	0.26	37%	63	10%	637	11%	0.12	8%
	任县	0.53	48%	0.18	36%	64	10%	553	10%	0.15	11%
	南和县	0.50	48%	0.18	35%	67	10%	678	12%	0.12	9%
	宁晋县	0.55	46%	0.20	31%	69	11%	814	14%	0.11	7%
	沙河市	0.13	48%	0.05	36%	69	10%	664	12%	0.12	9%
	合计	3.33	48%	1.15	36%	65	10%	632	11%	0.13	9%
邯郸市	邯郸市	0.02	49%	0.01	40%	62	10%	693	12%	0.13	9%
	邯郸县	0.21	49%	0.06	40%	62	10%	693	12%	0.13	9%
	临漳县	0.88	49%	0.27	40%	62	10%	693	12%	0.13	9%
	成安县	0.58	49%	0.18	40%	62	10%	693	12%	0.13	9%
	磁县	0.14	49%	0.04	40%	62	10%	693	12%	0.13	9%
	肥乡县	0.64	49%	0.20	40%	62	10%	693	12%	0.13	9%
	永年县	0.80	48%	0.25	35%	62	10%	713	12%	0.12	8%
	合计	3.27	49%	1.01	40%	62	10%	696	12%	0.13	8%

表 5.6　在研究区所涉及的县（市）域尺度上冬小麦生育期"春浇一水"方案对浅层地下水压采和农田节水的效应及其对产量和水分生产力的影响

所属地级市	县（市）	与基本情景相比节省的浅层地下水井灌开采量 /（亿 m³/a）	对浅层地下水井灌开采量的压采率	与基本情景相比减少的浅层地下水井灌超采量 /（亿 m³/a）	对浅层地下水井灌超采量的压减率	与基本情景相比减少的农田耗水量 /（mm/a）	农田耗水量的减少程度	与基本情景相比冬小麦的减产量 /（kg/ha）	与基本情景相比冬小麦的减产率	与基本情景相比冬小麦水分生产力的变化量 /（kg/m³）	与基本情景相比冬小麦水分生产力的变化率
保定市	保定市	0.41	72%	0.16	78%	124	19%	1803	31%	0.08	5%
	满城县	0.39	72%	0.15	77%	123	19%	1770	31%	0.08	5%
	清苑县	1.70	72%	0.64	75%	121	19%	1760	30%	0.09	5%
	涞水县	0.18	74%	0.06	144%	110	17%	1112	26%	0.08	7%
	徐水县	1.06	72%	0.35	77%	108	17%	1590	28%	0.08	5%
	定兴县	1.36	72%	0.46	83%	111	17%	1464	27%	0.09	6%
	唐县	0.14	72%	0.05	75%	119	18%	1725	30%	0.09	5%
	望都县	0.68	72%	0.25	74%	119	18%	1717	30%	0.09	5%
	易县	0.12	73%	0.04	98%	108	17%	1338	26%	0.09	6%
	曲阳县	0.12	73%	0.05	80%	124	19%	1790	31%	0.08	5%
	顺平县	0.25	72%	0.10	76%	126	19%	1823	32%	0.09	5%
	涿州市	1.30	71%	0.48	78%	120	18%	1564	28%	0.08	6%
	定州市	2.40	72%	0.93	73%	120	18%	1748	30%	0.08	5%
	安国市	0.98	71%	0.36	65%	115	18%	1730	30%	0.07	4%
	高碑店市	1.17	71%	0.43	77%	120	18%	1573	28%	0.08	6%
	合计	12.27	72%	4.50	82%	118	18%	1634	29%	0.08	5%

续表

所属地级市	县（市）	与基本情景相比节省的浅层地下水井灌开采量/（亿m³/a）	对浅层地下水井灌开采量的压采率	与基本情景相比减少的浅层地下水井灌超采量/（亿m³/a）	对浅层地下水井灌超采量的压采率	与基本情景相比减少的农田耗水量/（mm/a）	农田耗水量的减少程度	与基本情景相比冬小麦的减产量/（kg/ha）	与基本情景相比冬小麦的减产率	与基本情景相比冬小麦水分生产力的变化量/（kg/m³）	与基本情景相比冬小麦水分生产力的变化率
石家庄市	石家庄市	0.30	67%	0.14	82%	117	18%	1763	30%	0.04	3%
	正定县	0.66	67%	0.30	79%	115	18%	1692	29%	0.06	4%
	栾城县	0.64	66%	0.32	67%	125	19%	1821	30%	0.06	4%
	行唐县	0.19	67%	0.08	65%	117	18%	1764	30%	0.07	4%
	灵寿县	0.10	67%	0.05	83%	113	18%	1689	29%	0.05	3%
	高邑县	0.39	67%	0.19	73%	121	18%	1795	30%	0.04	3%
	深泽县	0.58	69%	0.24	60%	126	19%	1463	25%	0.20	14%
	赞皇县	0.04	67%	0.02	74%	121	18%	1792	30%	0.05	3%
	无极县	0.96	68%	0.42	63%	123	19%	1524	26%	0.16	11%
	元氏县	0.32	67%	0.16	71%	124	19%	1919	31%	0.04	2%
	赵县	1.24	67%	0.63	63%	126	20%	1767	30%	0.09	6%
	辛集市	0.78	71%	0.31	58%	132	20%	1648	27%	0.15	10%
	藁城市	1.38	68%	0.61	76%	117	18%	1678	29%	0.08	5%
	晋州市	1.38	71%	0.51	59%	131	20%	1615	27%	0.16	11%
	新乐市	0.74	70%	0.31	71%	120	19%	1791	30%	0.07	4%
	鹿泉市	0.18	67%	0.09	80%	118	18%	1796	30%	0.04	3%
合计		9.88	68%	4.37	70%	122	19%	1720	29%	0.09	6%

续表

所属地级市	县(市)	与基本情景相比节省的浅层地下水井灌开采量 /(亿 m³/a)	对浅层地下水井灌开采量的压采率	与基本情景相比减少的浅层地下水井灌超采量 /(亿 m³/a)	对浅层地下水井灌超采量的压减率	与基本情景相比减少的农田耗水量 /(mm/a)	农田耗水量减少的程度	与基本情景相比冬小麦减产量 /(kg/ha)	与基本情景相比冬小麦的减产率	与基本情景相比冬小麦水分生产力的变化量 /(kg/m³)	与基本情景相比冬小麦产力水分生产力的变化率
邢台市	邢台市	0.09	69%	0.04	77%	116	18%	1271	24%	0.16	12%
	邢台县	0.26	69%	0.12	76%	117	18%	1280	24%	0.16	12%
	临城县	0.07	67%	0.04	75%	119	18%	1724	29%	0.05	3%
	内丘县	0.35	69%	0.17	77%	116	18%	1314	24%	0.15	11%
	柏乡县	0.45	67%	0.22	75%	120	18%	1744	29%	0.05	3%
	隆尧县	1.11	68%	0.53	75%	118	18%	1524	27%	0.10	7%
	任县	0.75	69%	0.35	73%	117	18%	1374	25%	0.15	10%
	南和县	0.71	69%	0.35	70%	123	19%	1534	27%	0.11	8%
	宁晋县	0.79	67%	0.41	62%	127	20%	1756	30%	0.09	6%
	沙河市	0.18	69%	0.09	71%	124	19%	1483	26%	0.12	9%
	合计	4.76	68%	2.31	73%	120	18%	1500	26%	0.11	8%
邯郸市	邯郸市	0.03	69%	0.01	76%	107	17%	1393	23%	0.15	9%
	邯郸县	0.29	69%	0.12	76%	107	17%	1393	23%	0.15	9%
	临漳县	1.25	69%	0.51	76%	107	17%	1393	23%	0.15	9%
	成安县	0.83	69%	0.34	76%	107	17%	1393	23%	0.15	9%
	磁县	0.19	69%	0.08	76%	107	17%	1393	23%	0.15	9%
	肥乡县	0.90	69%	0.37	76%	107	17%	1393	23%	0.15	9%
	永年县	1.13	69%	0.50	70%	114	18%	1560	26%	0.11	7%
	合计	4.62	69%	1.92	75%	108	17%	1417	24%	0.14	9%

表 5.7　在研究区所涉及的县（市）域尺度上冬小麦生育期"雨养"方案对浅层地下水压采和农田节水的效应及其对产量和水分生产力的影响

所属地级市	县（市）	与基本情景相比节省的浅层地下水井灌开采量/（亿m³/a）	对浅层地下水井灌开采量的压采率	与基本情景相比减少的浅层地下水井灌超采量/（亿m³/a）	对浅层地下水井灌超采量的压减率	与基本情景相比减少的农田耗水量/（mm/a）	农田耗水量的减少程度	与基本情景相比冬小麦产量的减产量/（kg/ha）	与基本情景相比冬小麦产量的减产率	与基本情景相比冬小麦水分生产力的变化量/（kg/m³）	与基本情景相比冬小麦水分生产力的变化率
保定市	保定市	0.51	90%	0.24	119%	192	29%	3278	57%	-0.12	-7%
	满城县	0.49	90%	0.23	118%	189	29%	3234	56%	-0.11	-7%
	清苑县	2.12	90%	1.00	116%	188	29%	3228	56%	-0.11	-7%
	涞水县	0.22	92%	0.09	226%	173	26%	2174	52%	-0.06	-5%
	徐水县	1.32	90%	0.57	122%	173	27%	3081	54%	-0.13	-8%
	定兴县	1.70	90%	0.74	131%	175	27%	2840	52%	-0.10	-6%
	唐县	0.18	90%	0.08	116%	186	29%	3179	55%	-0.11	-6%
	望都县	0.84	90%	0.39	114%	185	29%	3175	55%	-0.11	-7%
	易县	0.15	91%	0.07	155%	171	26%	2626	52%	-0.09	-6%
	曲阳县	0.15	92%	0.07	121%	190	29%	3255	56%	-0.12	-7%
	顺平县	0.31	90%	0.15	117%	194	30%	3284	57%	-0.11	-7%
	涿州市	1.63	89%	0.76	121%	187	28%	2941	53%	-0.10	-7%
	定州市	3.02	91%	1.46	112%	186	29%	3229	55%	-0.13	-8%
	安国市	1.23	90%	0.58	103%	184	29%	3281	56%	-0.15	-9%
	高碑店市	1.46	89%	0.68	119%	187	28%	2958	53%	-0.10	-7%
	合计	15.33	90%	7.11	127%	184	28%	3051	55%	-0.11	-7%

续表

所属地级市	县（市）	与基本情景相比节省的浅层地下水井灌开采量的/（亿m³/a）	对浅层地下水井灌开采量的压采率	与基本情景相比减少的浅层地下水井灌超采量/（亿m³/a）	对浅层地下水井灌超采量的压减率	与基本情景相比减少的农田耗水量/（mm/a）	农田耗水量减少的程度	与基本情景相比冬小麦的减产量/（kg/ha）	与基本情景相比冬小麦减产率	与基本情景相比冬小麦水分生产力的变化量/（kg/m³）	与基本情景相比冬小麦水分生产力的变化率
石家庄市	石家庄市	0.39	88%	0.23	132%	182	28%	3251	55%	-0.17	-10%
	正定县	0.86	88%	0.50	128%	180	28%	3157	54%	-0.14	-9%
	栾城县	0.84	87%	0.52	107%	193	30%	3356	56%	-0.15	-9%
	行唐县	0.25	88%	0.14	103%	183	29%	3323	56%	-0.16	-10%
	灵寿县	0.14	88%	0.08	137%	178	28%	3140	53%	-0.15	-9%
	高邑县	0.51	88%	0.31	117%	193	29%	3385	56%	-0.18	-11%
	深泽县	0.73	87%	0.38	94%	192	29%	2960	51%	0.01	1%
	赞皇县	0.05	88%	0.03	118%	193	29%	3381	56%	-0.18	-11%
	无极县	1.23	87%	0.63	93%	189	29%	3025	52%	-0.03	-2%
	元氏县	0.42	88%	0.26	113%	194	30%	3515	57%	-0.19	-11%
	赵县	1.62	87%	1.00	100%	194	30%	3270	55%	-0.11	-7%
	辛集市	0.97	87%	0.49	90%	197	30%	3105	51%	-0.02	-1%
	藁城市	1.79	88%	1.00	124%	182	28%	3144	53%	-0.13	-8%
	晋州市	1.68	87%	0.80	91%	196	29%	3074	51%	0.00	0%
	新乐市	0.95	90%	0.50	110%	187	29%	3323	56%	-0.15	-9%
	鹿泉市	0.24	88%	0.14	128%	185	29%	3306	55%	-0.17	-10%
	合计	12.66	88%	7.01	112%	189	29%	3232	54%	-0.12	-7%

续表

所属地级市	县（市）	与基本情景相比节省的浅层地下水井灌开采量/（亿 m³/a）	对浅层地下水井灌开采量的压采率	与基本情景相比减少的浅层地下水井灌超采量/（亿 m³/a）	对浅层地下水井灌超采量的压减率	与基本情景相比减少的农田耗水量/（mm/a）	农田耗水量减少的程度	与基本情景相比的冬小麦减产量/（kg/ha）	与基本情景相比冬小麦的减产率	与基本情景相比冬小麦水分生产力的变化量/（kg/m³）	与基本情景相比冬小麦水分生产力的变化率
邢台市	邢台市	0.11	90%	0.07	123%	186	29%	2821	52%	-0.07	-4%
	邢台县	0.34	90%	0.20	122%	187	29%	2819	52%	-0.06	-4%
	临城县	0.10	88%	0.06	121%	192	29%	3310	55%	-0.17	-10%
	内丘县	0.45	89%	0.27	123%	187	29%	2870	53%	-0.08	-5%
	柏乡县	0.59	88%	0.36	120%	192	29%	3332	56%	-0.17	-10%
	隆尧县	1.44	89%	0.87	121%	189	29%	3096	54%	-0.12	-7%
	任县	0.97	89%	0.57	118%	187	29%	2928	52%	-0.07	-5%
	南和县	0.92	89%	0.56	111%	194	30%	3066	54%	-0.09	-6%
	宁晋县	1.04	87%	0.69	103%	195	30%	3258	55%	-0.10	-6%
	沙河市	0.23	90%	0.14	112%	195	30%	2991	53%	-0.07	-5%
	合计	6.19	89%	3.79	117%	191	29%	3049	54%	-0.10	-6%
邯郸市	邯郸市	0.03	90%	0.02	125%	173	27%	2974	50%	-0.06	-3%
	邯郸县	0.38	90%	0.20	125%	173	27%	2974	50%	-0.06	-3%
	临漳县	1.62	90%	0.85	125%	173	27%	2974	50%	-0.06	-3%
	成安县	1.07	90%	0.56	125%	173	27%	2974	50%	-0.06	-3%
	磁县	0.25	90%	0.13	125%	173	27%	2974	50%	-0.06	-3%
	肥乡县	1.16	90%	0.62	125%	173	27%	2974	50%	-0.06	-3%
	永年县	1.46	89%	0.82	115%	182	29%	3155	53%	-0.11	-7%
	合计	5.97	90%	3.21	124%	174	27%	3000	50%	-0.07	-4%

5.3　冬小麦生育期灌溉模式的优化

根据上一节中冬小麦生育期的三种限水灌溉方案及现状灌溉制度，本节所用 0-1 规划模型的决策变量 x_{ij} 表示：在冬小麦生育期的降水水平为 j（j=1，2，3）的条件下，灌溉方案 i（i=1，2，3，4）是否被选择：x_{ij}=1 表示被选择，x_{ij}=0 表示未被选择，其具体设置见表 5.8。

表 5.8　本节所用 0-1 规划的变量设置

i ＼ j	1. 平水期	2. 枯水期	3. 特枯水期
1. 冬小麦生育期"现状灌溉制度"	x_{11}	x_{12}	x_{13}
2. 冬小麦生育期"春浇两水"方案	x_{21}	x_{22}	x_{23}
3. 冬小麦生育期"春浇一水"方案	x_{31}	x_{32}	x_{33}
4. 冬小麦生育期"雨养"方案	x_{41}	x_{42}	x_{43}

5.3.1　考虑浅层地下水位基本保持平稳下优化的灌溉模式

由上一节可知，研究区大部分子流域在冬小麦生育期"春浇两水"和"春浇一水"的情景下，浅层地下水位在 20 年的时间尺度上依然呈现下降的趋势，而在冬小麦生育期"雨养"的情景下，浅层地下水位的变化趋势转为回升态势。本节我们尝试通过 0-1 规划的方法，针对研究区所涉及的每一个子流域和县（市）域的区域，就冬小麦在现状灌溉制度和三种限水灌溉情景下这四种灌溉方案，求解当冬小麦生育期为不同降水水平时、满足浅层地下水基本"采补平衡"条件下、冬小麦减产幅度（亦即减产率）最小的冬小麦生育期内灌溉方案的组合。如第 2 章 2.3.2 节所述，我们假设若 20 年来浅层地下水位基本保持平稳，即可认为浅层地下水达到了"采补平衡"的状态，并将其作为 0-1 规划中的约束条件来优化灌溉模式。这里，我们进一步假设：浅层地下水位 20 年累积下降幅度小于 1 m（即年均下降速度小于 0.05 m/a），或浅层地下水位累积变化幅度为正，即视其为基本保持平稳的状态。根据第 2 章 2.3.2 节中的 0-1 规划问题的建模过程，本节所建立的 0-1 规划模型如下：

$$\text{目标函数：} \min z = \sum_{i=1}^{4} \sum_{j=1}^{3} p_j y_{ij} x_{ij} \tag{5.1}$$

$$
\text{约束条件：}
\begin{cases}
\sum\limits_{i=1}^{4}\sum\limits_{j=1}^{3} p_j h_{ij} x_{ij} < 0.05 \\[2mm]
\sum\limits_{i=1}^{4} x_{ij} = 1, \quad j = 1, 2, 3 \\[2mm]
x_{ij} = 0\text{或}1, \quad i = 1,2,3,4; \quad j = 1, 2, 3
\end{cases}
\tag{5.2}
$$

式中，p_j 为模拟分析时段（1993 ～ 2012 年）内冬小麦生育期的降水水平为 j 的情形之概率；y_{ij} 为在冬小麦生育期的降水水平为 j 的情形下采用第 i 种灌溉方案时冬小麦的年均减产率，%；x_{ij} 代表冬小麦生育期的降水水平为 j 的情形下是否选择第 i 种灌溉情景下的灌溉方案；h_{ij} 为在冬小麦生育期的降水水平为 j 的情形下采用第 i 种灌溉方案时浅层地下水位的年均下降速度，m/a（若浅层地下水位表现为回升趋势，则 h_{ij} 取为负值）。

对本研究区所涉及的每一个子流域，决策变量按以上方程进行计算后的结果如图 5.17 所示，优化后的冬小麦灌溉模式为：当冬小麦生育期的降水水平为平水期的情形下，分别有属于 17 个、4 个和 1 个子流域的区域中的冬小麦在其生育期内需采用"雨养"、"春浇一水"和"春浇两水"的限水灌溉方案；而在降水水平为枯水期和特枯水期的情形下，优化后的冬小麦生育期的灌溉模式在属于不同的子流域的区域内差异较大（图 5.17）。其中对属于子流域 zy2、zy4 和 zy7 的区域，即使连续 20 年采用冬小麦生育期"雨养"的限水灌溉方案，浅层地下水位依旧呈现较为明显的下降趋势，即在满足浅层地下水位基本保持平稳的约束条件下，这个优化模型在这 3 个区域没有可行解。尽管如此，我们仍将连续 20 年采用冬小麦生育期"雨养"的这种针对轮作农田井灌开采量相对最小的灌溉方案作为这 3 个子流域的"近似"优化模式。

对本研究区所涉及的每一个县（市）域，决策变量按上述方程计算后的结果如图 5.18 ～图 5.21 所示。在研究区内保定地区所属的区域，有 9 个县（市）的区域中的优化模式均为：当冬小麦生育期的降水水平为平水期时，采用"雨养"的限水灌溉方案、在降水水平为枯水期和特枯水期时，采用"现状灌溉"方案，这些县（市）在研究区内的区域中冬小麦的减产率约为 43% ～ 47%；对于研究区在保定地区西部分别属于涞水县、易县、定兴县和曲阳县的区域内，由于浅层地下水的补给条件相对较好，当冬小麦生育期的降水水平为平水期时，采用"春浇一水"或"春浇两水"的限水灌溉方案即能实现浅层地下水位基本保持平稳，这些区域在优化的灌溉模式下冬小麦的减产率分别约为 12%、24%、31% 和 36%；对于保定地区的安国市，受到浅层地下水补给量较其他县（市）较少的影响，若要实现浅层地下水的"采补平衡"，需要在冬小麦生育期的降水水平为平水期时，采用"雨养"的限水灌溉方案，在降水水平为枯水期和特枯水期时，采用"春浇两水"的限水灌溉方案，这种优化模式下冬小麦的减产率约为 51%（图 5.18）。在石家庄地区的正定县、石家庄市，以及研究区内分别属于石家庄地区的灵寿县和鹿泉市的区域，浅层地下水补给条件相对较好，优化后的灌溉模式为：当冬小麦生育期的降水水平为平水期时，采用"春浇一水"的限水灌溉方案，当冬小麦生育期的降水水平为枯水期和特枯水期时，包含在研究区内不同县（市）的区域中的优化结果不尽相同，

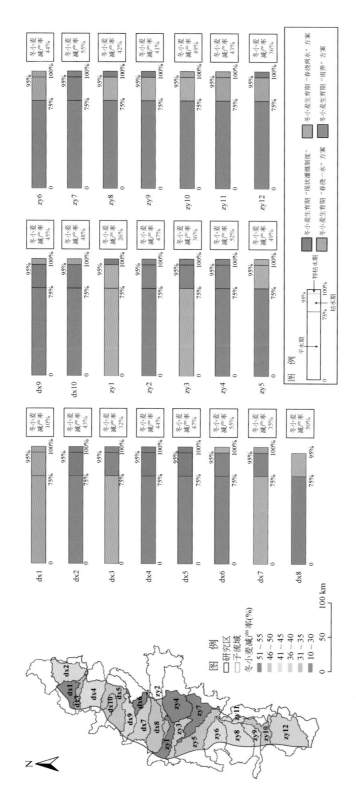

图 5.17 基于浅层地下水位基本保持平稳约束下优化的研究区所涉及的各子流域内冬小麦生育期的灌溉模式和子流域尺度冬小麦平均减产率的空间分布

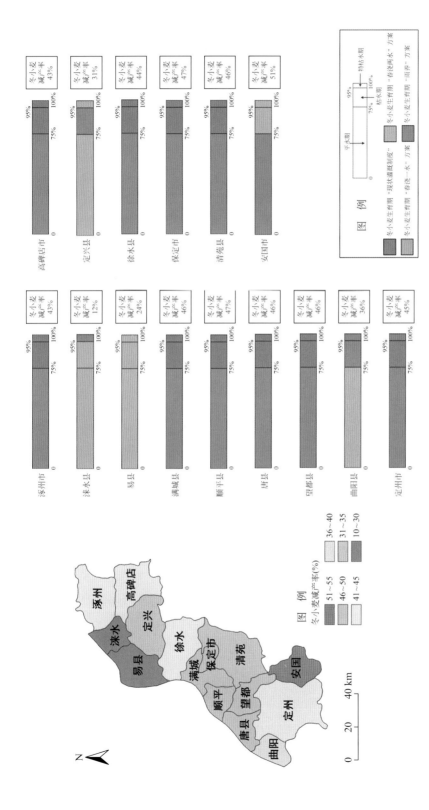

图 5.18　基于浅层地下水位基本保持平稳约束下优化的保定地区在研究区内的各县（市）域冬小麦生育期的灌溉模式和冬小麦平均减产率的空间分布

冬小麦的减产率在这 4 个县（市）的这些区域可控制在 45% 以下；在研究区内属于石家庄地区的其他 12 个县（市），优化结果为：当冬小麦生育期的降水水平为平水期时，需采用"雨养"的限水灌溉方案，需要说明的是：对于深泽县、无极县、辛集市和晋州市，在满足浅层地下水位基本保持平稳的约束条件下，这个优化模型没有可行解，因此，我们将冬小麦生育期不同降水水平下均采用"雨养"这种轮作农田井灌开采量相对最小的灌溉方案作为在这 4 个县（市）的"近似"优化模式，这里需要说明的：之所以如此近似处理，是因为尽管这 4 个县（市）域的年均下降速度不满足小于 0.05 m/a，而大于 0.05 m/a，但却小于 0.12 m/a（相当于浅层地下水位 20 年累积下降幅度小于 2.4 m）。"雨养"模式下冬小麦的减产率在这 4 个县（市）均大于 50%（图 5.19）。在研究区所涉及的邢台地区和邯郸地区，优化的灌溉模式在各县（市）属于研究区范围内的区域中的结果均为：当冬小麦生育期的降水水平为平水期时，采用"雨养"的限水灌溉方案；而当冬小麦生育期的降水水平为枯水期和特枯水期时，优化后的冬小麦灌溉模式在不同县（市）属于研究区范围内的区域中有所不同；在研究区属于邢台地区的 10 个县（市）的区域内，冬小麦的减产率约为 42% ~ 52%（图 5.20），而在研究区属于邯郸地区的 7 个县（市）的区域内，冬小麦的减产率可控制在 36% ~ 41%（图 5.21）。

进一步地，我们将以上优化的灌溉模式带回 SWAT 模型进行 20 年的模拟。同样，为便于流域管理机构和政府管理部门参考使用，我们将这种考虑浅层地下水位基本保持平稳而为冬小麦生育期灌溉优化的模式对浅层地下水压采和农田节水的效应及其对产量和水分生产力的影响，也分别统计到研究区所涉及的水资源三级区尺度和县（市）域尺度上（表 5.9、表 5.10）。结果显示：若要实现浅层地下水"采补平衡"的压采目标，即实现对浅层地下水井灌超采量的压减率达到 100% 左右，在研究区所涉及的大清河淀西平原和子牙河平原这两个水资源三级区，需要分别将现状灌溉制度下对浅层地下水的井灌开采量压减大约 75% 和 80%（表 5.9）；在保定地区、石家庄地区、邢台地区和邯郸地区这 4 个地（市）级行政区在研究区内的区域，需要分别将现状灌溉制度下对浅层地下水的井灌开采量压减大约 73%、80%、78% 和 72%（表 5.10）。在整个研究区，与现状灌溉制度相比，对浅层地下水的井灌开采量将平均减少 34.5 亿 m^3，其中，在保定地区、石家庄地区、邢台地区和邯郸地区在研究区内的区域，与现状灌溉制度相比，对浅层地下水的井灌开采量将分别平均减少约 12.6 亿 m^3、11.7 亿 m^3、5.4 亿 m^3 和 4.8 亿 m^3，在这样的开采强度下，浅层地下水的井灌超采量将分别平均减少约 6.0 亿 m^3、6.1 亿 m^3、3.0 亿 m^3 和 2.4 亿 m^3（表 5.10）。此外，在这种优化的灌溉模式下，研究区多年平均可减少的农田耗水量是基本情景下农田耗水量的 24% 左右，节水效果是较为明显的；其中在研究区北部的保定地区和南部的邯郸地区所属的区域，农田耗水量可减少 21% ~ 22% 左右，在研究区中部的石家庄地区和邢台地区所属的区域，农田耗水量可减少 25% 左右（表 5.10）。在这种优化灌溉模式下，与基本情景相比，冬小麦的平均减产率约为 42%，在研究区所涉及的县（市）域尺度上，冬小麦的最低减产率出现在保定市的涞水县，约为 12%、冬小麦的最高减产率出现在石家庄市的赵县，约为 54%（表 5.10）。与基本情景相比，包含在研究区内的区域中，这种优化灌溉模式下冬小麦的水分生产力除在保定地区的涞水县、定兴县、曲阳县、易县和石家庄地区的正定县、灵寿县、

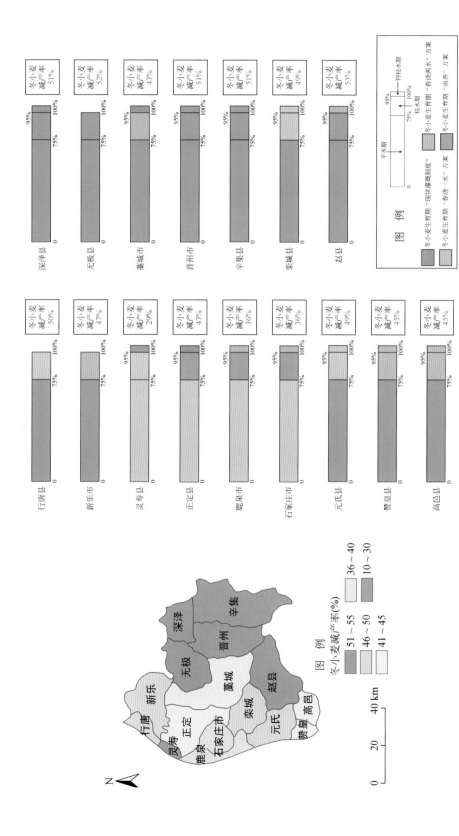

图 5.19　基于浅层地下水位基本保持平稳约束下优化的石家庄地区在研究区内的各县（市）域冬小麦生育期的灌溉模式和冬小麦平均减产率的空间分布

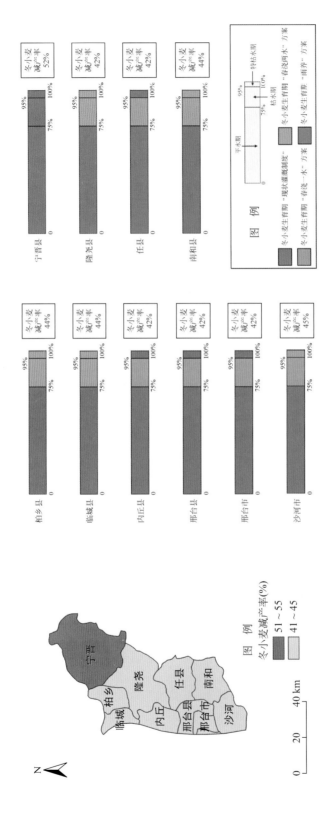

图5.20 基于浅层地下水位基本保持平稳约束下优化的邢台地区在研究区内的各县（市）域冬小麦生育期的灌溉模式和冬小麦平均减产率的空间分布

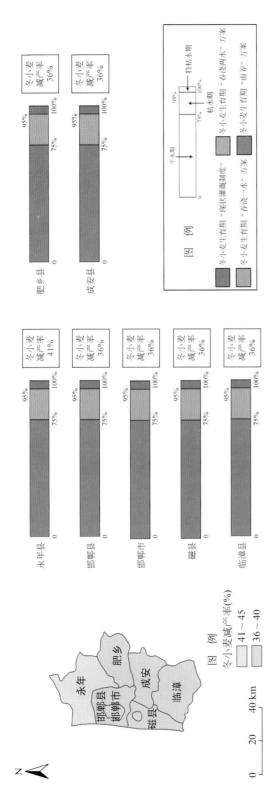

图 5.21 基于浅层地下水位基本保持平稳约束下优化的邯郸地区在研究区内的各县（市）域冬小麦生育期的灌溉模式和冬小麦平均减产率的空间分布

深泽县、晋州市之外，在其他县（市）域包含在研究区内的区域中均有轻微程度的降低，但其变化率基本可以控制在 7% 以内（表 5.10）。

表 5.9　浅层地下水位基本保持平稳的约束下而优化的冬小麦生育期灌溉模式对浅层地下水压采和
农田节水的效应及其对产量和水分生产力的影响在研究区所涉及的水资源三级区尺度上的计算结果

计算内容	水资源三级区	模拟评估结果
与基本情景相比节省的 浅层地下水井灌开采量 /（亿 m³/a）	大清河淀西平原	13.3
	子牙河平原	21.2
对浅层地下水井灌开采量的压采率	大清河淀西平原	75%
	子牙河平原	80%
与基本情景相比减少的浅层地下水 井灌超采量 /（亿 m³/a）	大清河淀西平原	6.2
	子牙河平原	11.3
对浅层地下水井灌超采量的压减率	大清河淀西平原	100%
	子牙河平原	100%
与基本情景相比减少的农田耗水量 /（mm/a）	大清河淀西平原	146
	子牙河平原	161
农田耗水量的减少程度	大清河淀西平原	22%
	子牙河平原	25%
与基本情景相比冬小麦的减产量 /（kg/ha）	大清河淀西平原	2359
	子牙河平原	2619
与基本情景相比冬小麦的减产率	大清河淀西平原	41%
	子牙河平原	43%
与基本情景相比冬小麦 水分生产力的变化量 /（kg/m³）	大清河淀西平原	-0.05
	子牙河平原	-0.01
与基本情景相比冬小麦水分生产力的变化率	大清河淀西平原	-3%
	子牙河平原	-1%

表 5.10　浅层地下水位基本保持平稳的约束下而优化的冬小麦生育期灌溉模式对浅层地下水压采和农田节水的效应及其对产量和水分生产力的影响在研究区所涉及的县（市）域尺度上的计算结果

所属地级市	县（市）	与基本情景相比节省的浅层地下水井灌开采量/（亿 m³/a）	对浅层地下水井灌开采量的压采率	与基本情景相比减少的浅层地下水井灌超采量/（亿 m³/a）	对浅层地下水井灌超采量的压减率	与基本情景相比减少的农田耗水量/（mm/a）	农田耗水量减少的程度	与基本情景相比冬小麦产量的减少量/（kg/ha）	与基本情景相比冬小麦产量的减少率	与基本情景相比冬小麦水分生产力的变化量/（kg/m³）	与基本情景相比冬小麦水分生产力的变化率
保定市	保定市	0.42	74%	0.21	104%	163	25%	2708	47%	-0.09	-6%
	满城县	0.40	74%	0.2	102%	161	25%	2672	46%	-0.09	-6%
	清苑县	1.74	74%	0.86	101%	160	25%	2667	46%	-0.09	-5%
	涞水县	0.14	57%	0.04	98%	69	11%	518	12%	0.11	9%
	徐水县	1.06	73%	0.48	105%	147	23%	2511	44%	-0.11	-7%
	定兴县	1.39	74%	0.52	97%	118	18%	1680	31%	0.07	5%
	唐县	0.15	74%	0.07	101%	158	24%	2631	46%	-0.09	-5%
	望都县	0.69	74%	0.34	99%	157	24%	2633	46%	-0.09	-5%
	易县	0.12	69%	0.04	97%	101	16%	1211	24%	0.08	5%
	曲阳县	0.12	77%	0.06	97%	137	21%	2116	36%	0.04	2%
	顺平县	0.25	73%	0.13	101%	165	25%	2702	47%	-0.09	-6%
	涿州市	1.29	71%	0.64	102%	159	24%	2361	43%	-0.08	-5%
	定州市	2.46	74%	1.25	97%	158	24%	2660	45%	-0.10	-6%
	安国市	1.16	84%	0.55	99%	167	26%	2952	51%	-0.11	-7%
	高碑店市	1.16	71%	0.57	101%	159	23%	2373	43%	-0.08	-5%
	合计	12.55	73%	5.96	100%	145	22%	2293	40%	-0.05	-3%

续表

所属地级市	县（市）	与基本情景相比节省的浅层地下水井灌开采量/（亿m³/a）	对浅层地下水井灌开采量的压采率	与基本情景相比减少的浅层地下水井灌超采量/（亿m³/a）	对浅层地下水井灌超采量的压采率	与基本情景相比减少的农田耗水量/（mm/a）	农田耗水量的减少程度	与基本情景相比冬小麦减产量/（kg/ha）	与基本情景相比冬小麦的减产率	与基本情景相比冬小麦水分生产力的变化量/（kg/m³）	与基本情景相比冬小麦水分生产力的变化率
石家庄市	石家庄市	0.32	71%	0.15	98%	126	20%	2142	36%	-0.01	-1%
	正定县	0.68	69%	0.33	98%	121	19%	1999	34%	0.01	1%
	栾城县	0.78	81%	0.44	98%	168	26%	2934	49%	-0.08	-5%
	行唐县	0.23	83%	0.13	99%	167	26%	2968	50%	-0.10	-6%
	灵寿县	0.11	68%	0.05	98%	111	17%	1784	30%	0.04	2%
	高邑县	0.44	75%	0.24	97%	151	23%	2659	44%	-0.10	-6%
	深泽县	0.73	87%	0.37	94%	192	29%	2960	51%	0.01	1%
	赞皇县	0.05	78%	0.03	102%	157	24%	2784	46%	-0.11	-7%
	无极县	1.23	87%	0.63	93%	184	28%	3066	53%	-0.03	-2%
	元氏县	0.38	81%	0.22	102%	168	26%	3076	50%	-0.12	-7%
	赵县	1.58	85%	0.92	97%	183	28%	3205	54%	-0.10	-6%
	辛集市	0.97	87%	0.49	90%	197	30%	3105	51%	-0.02	-1%
	藁城市	1.53	75%	0.79	101%	146	23%	2557	43%	-0.08	-5%
	晋州市	1.68	87%	0.80	91%	196	29%	3074	51%	0.00	0%
	新乐市	0.84	80%	0.44	99%	158	24%	2740	46%	-0.09	-5%
	鹿泉市	0.19	71%	0.11	98%	127	20%	2158	36%	-0.01	-1%
合计		11.74	80%	6.14	97%	160	25%	2701	45%	-0.05	-3%

续表

所属地级市	县（市）	与基本情景相比节省的浅层地下水井灌开采量 /（亿 m³/a）	对浅层地下水井灌开采量的压减率	与基本情景相比减少的浅层地下水井灌超采量 /（亿 m³/a）	对浅层地下水井灌超采量的压减率	与基本情景相比减少的农田耗水量 /（mm/a）	农田耗水量的减少程度	与基本情景相比冬小麦的减产量 /（kg/ha）	与基本情景相比冬小麦的减产率	与基本情景相比冬小麦水分生产力的变化量 /（kg/m³）	与基本情景相比冬小麦水分生产力的变化率
邢台市	邢台市	0.10	75%	0.05	103%	156	24%	2263	42%	-0.04	-3%
	邢台县	0.29	75%	0.15	101%	157	24%	2271	42%	-0.03	-2%
	临城县	0.08	77%	0.05	101%	156	24%	2631	44%	-0.10	-6%
	内丘县	0.38	75%	0.21	102%	157	24%	2301	42%	-0.04	-3%
	柏乡县	0.51	76%	0.27	100%	156	24%	2634	44%	-0.11	-7%
	隆尧县	1.25	77%	0.67	98%	154	24%	2420	42%	-0.06	-4%
	任县	0.81	75%	0.44	98%	157	24%	2359	42%	-0.04	-3%
	南和县	0.81	79%	0.46	99%	165	25%	2512	44%	-0.05	-3%
	宁晋县	0.99	83%	0.62	97%	181	28%	3084	52%	-0.10	-6%
	沙河市	0.22	83%	0.12	101%	170	26%	2544	45%	-0.02	-1%
	合计	5.44	78%	3.04	100%	161	25%	2502	44%	-0.06	-4%
邯郸市	邯郸市	0.03	71%	0.01	98%	135	21%	2154	36%	-0.02	-1%
	邯郸县	0.30	71%	0.14	98%	135	21%	2154	36%	-0.02	-1%
	临漳县	1.28	71%	0.63	98%	135	21%	2154	36%	-0.02	-1%
	成安县	0.85	71%	0.42	98%	135	21%	2154	36%	-0.02	-1%
	磁县	0.20	71%	0.09	98%	135	21%	2154	36%	-0.02	-1%
	肥乡县	0.92	71%	0.45	98%	135	21%	2154	36%	-0.02	-1%
	永年县	1.23	75%	0.65	99%	149	23%	2440	41%	-0.06	-4%
	合计	4.81	72%	2.39	98%	137	21%	2195	37%	-0.03	-1%

5.3.2　考虑冬小麦可容许减产幅度下优化的灌溉模式

本研究区是河北省重要的粮食产区，冬小麦过大的减产幅度可能会影响河北省冬小麦的自给自足。因此，我们将冬小麦可容许减产幅度作为约束条件，对冬小麦的灌溉模式再次进行优化。根据研究区所在省份河北省小麦的产销余缺情况（王慧军，2010），若保障小麦产销的总量平衡，假设其播种面积不变的情况下，可容许的减产幅度范围约为 20%～27%。考虑到河北省小麦的大部分用来满足农村居民膳食需求而市场化率低（李丛民和赵邦宏，2010），因此，我们设置 30% 和 20% 这两种冬小麦的可容许减产幅度为约束条件，通过 0-1 规划的方法，针对研究区所涉及的每一个子流域和县（市）域的区域，求解出冬小麦生育期的现状灌溉和三种限水灌溉的情景在冬小麦生育期为不同降水水平时、满足 20 年冬小麦平均减产率不大于 30% 或不大于 20% 的条件下、浅层地下水位下降速度最小的冬小麦生育期内灌溉方案的组合。根据第 2 章 2.3.2 节中的 0-1 规划问题的建模过程，本节所建立的模型如下：

（1）冬小麦的可容许减产幅度为 30%：

$$\text{目标函数：}\quad \min z=\sum_{i=1}^{4}\sum_{j=1}^{3}p_j h_{ij} x_{ij} \tag{5.3}$$

$$\text{约束条件：}\quad \begin{cases} \sum_{i=1}^{4}\sum_{j=1}^{3}p_j y_{ij} x_{ij} \leqslant 30\% \\ \sum_{i=1}^{4} x_{ij}=1,\ j=1,2,3 \\ x_{ij}=0\text{或}1,\ i=1,2,3,4;\ j=1,2,3 \end{cases} \tag{5.4}$$

（2）冬小麦的可容许减产幅度为 20%：

$$\text{目标函数：}\quad \min z=\sum_{i=1}^{4}\sum_{j=1}^{3}p_j h_{ij} x_{ij} \tag{5.5}$$

$$\text{约束条件：}\quad \begin{cases} \sum_{i=1}^{4}\sum_{j=1}^{3}p_j y_{ij} x_{ij} \leqslant 20\% \\ \sum_{i=1}^{4} x_{ij}=1,\ j=1,2,3 \\ x_{ij}=0\text{或}1,\ i=1,2,3,4;\ j=1,2,3 \end{cases} \tag{5.6}$$

式中，p_j 是模拟分析时段（1993～2012 年）内冬小麦生育期的降水水平为 j 的情形之概率；h_{ij} 是在冬小麦生育期的降水水平为 j 的情形下采用第 i 种灌溉方案时浅层地下水位的年均下降速度，m/a（若浅层地下水位表现为回升态势，则 h_{ij} 取为负值）；

x_{ij} 代表冬小麦生育期的降水水平为 j 的情形下是否选择第 i 种灌溉情景下的灌溉方案；y_{ij} 是在冬小麦生育期的降水水平为 j 的情形下采用第 i 种灌溉方案时冬小麦的年均减产率，%。

对研究区所涉及的每一个子流域，其决策变量按上述模型进行计算后的结果如图 5.22、图 5.23 所示。优化后的灌溉模式的结果显示：若保障冬小麦的减产幅度控制在 30% 以内，所有子流域中包含在研究区内的区域在冬小麦生育期的降水水平为平水期的情形下均推荐实施冬小麦生育期"春浇一水"的限水灌溉方案（图 5.22）；进一步，若保障冬小麦的减产幅度控制在 20% 以内，研究区中有涉及 17 个子流域的区域在冬小麦生育期的降水水平为平水期的情形下推荐实施冬小麦生育期"春浇两水"的限水灌溉方案（图 5.23）。当冬小麦生育期的降水水平为枯水期和特枯水期时，在冬小麦平均减产率不大于 30% 或不大于 20% 的约束条件下，以实现浅层地下水位下降速度最小为目标而优化的研究区所涉及的各子流域的灌溉模式在空间上存在差异（图 5.22、图 5.23）。

对研究区所涉及的每一个县（市）域，其决策变量按式（5.3）和式（5.4）联立的数学模型计算后的结果如图 5.24～图 5.27 所示。优化后的灌溉模式的结果显示：若保障冬小麦的减产幅度控制在 30% 以内，在研究区涉及的各县（市）域所推荐的灌溉方案（图 5.24～图 5.27）主要包括：当冬小麦生育期的降水水平为平水期、枯水期和特枯水期时，分别采用："春浇一水"、"春浇两水"和"春浇一水"（集中在保定地区）；"春浇一水"、"春浇一水"和"雨养"（集中在保定和石家庄地区）；"春浇一水"、"雨养"和"春浇一水"（集中在邯郸地区）；在三种降水水平下均采用"春浇一水"（集中在石家庄和邢台地区）。在这种优化的灌溉模式下，研究区所涉及的各子流域的浅层地下水位将以平均 0.26 ± 0.23 m/a 这样的最小速度下降（图 5.22）；在研究区所涉及的县（市）域的空间尺度上，除研究区内保定地区所属的涞水县和易县外，其他县（市）域的浅层地下水位将继续呈现下降趋势，其中：在研究区内分别属于保定地区、邢台地区和邯郸地区的区域，以及属于石家庄地区的大部分县（市），其下降速度可控制在 0.5 m/a 以内；在研究区内石家庄地区的无极县、深泽县、晋州市和辛集市，浅层地下水位的下降速度约为 $0.5 \sim 0.6$ m/a（图 5.24～图 5.27）。

若进一步控制冬小麦的减产幅度，以冬小麦减产率不超过 20% 为约束条件，对研究区所涉及的每一个县（市）域，其决策变量按式（5.5）和式（5.6）联立的数学模型计算后的结果如图 5.28～图 5.31 所示。优化后的灌溉模式的结果显示：在研究区北部的保定与中部的石家庄地区的大部分县（市）域，当冬小麦生育期的降水水平为平水期时，采用"春浇两水"的限水灌溉方案、当降水水平为枯水期和特枯水期时，采用"春浇一水"或"雨养"方案（图 5.28、图 5.29）；在研究区南部的邢台与邯郸地区的大部分县（市）域，当冬小麦生育期的降水水平为平水期时，采用"春浇一水"的限水灌溉方案、当降水水平为枯水期和特枯水期时，采用"春浇两水"的限水灌溉方案或"现状灌溉制度"（图 5.30、图 5.31）。在这种优化的灌溉模式下，研究区所涉及的各子流域的浅层地下水位将以平均 0.52 ± 0.28 m/a 这样的最小速度下降（图 5.23）；在研究区所涉及的县（市）域的空间尺度上，除保定地区的涞水县以外，其他县（市）域的浅层地下水位将继续呈现下降趋势，其中，在邯郸地区的全部县（市）、保定地区的大部分县（市）、石家庄地区西北部的 7

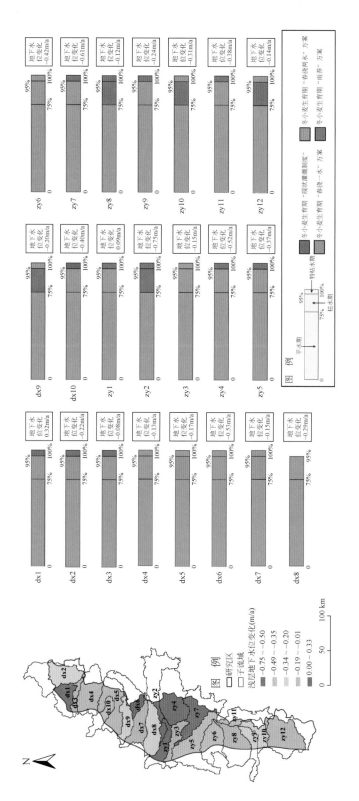

图 5.22 考虑冬小麦减产幅度不大于 **30%** 约束下优化的研究区所涉及的各子流域尺度浅层地下水位变化的空间分布和子流域尺度内冬小麦生育期的灌溉模式

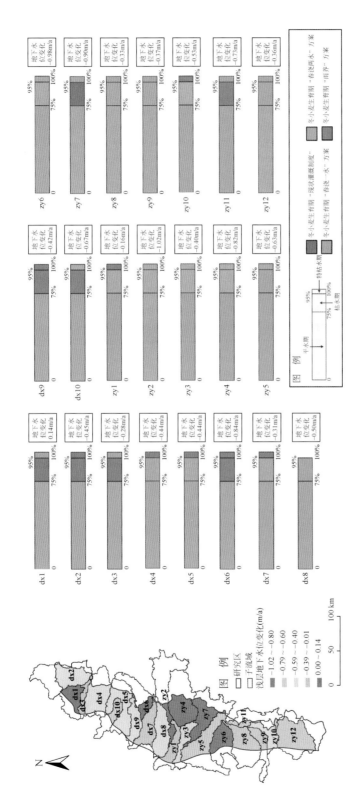

图 5.23　考虑冬小麦减产幅度不大于 20% 约束下优化的研究区所涉及的各子流域内冬小麦生育期的灌溉模式和子流域尺度浅层地下水位变化的空间分布

图 5.24 考虑冬小麦减产幅度不大于 30% 约束下优化的保定地区在研究区域内的各县（市）域冬小麦生育期的灌溉模式和浅层地下水位变化的空间分布

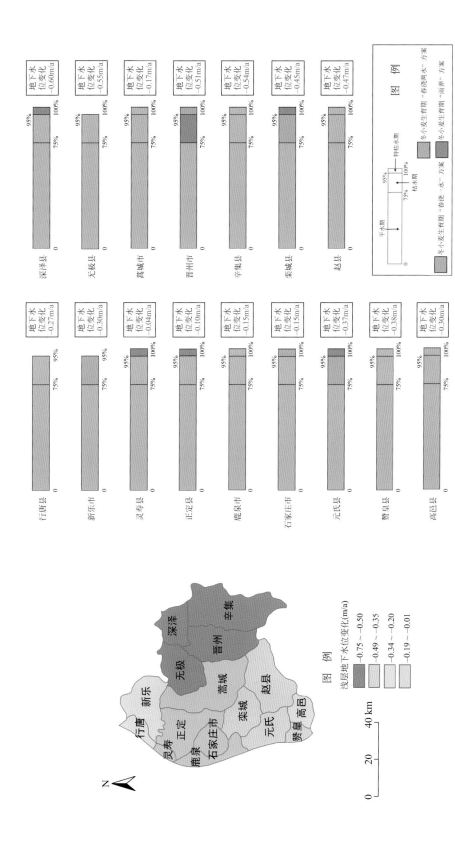

图 5.25　考虑冬小麦减产幅度不大于 30% 约束下优化的石家庄地区在研究区内的各县（市）域冬小麦生育期的灌溉模式和浅层地下水位变化的空间分布

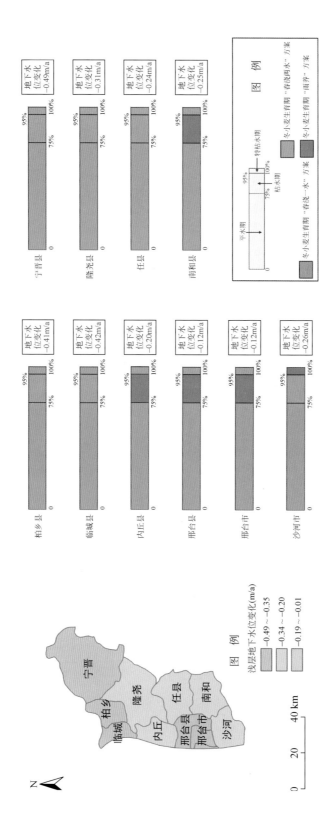

图 5.26 考虑冬小麦减产幅度不大于 30% 约束下优化的邢台地区在研究区内的各县（市）域冬小麦生育期的灌溉模式和浅层地下水位变化的空间分布

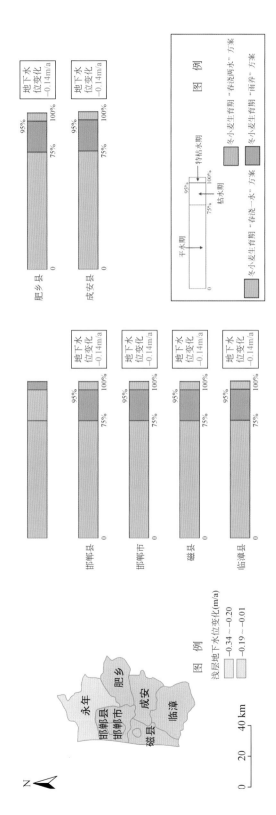

图 5.27　考虑冬小麦减产幅度不大于 30% 约束下优化的邯郸地区在研究区内的各县（市）域冬小麦生育期的灌溉模式和浅层地下水位变化的空间分布

个县（市），以及邢台地区南部的 6 个县（市），浅层地下水位的下降速度在 0.6 m/a 以内；在保定地区的安国市，石家庄地区的晋州市、栾城县、元氏县、赵县和高邑县，邢台地区的宁晋县和隆尧县，浅层地下水位的下降速度在 0.6～0.8 m/a；石家庄地区的无极县、深泽县、辛集市和赞皇县及邢台地区的临城县和柏乡县，浅层地下水位下降速度的范围是 0.8～1.0 m/a（图 5.28～图 5.31）。

我们同样将以上这两种优化的灌溉模式带回 SWAT 模型进行 20 年的模拟，并将这两种灌溉模式对浅层地下水压采和农田节水的效应及其对产量和水分生产力的影响也分别统计到研究区所涉及的水资源三级区尺度和县（市）域尺度上（表 5.11～表 5.13）。结果表明：①在以冬小麦减产率不大于 30% 为约束条件而优化的灌溉模式下，与现状灌溉制度相比，在研究区所涉及的两个水资源三级区尺度上，每年可压减大约 70% 的浅层地下水井灌开采量，其中，在研究区属于保定地区、石家庄地区、邢台地区和邯郸地区这 4 个地市级行政区的区域内，可分别将现状灌溉制度下对浅层地下水的井灌开采量压减大约 71%（约 12.1 亿 m³）、67%（约 9.8 亿 m³）、69%（约 4.8 亿 m³）和 70%（约 4.7 亿 m³）。同时，在研究区所涉及的这两个水资源三级区尺度上，每年可削减大约 80% 的浅层地下水井灌超采量，其中，在研究区属于保定地区、石家庄地区、邢台地区和邯郸地区这 4 个地市级行政区的区域内，可分别将现状灌溉制度下对浅层地下水的井灌超采量压减大约 88%（约 4.9 亿 m³）、74%（约 4.4 亿 m³）、82%（约 2.5 亿 m³）和 85%（约 2.0 亿 m³）。此外，在这种优化的灌溉模式下，研究区多年平均可减少的农田耗水量是基本情景下农田耗水量的 19% 左右（表 5.11、表 5.12）。冬小麦的水分生产力与基本情景相比在研究区属于各县（市）的区域内均有不同程度的提高，其增加幅度在 2%～12%（表 5.12）。②在以冬小麦减产率不大于 20% 为约束条件而优化的灌溉模式下，与现状灌溉制度相比，在研究区所涉及的两个水资源三级区尺度上，每年可压减大约 58% 的浅层地下水井灌开采量，其中，在研究区属于保定地区、石家庄地区、邢台地区和邯郸地区这 4 个地市级行政区的区域内，可分别将现状灌溉制度下对浅层地下水的井灌开采量压减大约 59%（约 10.2 亿 m³）、54%（约 8.1 亿 m³）、59%（约 4.2 亿 m³）和 62%（约 3.5 亿 m³）。同时，在研究区所涉及的这两个水资源三级区尺度上，每年可削减大约 55% 的浅层地下水井灌超采量，其中，在研究区属于保定地区、石家庄地区、邢台地区和邯郸地区这 4 个地市级行政区的区域内，可分别将现状灌溉制度下对浅层地下水的井灌超采量压减大约 63%（约 3.3 亿 m³）、52%（约 3.1 亿 m³）、61%（约 1.7 亿 m³）68%（约 1.6 亿 m³）。此外，在这种优化的灌溉模式下，研究区多年平均可减少的农田耗水量是基本情景下农田耗水量的 14% 左右（表 5.11、表 5.13）。冬小麦的水分生产力与基本情景相比，在研究区属于各县（市）域的区域内均有不同程度的提高，其增加幅度在 3%～11%（表 5.13）。

图 5.28 考虑冬小麦减产幅度不大于 20% 约束下优化的保定地区在研究区内的各县（市）域冬小麦生育期的灌溉模式和浅层地下水位变化的空间分布

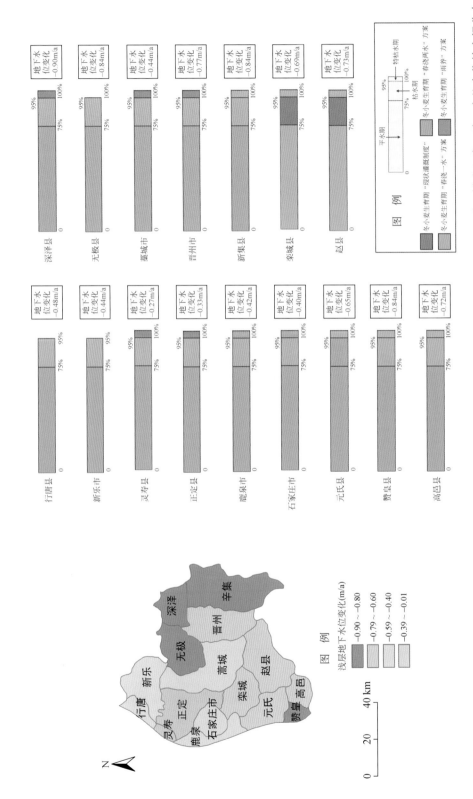

图 5.29 考虑冬小麦减产幅度不大于 20% 约束下优化的石家庄地区在研究区内的各县（市）域冬小麦生育期的灌溉模式和浅层地下水位变化的空间分布

图 5.30　考虑冬小麦减产幅度不大于 20% 约束下优化的邢台地区在研究区内的各县（市）域冬小麦生育期的灌溉模式和浅层地下水位变化的空间分布

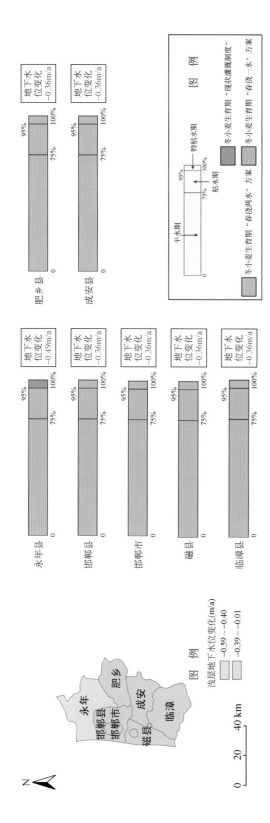

图 5.31 考虑冬小麦减产幅度不大于 20% 约束下优化的邯郸地区在研究区内的各县（市）域冬小麦生育期的灌溉模式和浅层地下水位变化的空间分布

表 5.11　考虑冬小麦减产幅度的约束下而优化的冬小麦生育期灌溉模式对浅层地下水压采和农田节水的效应及其对产量和水分生产力的影响在研究区所涉及的水资源三级区尺度上的计算结果

计算内容	水资源三级区	冬小麦减产幅度不超过30%约束下	冬小麦减产幅度不超过20%约束下
与基本情景相比节省的浅层地下水井灌开采量/（亿 m^3/a）	大清河淀西平原	12.7	10.6
	子牙河平原	18.6	15.4
对浅层地下水井灌开采量的压采率	大清河淀西平原	71%	59%
	子牙河平原	70%	58%
与基本情景相比减少的浅层地下水井灌超采量/（亿 m^3/a）	大清河淀西平原	4.9	3.4
	子牙河平原	8.9	6.3
对浅层地下水井灌超采量的压减率	大清河淀西平原	81%	56%
	子牙河平原	80%	55%
与基本情景相比减少的农田耗水量/（mm/a）	大清河淀西平原	118	86
	子牙河平原	129	92
农田耗水量的减少程度	大清河淀西平原	18%	13%
	子牙河平原	20%	14%
与基本情景相比冬小麦的减产量/（kg/ha）	大清河淀西平原	1708	1121
	子牙河平原	1752	1175
与基本情景相比冬小麦的减产率	大清河淀西平原	30%	20%
	子牙河平原	30%	20%
与基本情景相比冬小麦水分生产力的变化量/（kg/m^3）	大清河淀西平原	0.08	0.09
	子牙河平原	0.10	0.12
与基本情景相比冬小麦水分生产力的变化率	大清河淀西平原	5%	6%
	子牙河平原	6%	8%

表 5.12　考虑冬小麦减产幅度不大于 30% 约束而优化的冬小麦生育期灌溉模式对浅层地下水压采和农田节水的效应及其对产量和水分生产力的影响在研究区所涉及的县（市）域尺度上的计算结果

所属地级市	县（市）	与基本情景相比节省的浅层地下水井灌开采量 /（亿 m³/a）	对浅层地下水井灌开采量的压采率	与基本情景相比减少的浅层地下水井灌超采量 /（亿 m³/a）	对浅层地下水井灌超采量的压减率	与基本情景相比减少的农田耗水量 /（mm/a）	农田耗水量减少的程度	与基本情景相比冬小麦的减产量 /（kg/ha）	与基本情景相比冬小麦的减产率	与基本情景相比冬小麦水分生产力的变化量 /（kg/m³）	与基本情景相比冬小麦水分生产力的变化率
保定市	保定市	0.39	69%	0.16	79%	116	18%	1695	29%	0.09	6%
	满城县	0.38	71%	0.15	80%	118	18%	1708	30%	0.09	6%
	清苑县	1.66	70%	0.67	79%	116	18%	1699	29%	0.09	5%
	涞水县	0.18	75%	0.07	161%	113	17%	1185	28%	0.07	6%
	徐水县	1.06	72%	0.39	84%	108	17%	1619	28%	0.08	5%
	定兴县	1.38	73%	0.52	93%	114	17%	1571	29%	0.08	5%
	唐县	0.14	71%	0.06	79%	117	18%	1710	30%	0.09	5%
	望都县	0.66	70%	0.26	77%	114	18%	1656	29%	0.09	5%
	易县	0.13	75%	0.05	113%	115	18%	1516	30%	0.07	5%
	曲阳县	0.11	71%	0.05	81%	117	18%	1686	29%	0.08	5%
	顺平县	0.24	69%	0.10	78%	118	18%	1713	30%	0.09	6%
	涿州市	1.28	70%	0.52	83%	118	17%	1563	28%	0.08	5%
	定州市	2.30	70%	1.01	79%	120	18%	1780	30%	0.08	5%
	安国市	0.98	71%	0.40	71%	115	18%	1761	30%	0.07	4%
	高碑店市	1.16	70%	0.47	82%	118	17%	1573	28%	0.08	5%
	合计	12.05	71%	4.86	88%	116	18%	1629	30%	0.08	5%

续表

所属地级市	县（市）	与基本情景相比节省的浅层地下水的井灌开采量 /（亿 m³/a）	对浅层地下水井灌开采量的压采率	与基本情景相比减少的浅层地下水井灌超采量 /（亿 m³/a）	对浅层地下水井灌超采量的压减率	与基本情景相比减少的农田耗水量 /（mm/a）	农田耗水量的减少程度	与基本情景相比冬小麦的减产量 /（kg/ha）	与基本情景相比冬小麦的减产率	与基本情景相比冬小麦水分生产力的变化量 /（kg/m³）	与基本情景相比冬小麦水分生产力的变化率
石家庄市	石家庄市	0.29	66%	0.14	86%	110	17%	1741	29%	0.05	3%
	正定县	0.67	68%	0.31	87%	113	18%	1787	30%	0.05	3%
	栾城县	0.60	62%	0.30	66%	111	17%	1687	28%	0.06	4%
	行唐县	0.19	67%	0.09	70%	117	18%	1796	30%	0.07	4%
	灵寿县	0.11	68%	0.05	91%	111	17%	1784	30%	0.04	2%
	高邑县	0.39	67%	0.19	78%	116	18%	1818	30%	0.04	2%
	深泽县	0.59	70%	0.25	66%	124	19%	1558	27%	0.19	12%
	赞皇县	0.04	67%	0.02	79%	116	18%	1815	30%	0.05	3%
	无极县	0.95	68%	0.42	67%	118	18%	1543	27%	0.16	10%
	元氏县	0.30	63%	0.15	70%	110	17%	1785	29%	0.03	2%
	赵县	1.24	67%	0.63	68%	121	19%	1789	30%	0.09	5%
	辛集市	0.78	71%	0.31	62%	126	19%	1669	28%	0.15	9%
	藁城市	1.37	68%	0.61	82%	112	17%	1699	29%	0.08	5%
	晋州市	1.41	73%	0.55	67%	133	20%	1849	30%	0.13	8%
	新乐市	0.68	65%	0.31	69%	108	17%	1589	27%	0.08	5%
	鹿泉市	0.18	67%	0.09	85%	113	18%	1819	30%	0.04	2%
	合计	9.80	67%	4.41	74%	116	19%	1733	29%	0.08	5%

续表

所属地级市	县（市）	与基本情景相比节省的浅层地下水井灌开采量的/（亿 m³/a）	对浅层地下水井灌开采量的压采率	与基本情景相比减少的浅层地下水井灌超采量/（亿 m³/a）	对浅层地下水井灌超采量的压减率	与基本情景相比减少的农田耗水量/（mm/a）	农田耗水量减少的程度	与基本情景的减产量/（kg/ha）	与基本情景相比冬小麦减产率	与基本情景相比冬小麦水分生产力的变化量/（kg/m³）	与基本情景相比冬小麦水分生产力的变化率
邢台市	邢台市	0.09	69%	0.05	90%	113	17%	1617	30%	0.14	9%
	邢台县	0.26	69%	0.14	90%	114	18%	1622	30%	0.14	9%
	临城县	0.07	67%	0.04	80%	114	17%	1746	29%	0.05	3%
	内丘县	0.36	71%	0.18	87%	118	18%	1489	27%	0.13	9%
	柏乡县	0.45	67%	0.22	80%	115	17%	1766	29%	0.05	3%
	隆尧县	1.10	68%	0.53	80%	113	17%	1543	27%	0.10	6%
	任县	0.75	69%	0.38	85%	112	17%	1617	29%	0.15	10%
	南和县	0.72	70%	0.40	81%	126	19%	1743	30%	0.08	5%
	宁晋县	0.79	67%	0.41	67%	122	19%	1778	30%	0.09	5%
	沙河市	0.18	70%	0.11	81%	123	19%	1578	28%	0.11	7%
	合计	4.78	69%	2.45	82%	117	20%	1650	30%	0.10	7%
邯郸市	邯郸市	0.03	70%	0.01	85%	112	18%	1651	28%	0.11	6%
	邯郸县	0.29	70%	0.13	85%	112	18%	1651	28%	0.11	6%
	临漳县	1.26	70%	0.55	85%	112	18%	1651	28%	0.11	6%
	成安县	0.84	70%	0.36	85%	112	18%	1651	28%	0.11	6%
	磁县	0.20	70%	0.08	85%	112	18%	1651	28%	0.11	6%
	肥乡县	0.91	70%	0.39	85%	112	18%	1651	28%	0.11	6%
	永年县	1.16	71%	0.51	80%	116	18%	1742	29%	0.09	5%
	合计	4.69	70%	2.04	85%	112	18%	1664	28%	0.11	6%

表 5.13 考虑冬小麦减产幅度不大于 20% 约束而优化的冬小麦生育期灌溉模式对浅层地下水压采和农田节水的效应及其对产量和水分生产力的影响在研究区所涉及的县（市）域尺度上的计算结果

所属地级市	县（市）	与基本情景相比节省的浅层地下水井灌开采量/（亿m³/a）	对浅层地下水井灌开采量的压采率	与基本情景相比减少的浅层地下水井灌超采量/（亿m³/a）	对浅层地下水井灌超采量的压减率	与基本情景相比减少的农田耗水量/（mm/a）	农田耗水量的减少程度	与基本情景相比冬小麦的减产量/（kg/ha）	与基本情景相比冬小麦产量的减产率	与基本情景相比冬小麦水分生产力的变化量/（kg/m³）	与基本情景相比冬小麦水分生产力的变化率
保定市	保定市	0.33	58%	0.11	57%	85	13%	1140	20%	0.08	5%
	满城县	0.32	59%	0.11	58%	86	13%	1151	20%	0.08	5%
	清苑县	1.41	59%	0.47	57%	85	13%	1149	20%	0.08	5%
	涞水县	0.16	64%	0.05	124%	88	13%	819	19%	0.08	7%
	徐水县	0.87	59%	0.26	58%	76	12%	1023	18%	0.09	5%
	定兴县	1.16	61%	0.36	67%	83	13%	975	18%	0.09	6%
	唐县	0.12	59%	0.04	56%	84	13%	1117	19%	0.09	5%
	望都县	0.56	59%	0.18	55%	84	13%	1110	19%	0.09	5%
	易县	0.11	62%	0.03	82%	85	13%	984	19%	0.08	6%
	曲阳县	0.10	60%	0.03	59%	87	13%	1167	20%	0.09	5%
	顺平县	0.20	58%	0.07	56%	86	13%	1146	20%	0.08	5%
	涿州市	1.09	59%	0.36	60%	86	13%	967	18%	0.10	7%
	定州市	1.98	58%	0.67	54%	84	13%	1117	19%	0.09	6%
	安国市	0.82	59%	0.26	48%	85	13%	1190	20%	0.06	4%
	高碑店市	0.99	59%	0.33	60%	86	13%	973	18%	0.10	7%
合计		10.22	59%	3.32	63%	85	13%	1069	20%	0.09	6%

续表

所属地级市	县（市）	与基本情景相比节省的浅层地下水井灌开采量 /（亿m³/a）	对浅层地下水井灌开采量的压采率	与基本情景相比减少的浅层地下水井灌超采量 /（亿m³/a）	对浅层地下水井灌超采量的压采率	与基本情景相比减少的农田耗水量 /（mm/a）	农田耗水量的减少程度	与基本情景相比冬小麦的减产量 /（kg/ha）	与基本情景相比冬小麦产量的减产率	与基本情景相比冬小麦水分生产力的变化量 /（kg/m³）	与基本情景相比冬小麦水分生产力的变化率
石家庄市	石家庄市	0.23	50%	0.09	57%	74	12%	1082	18%	0.06	4%
	正定县	0.53	54%	0.21	61%	81	13%	1182	20%	0.07	4%
	栾城县	0.49	50%	0.20	47%	90	14%	1201	20%	0.05	3%
	行唐县	0.15	52%	0.06	47%	80	12%	1079	18%	0.09	6%
	灵寿县	0.08	53%	0.03	65%	80	13%	1189	20%	0.06	3%
	高邑县	0.31	53%	0.13	54%	80	12%	1146	19%	0.07	4%
	深泽县	0.49	58%	0.17	47%	91	14%	973	17%	0.18	11%
	赞皇县	0.03	51%	0.01	52%	78	12%	1095	18%	0.07	4%
	无极县	0.86	60%	0.27	46%	82	13%	985	17%	0.16	10%
	元氏县	0.23	47%	0.09	45%	71	11%	1036	17%	0.06	4%
	赵县	1.01	53%	0.49	54%	97	15%	1187	20%	0.07	4%
	辛集市	0.66	59%	0.22	45%	92	14%	1071	18%	0.15	9%
	藁城市	1.11	53%	0.42	58%	81	13%	1127	19%	0.08	5%
	晋州市	1.21	62%	0.39	49%	98	15%	1207	20%	0.14	8%
	新乐市	0.59	55%	0.22	52%	83	13%	1119	19%	0.09	6%
	鹿泉市	0.14	51%	0.06	58%	78	12%	1152	19%	0.06	4%
合计		8.13	54%	3.06	52%	83	13%	1114	19%	0.09	6%

续表

所属地级市	县（市）	与基本情景相比节省的浅层地下水井灌开采量/（亿m³/a）	对浅层地下水井灌开采量的压采率	与基本情景相比减少的浅层地下水井灌超采量/（亿m³/a）	对浅层地下水井灌超采量的压采率	与基本情景相比减少的农田耗水量/（mm/a）	农田耗水量的减少程度	与基本情景相比冬小麦减产量/（kg/ha）	与基本情景相比冬小麦的减产率	与基本情景相比冬小麦水分生产力的变化量/（kg/m³）	与基本情景相比冬小麦水分生产力的变化率
邢台市	邢台市	0.08	65%	0.04	73%	102	16%	1100	20%	0.16	11%
	邢台县	0.25	65%	0.11	73%	103	16%	1103	20%	0.16	11%
	临城县	0.06	51%	0.02	53%	76	11%	1025	17%	0.07	4%
	内丘县	0.32	62%	0.13	67%	100	15%	1089	20%	0.14	9%
	柏乡县	0.35	51%	0.14	53%	77	12%	1045	17%	0.07	4%
	隆尧县	0.96	58%	0.38	61%	94	14%	1147	20%	0.10	6%
	任县	0.66	60%	0.26	61%	96	15%	1138	20%	0.13	8%
	南和县	0.65	62%	0.25	56%	105	16%	1142	20%	0.11	7%
	宁晋县	0.64	53%	0.29	49%	98	15%	1208	20%	0.07	4%
	沙河市	0.17	64%	0.07	61%	107	16%	1153	20%	0.12	8%
	合计	4.15	59%	1.69	61%	96	15%	1115	20%	0.11	7%
邯郸市	邯郸市	0.02	63%	0.01	69%	92	15%	1220	20%	0.14	8%
	邯郸县	0.27	63%	0.10	69%	92	15%	1220	20%	0.14	8%
	临漳县	1.16	63%	0.44	69%	92	15%	1220	20%	0.14	8%
	成安县	0.77	63%	0.29	69%	92	15%	1220	20%	0.14	8%
	磁县	0.18	63%	0.07	69%	92	15%	1220	20%	0.14	8%
	肥乡县	0.18	63%	0.31	69%	92	15%	1220	20%	0.14	8%
	永年县	0.92	55%	0.40	63%	91	14%	1211	20%	0.10	6%
	合计	3.50	62%	1.62	68%	92	14%	1219	20%	0.14	8%

5.4　浅层地下水涵养与作物生产的权衡

本节我们就冬小麦生育期"春浇两水"、"春浇一水"和"雨养"这三种限水灌溉方案，以及分别考虑浅层地下水位基本保持平稳、冬小麦减产幅度不大于30%、冬小麦减产幅度不大于20%的约束下优化的三种灌溉模式在浅层地下水涵养与作物生产之间进行权衡，为此，将以上六种灌溉情景及农民现状灌溉制度（即基本情景）下浅层地下水位动态与冬小麦产量变化的模拟结果进行对比，如图5.32所示。

在基本情景下，研究区内获得冬小麦较高产量的代价是浅层地下水位的快速下降，多年平均下降速度约为1.10 m/a，浅层地下水资源的利用不可持续；若将冬小麦生育期内的灌溉方案变为只在其拔节期和抽穗期灌水两次（即冬小麦生育期"春浇两水"方案），浅层地下水位下降速度将得到一定程度的缓解，平均减缓为0.70 m/a左右，相当于基本情景的2/3左右，但冬小麦将减产大约13%；若进一步将冬小麦生育期内的灌溉方案减少为只在拔节期灌水一次（即冬小麦生育期"春浇一水"方案），浅层地下水位的平均下降速度则将进一步减缓为大约0.28 m/a，相当于基本情景的1/4左右，但冬小麦的平均减产率则将增大到28%左右。在冬小麦生育期这两种限水灌溉方案下，冬小麦的平均减产率都在30%以内，尚可基本满足研究区的自给自足，但是区域内的浅层地下水位依然呈现下降态势，浅层含水层的储水量逐年减少，其利用的可持续性仍然较为严峻。因此，若从涵养浅层地下水资源的角度出发，在冬小麦生育期不开采浅层地下水用于灌溉，即实施冬小麦生育期的"雨养"方案，则研究区内的浅层地下水位几乎都将由下降趋势转变为回升态势，平均每年将回升0.22 m左右，但是在这种方案下，冬小麦的平均减产率将超过50%，这可能会使得研究区出现冬小麦供给量小于需求量的情况。

针对上述两种限水灌溉情景下浅层地下水位下降、一种限水灌溉情景下浅层地下水位回升的模拟结果，我们进一步优化获得了在各子流域和各县（市）域属于研究区范围内的区域都能实现20年内浅层地下水位基本保持平稳的灌溉模式。根据这一优化结果，在这种灌溉模式下，冬小麦的平均产量与基本情景相比将至少减少42%左右。这意味着：在这种"以水为约束条件"的优化灌溉模式下，若要保障研究区内冬小麦的供需平衡，需要从研究区以外的区域购进一定数量的小麦。另一方面，我们还优化获得了能够确保冬小麦的减产幅度在供需平衡容许范围内的灌溉模式。根据这一优化结果，在这种灌溉模式下，区域浅层地下水位的下降速度最小在0.26～0.52 m/a。这意味着：在这种"以粮为约束条件"的优化灌溉模式下，若要实现研究区浅层地下水资源的"采补平衡"，需要使用替代水源进行灌溉，如利用一定数量的跨流域的外调水作为井灌开采浅层地下水的替代水源。这些评估结果可为该区域在兼顾"水－粮"安全的条件下，制定能够权衡浅层地下水涵养与作物生产的宏观决策提供更有针对性的科学依据。

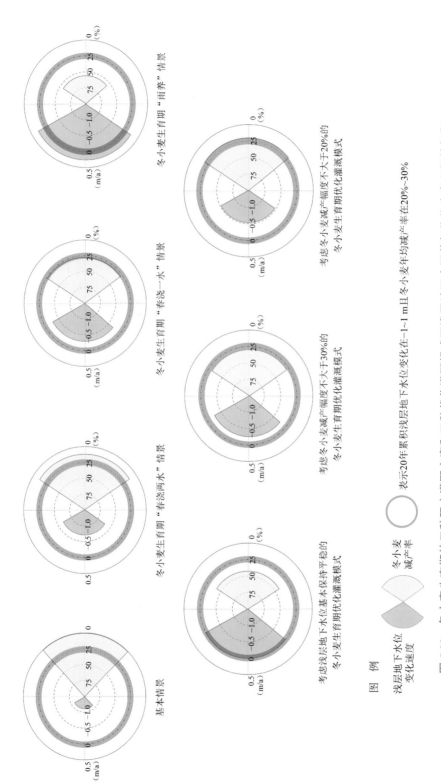

图 5.32 冬小麦生育期的三种限水灌溉方案和三种优化灌溉模式下浅层地下水涵养与作物生产之间的权衡

5.5　小　　结

本章针对河北省太行山山前平原这个浅层地下水严重超采、粮食生产与水资源支撑能力高度矛盾的井灌区，应用改进了地下水模块的分布式水文模型 SWAT，对冬小麦 – 夏玉米一年两熟种植制度下冬小麦生育期的限水灌溉方案进行了模拟研究，评估了不同限水灌溉情景对研究区浅层地下水动态和土壤水均衡及粮食产量的影响，并进一步从统筹考虑浅层地下水涵养与作物生产的角度，在子流域和县（市）域属于研究区范围内的区域上分别对"以水为约束条件"和"以粮为约束条件"下的灌溉模式进行了优化。主要研究结论如下：

（1）根据在冬小麦不同生育阶段分别灌溉一次的模拟试验结果，从分别单独考虑冬小麦 – 夏玉米一年两熟制农田周年的作物产量或浅层地下水位变化的角度看，冬小麦生育阶段的优先灌溉排序是完全相反的；我们以作物的地下水生产力作为评估井灌利用效率的指标，在收获更多的作物产量与开采更少的浅层地下水之间权衡，确定各子流域冬小麦生育阶段的优先灌溉排序。据此，设置从冬小麦雨养依次增加灌水次数到生育期内灌水四次的灌溉方案并再次进行模拟试验，通过对比不同灌溉次数下浅层地下水位动态、作物产量和作物的地下水生产力的变化，选择确定冬小麦生育期的"春浇两水"（在拔节期和抽穗期分别灌水一次）、"春浇一水"（只在拔节期灌水一次）和"雨养"的方案作为我们重点分析的限水灌溉方案，开展详细的情景模拟与评估。

（2）在冬小麦生育期"春浇两水"情景下，研究区的浅层地下水依然表现为整体超采的情势，但水位的平均下降速度已经由基本情景下的大约 1.10 m/a 减缓为大约 0.70 m/a，其中下降速度小于 0.5 m/a、0.5 ～ 1.0 m/a 和大于 1.0 m/a 的井灌耕地面积分别约占研究区内井灌耕地总面积的 11%、82% 和 7%。总体来看，与基本情景相比，冬小麦生育期的"春浇两水"限水灌溉方案具有能够在研究区压减约 50% 的浅层地下水开采量、削减约 37% 的浅层地下水超采量、减缓浅层地下水位下降速度约为基本情景的 2/3 和减少约 10% 左右的农田耗水量这样的压采和节水效应，有效地遏制了浅层地下水的超采情势。但是这种情景下冬小麦会有一定程度的减产，20 年平均减产率约为 13%。在冬小麦生育期"春浇一水"情景下，研究区的浅层地下水位动态虽然在区域整体上依然表现为下降的趋势，年均下降速度约为 0.28 m/a，但是在研究区属于保定地区的涞水县和易县的区域，浅层地下水位已经呈现出回升的趋势，这表明该限水灌溉情景下这些区域的浅层地下水超采情势已经得到较大程度的改善。根据不同的浅层地下水位变化幅度所对应的井灌耕地面积的统计结果，下降速度在 0 ～ 0.5 m/a 和 0.5 ～ 1.0 m/a 的井灌耕地面积分别约占研究区内井灌耕地总面积的 88% 和 10%，另有约 2% 的井灌耕地的浅层地下水位呈现出回升态势。总体来看，与基本情景相比，冬小麦"春浇一水"的限水灌溉方案具有能够在研究区压减约 70% 的浅层地下水开采量、削减约 75% 的浅层地下水超采量、减缓浅层地下水位下降速度约为基本情景的 1/4 和减少约 18% 左右的农田耗水量这样的压采和节水效应，较大程度地遏制了浅层地下水超采情势。在这种限水灌溉情景下，冬小麦在 20 年内的平均减产率约为 28%。而在冬小麦生育期"雨养"情景下，研究区的浅层地下水位动态由基本情景下的下降趋势大多转变为回升的态势，年均回升速度约为 0.22 m/a。但是，在研究区内大约 12% 的井灌耕地面积上，由于浅层地下水补给量的相对匮乏，即使在雨养这种限水灌溉方案下浅层地下水位仍然表现为下降趋势；对于其余的 88% 的井灌耕地来说，浅层地下水位将以大约 0.06 ~ 0.71 m/a 的速度回升。总体来看，与基本情景相比，冬小麦生育期的"雨养"方案具有能够在研究区压减约 90% 的用于井灌的浅层地下水开采量、每年涵养约 3.5 亿 m³ 的浅层地下水资源、将浅层地下水位普遍下降趋势大部分转变为回升态势和减少约 29% 左右的农田耗水量这样的压采与节水效应。但是这种雨养情景下冬小麦会呈现大幅度减产，20 年平均减产率约为 54%。此外，上述三种在冬小麦生育期内的限水灌溉情景与基本情景相比，根系层土壤水库的盈亏变化都表现出更好的调节作用，使得冬小麦－夏玉米一年两熟制农田对降水和井灌开采浅层地下水的利用效率有所提高，同时，在模拟时段的 20 年内根系层的土壤储水量不会持续减少而出现表层土壤"干化"的现象。

（3）若要以各子流域和县（市）域在研究区范围内的区域在 20 年的时间尺度上浅层地下水位基本平稳为约束条件，根据冬小麦最小减产幅度这一目标下 0-1 规划的优化结果，大部分子流域或县（市）域需在冬小麦生育期为平水期的降水水平下实施"雨养"方案，而在枯水期和特枯水期的降水水平下各子流域或县（市）域所优化的灌溉方案有所差异。与基本情景相比，这种优化的灌溉模式每年可压减约 34.5 亿 m³ 浅层地下水井灌开采量，冬小麦的平均减产率约为 42%。若要以各子流域和县（市）域在研究区范围内的区域在 20 年的时间尺度上冬小麦多年平均的减产幅度控制在 30% 以内为约束条件，根据浅层地下水位下降速度最小这一目标下 0-1 规划的优化结果，在冬小麦生育期的降水水平为平水期时大部分子流域或县（市）域需实施"春浇一水"方案，而在枯水期和特枯水期的降水水平下各子流域或县（市）域所优化的灌溉方案有所不同。在这种优化的灌溉模式下，浅层含水层的年均超采量约为 3.7 亿 m³，尽管浅层地下水位仍呈现整体下降的趋势，但其下降速度将由基本情景的大约 1.10 m/a 减缓为 0.26 m/a 左右。若要以各子流域和县（市）域在研究区范围内的区域在 20 年的时间尺度上冬小麦多年平均的减产幅度控制在 20% 以内为约束条件，根据浅层地下水位下降速度最小目标下 0-1 规划的优化结果，在冬小麦生育期的降水水平为平水期时，大部分子流域或县（市）域需实施"春浇两水"方案，而在枯水期和特枯水期的降水水平下各子流域或县（市）域的灌溉方案有所不同。在这种优化的灌溉模式下，浅层含水层的年均超采量约为 7.8 亿 m³，浅层地下水位平均下降速度约为 0.52 m/a。上述这些模拟－优化的计算结果可供有关管理部门基于"水－粮"权衡制定相关政策及应对方案时参考。

第 6 章

休耕情景的模拟分析与评估

6.1 休耕模式的情景设置

在第 5 章 5.1 节冬小麦生育期限水灌溉模拟试验结果的分析中,我们从"水-粮"权衡的角度,选出了冬小麦生育期内"春浇两水"、"春浇一水"和"雨养"这三种限水灌溉方案。由第 5 章 5.2 节对于这三种限水灌溉方案的情景模拟结果,在冬小麦生育期"雨养"方案下,研究区内冬小麦的年均减产率达到了 50% 以上,这意味着:在冬小麦季隔年休耕的情景下,若在冬小麦非休耕季实施"雨养"这种限水灌溉方案,此时,冬小麦在 20 年内的平均产量(即将冬小麦在非休耕季产量的平均值折半平摊到冬小麦休耕季后的产量)将出现与基本情景相比减少 75% 以上的情况,如此大的减产幅度对于本研究区这个优质冬小麦的高产种植区(即优质强筋小麦的优势产区)来说,恐怕是难以接受的。因此,本章选择冬小麦生育期内"春浇两水"(在拔节期和抽穗期分别灌溉一次)和"春浇一水"(只在拔节期灌溉一次)方案作为冬小麦非休耕季内的限水灌溉方案进行休耕情景的具体设置。

根据第 2 章 2.4.1 节所述,我们首先在夏玉米季灌溉制度保持不变的条件下,设计了三种冬小麦季隔年休耕的情景:"冬小麦季休耕—夏玉米季现状灌溉制度→冬小麦季现状灌溉制度—夏玉米季现状灌溉制度"(情景 F1)、"冬小麦季休耕—夏玉米季现状灌溉制度→冬小麦季春浇两水灌溉方案—夏玉米季现状灌溉制度"(情景 F2)和"冬小麦季休耕—夏玉米季现状灌溉制度→冬小麦季春浇一水灌溉方案—夏玉米季现状灌溉制度"(情景 F3)。进一步地,将这三种情景下的夏玉米季的灌溉设置为雨养方案,我们又设计了与情景 F1、情景 F2 和情景 F3 相对应的三种冬小麦季隔年休耕的情景:"冬小麦季休耕—夏玉米季雨养方案→冬小麦季现状灌溉制度—夏玉米季雨养方案"(情景 F4)、"冬小麦季休耕—夏玉米季雨养方案→冬小麦季春浇两水灌溉方案—夏玉米季雨养方案"(情景 F5)和"冬小麦季休耕—夏玉米季雨养方案→冬小麦季春浇一水灌溉方案—夏玉米季雨养方案"(情景 F6)。这六种休耕情景在模拟分析时段内具体的种植和灌溉的方案详见图 6.1。

6.2 休耕模式的情景模拟与分析

6.2.1 浅层含水层储水量动态和浅层地下水位变化

将研究区所涉及的各子流域连续 20 年实施隔年休耕模式的情景 F1 和情景 F4 的模拟结果进行对比,结果显示:尽管在这两种休耕模式下研究区在整体上依旧呈现出浅层地

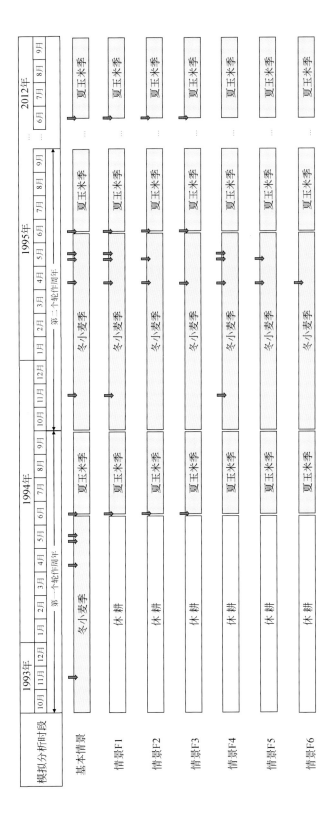

图 6.1　基本情景和所设计的冬小麦季六种休耕情景在模拟分析时段内的种植和灌溉的方案

图中：▢ 表示冬小麦季（冬小麦非休耕季）；▢ 表示冬小麦非休耕季；▢ 表示夏玉米季；↓ 表示在该日期实施灌溉，其中基本情景下的冬小麦季灌水四次、夏玉米季灌水一次的灌溉设置是由 Sun 和 Ren（2014）所概化的在降水水平为平水期下的农民历史灌溉方案，其在枯水期和特枯水期降水期的灌溉方案详见 Sun 和 Ren（2014）。其在枯水期和特枯水期降水期的灌溉方案详见 Sun 和 Ren（2014）包括夏玉米播种前的灌溉

夏玉米季的现状灌溉制度（即夏玉米季的农民历史灌溉方案）包括夏玉米播种前的灌溉

下水超采的情势（图 6.2），但是在夏玉米季实施雨养方案的模式（情景 F4）与实施现状灌溉制度的模式（情景 F1）相比，浅层含水层储水量的平均消耗速度将由 70 mm/a 左右减缓为 40 mm/a 左右，这说明在夏玉米这种雨热同期作物的生育期内实施雨养方案，可在一定程度上加大冬小麦季隔年休耕模式对浅层地下水超采情势的遏制。然而，在上述这两种冬小麦非休耕季内实施现状灌溉制度的情景下，该井灌区的浅层含水层储水量仍将继续减少。本章的模拟结果表明：要实现研究区在整体上浅层含水层的平均储水量在 20 年内不再持续减少的压采目标，若夏玉米季实施现状灌溉制度，则在冬小麦季隔年休耕下的非休耕季要实施春浇一水的限水灌溉方案（即情景 F3）；若夏玉米季实施雨养方案，则在冬小麦季隔年休耕下可在非休耕季实施春浇两水的限水灌溉方案（即情景 F5）（图 6.2）。进一步地，若要获得研究区在整体上浅层含水层的平均储水量在 20 年内转变为增加的压采效应，则需要在情景 F5 的基础上进一步减少冬小麦在非休耕季的灌溉次数，即实施情景 F6 这种"冬小麦季休耕—夏玉米季雨养方案→冬小麦季春浇一水灌溉方案—夏玉米季雨养方案"的休耕模式。模拟结果表明：在这种休耕模式下，研究区浅层含水层的储水量会平均每年增加 30 mm（图 6.2）。

　　通过对不同休耕情景下浅层地下水位年均变化速度的进一步分析，我们发现尽管在情景 F1 的休耕模式下研究区内绝大部分区域的浅层地下水位依旧呈现下降趋势，但其年均下降速度较基本情景有了很大程度的缓解，平均下降速度大于 1.0 m/a 子流域个数由基本情景下的 15 个缩减为 1 个（图 6.3）。值得注意的是：尽管在情景 F2 和情景 F4 这两种休耕模式下，研究区内的浅层地下水位将分别以平均大约 0.21 m/a 和平均大约 0.28 m/a 的速度下降，但无论是在子流域尺度上还是在县（市）域尺度上，浅层地下水位变化的空间分布都是相近的（图 6.3、图 6.4），并且在大部分区域内浅层地下水位的下降速度均小于 0.5 m/a，从这个角度看，这两种休耕模式在研究区对浅层地下水的压采效应相似。然而，在这两种休耕模式下，研究区内除个别县（市）（如保定地区的涞水县和易县）以外，其他县（市）域依旧表现为浅层地下水位继续下降的趋势（图 6.4）。因此，若将这两种休耕模式中的冬小麦在非休耕季的灌溉次数进一步地减少，分别转变为情景 F3 和情景 F5，则一半以上的子流域的浅层地下水位可以呈现出基本稳定或回升的趋势（图 6.3）。值得注意的是，由情景 F3 和情景 F5 的浅层地下水位年均变化速度的模拟结果在研究区所涉及的子流域尺度和县（市）域尺度上的空间分布（图 6.3、图 6.4）可知，这两种休耕模式也具有相似的浅层地下水压采效应；其中，在大清河淀西平原北部和子牙河平原南部的子流域，亦即：研究区内属于保定地区和邯郸地区的大部分县（市）的区域，呈现出浅层地下水位基本保持平稳或有所回升的压采效应；而在那些位于研究区中东部的子流域，亦即：研究区内属于石家庄地区和邢台地区的部分县（市）的区域，浅层地下水位依旧呈现下降趋势，若在这些区域要进一步遏制浅层地下水位的下降趋势，则需实施压采力度更高的休耕模式（如情景 F6）。我们的模拟结果表明：在情景 F6 这种休耕模式下，严格意义上除 zy2 和 zy7 外的所有子流域均可实现浅层地下水位不再继续下降且以平均 0.23 m/a 的速度得以回升（图 6.3），换言之，若实施这样的休耕模式，可望用 20 年的时间获得使浅层地下水位恢复近 5 m 的生态修复（涵养）效应。在县（市）域尺度上，在情景 F6 这种休耕模式下，只有石家庄地区辛集市的浅层地下水位依然呈现下降趋势，其

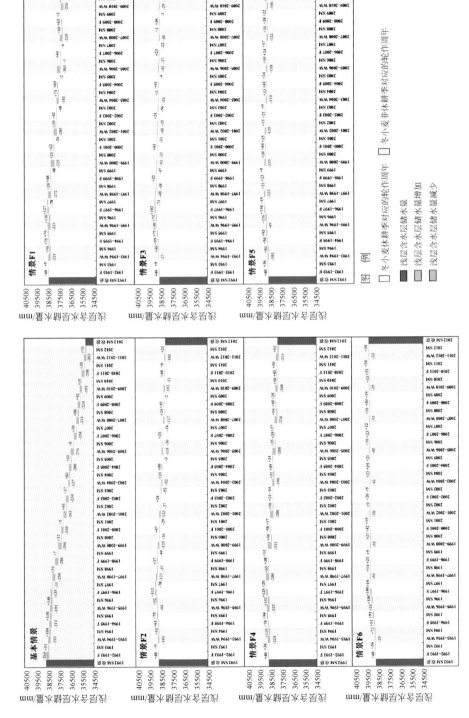

图 6.2　模拟分析时段内研究区的基本情景和不同休耕情景下浅层含水层的平均储水量在冬小麦和夏玉米生育期内的变化

SM. Summer Maize（夏玉米）；F. Fallow（休耕）；WW. Winter Wheat（冬小麦）

他县（市）域内的浅层地下水位将呈现回升趋势，平均回升速度在0.01～0.70 m/a（图6.4）。

在本章，由于冬小麦季隔年休耕模式下浅层地下水位变化范围的模拟结果基本落在第4章现状灌溉制度下和第5章限水灌溉情景下模拟的浅层地下水位的变化范围内，所以，若忽略浅层含水层的给水度和自由孔隙率在浅层含水层的释水和储水之间的差异（张蔚榛和张瑜芳，1983），可以认为：本章研究中仍采用第3章率定的地下水模块相关参数就有关情景下的浅层地下水埋深和浅层含水层储水量的变化进行模拟，其结果的不确定性与第5章对模拟结果分析的不确定性是相近的，因此，在本章研究中所采用的时空尺度（亦即：政府管理决策所关心的时空尺度）下的模拟结果仍然是比较合理的。

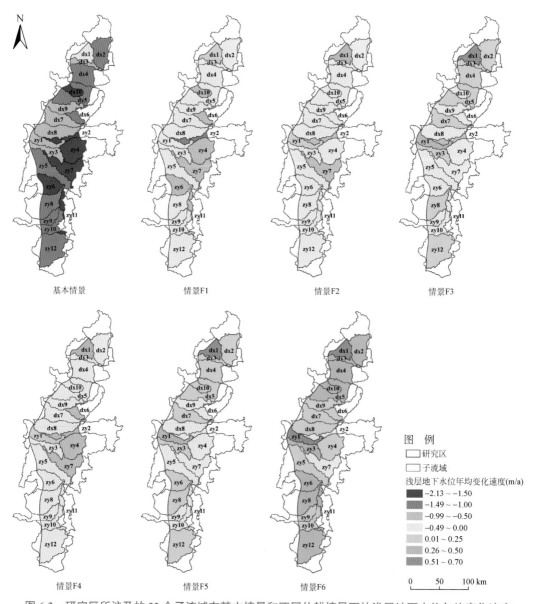

图6.3　研究区所涉及的22个子流域在基本情景和不同休耕情景下的浅层地下水位年均变化速度

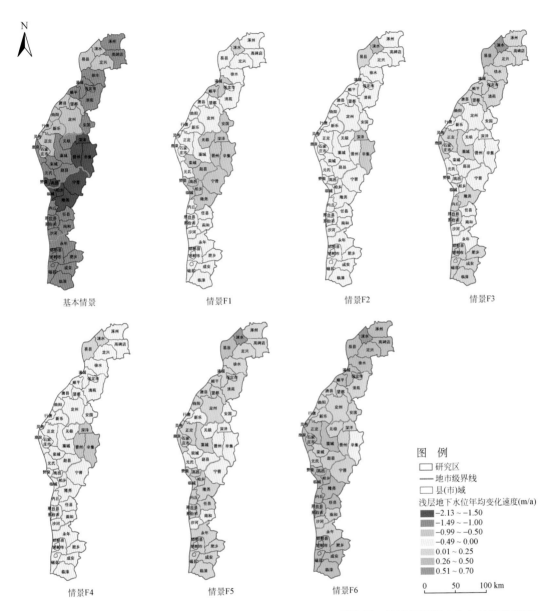

图 6.4　研究区所涉及的 48 个县（市）域在基本情景和不同休耕情景下的浅层地下水位年均变化速度

6.2.2　土壤水均衡

在本研究区，分析作物根系带 2 m 土体的土壤水均衡对作物生长和对浅层地下水潜在补给的影响都是很重要的，故将研究区在基本情景和不同休耕情景下作物根系带 2 m 土体水均衡的各项组分的模拟结果进行了统计，结果如图 6.5 所示。可见：在本研究设计的六种休耕模式下，在模拟时段内冬小麦的 10 个休耕季内，作物根系带 2 m 土体的水分渗漏量的平均值接近于零、作物根系带 2 m 土体的储水量的平均变化量约为 −2 mm，这就意味着模拟时段内 10 个休耕季的降水量（平均约为 118 mm）几乎全部转化为土面蒸发量［图 6.5（a）］，这表明：冬小麦季隔年休耕的模式难以使休耕季的降水储存在土壤水库中或转化为土壤水渗漏量继而通过下包气带补给浅层地下水，因此，冬小麦休耕季对浅层地下水的涵养主要是来自于休耕模式下所减少的井灌开采量，而并非浅层地下水补给量的增加。另一方面，这也提示我们：在休耕季，应该提倡采用既有利于土壤保墒又有利于土壤增加有机质的秸秆覆盖措施。在本研究设计的冬小麦非休耕季内实施现状灌溉制度（即情景 F1 和情景 F4）的休耕模式下，与基本情景下对应的 10 个冬小麦季的模拟结果的平均值相比，在该时段内（即冬小麦的非休耕季）冬小麦的平均蒸腾量增加了大约 14 mm、作物根系带 2 m 土体的储水量的平均变化量增加了大约 10 mm，作物根系带 2 m 土体的水分渗漏量的平均值减少了大约 24 mm［图 6.5（b）］；在本章设计的冬小麦非休耕季实施"春浇两水"方案（即情景 F2 和情景 F5）和"春浇一水"方案（即情景 F3 和情景 F6）的休耕模式下，与其在连年种植、相应灌溉处理下的 10 个冬小麦季的模拟结果的平均值相比，同样存在 10 个非休耕季内冬小麦的平均蒸腾量和作物根系带 2 m 土体的储水量的平均变化量都有所增加、作物根系带 2 m 土体的水分渗漏量的平均值有所减少的特征，这表明：与冬小麦季连年种植相比，我们设计的六种冬小麦季隔年休耕模式对冬小麦非休耕季内的降水和灌溉更多地用于冬小麦的蒸腾作用且蓄存于土壤水库中都是有益的。

从不同休耕模式下作物根系带 2 m 土体在夏玉米季的水均衡变化来看，在夏玉米季实施现状灌溉制度（即情景 F1、情景 F2 和情景 F3）的条件下，与基本情景相比，休耕

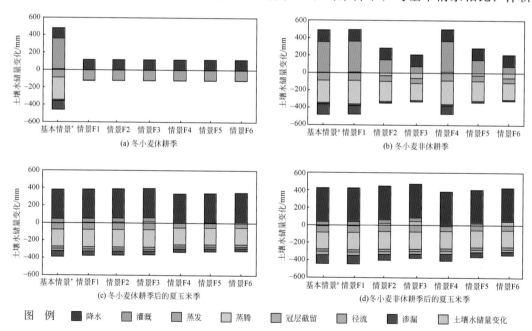

图 6.5　10 个冬小麦休耕季（a）、10 个冬小麦非休耕季（b）、10 个冬小麦休耕季后的夏玉米季（c）、
10 个冬小麦非休耕季后的夏玉米季（d）的作物根系带 2 m 土体的水均衡

图中：基本情景 * 是指基本情景中相应于冬小麦隔年休耕模式下包含 10 个冬小麦休耕季的轮作周年内的 10 个冬小麦季或 10 个夏玉米季之平均值；基本情景 # 是指基本情景中相应于冬小麦隔年休耕模式下包含 10 个冬小麦非休耕季的轮作周年内的 10 个冬小麦季或 10 个夏玉米季之平均值

模式对夏玉米季农田蒸散量各项组分的影响是不大的［图 6.5（c）、（d）］。若夏玉米季实施雨养方案（即情景 F4、情景 F5 和情景 F6），与基本情景相比，夏玉米季的土面蒸发量与作物蒸腾量将分别平均减少 17 mm 和 3 mm 左右［图 6.5（c）、（d）］，这表明：在本研究设计的冬小麦季隔年休耕模式下，对夏玉米这种雨热同期的作物实施雨养方案，其作物蒸腾量的大小与其在现状灌溉制度下的结果相比变化不大，夏玉米季雨养方案带来的夏玉米生育期农田蒸散量的减少大部分来自于土面蒸发量的下降。因此，从时空平均的角度看，在冬小麦季隔年休耕模式下对夏玉米季实施雨养方案，有利于井灌开采量的进一步压减且不会对夏玉米的蒸腾作用产生较大影响。

在本研究设计的六种休耕模式下，研究区作物根系带 2 m 土体的水均衡在模拟分析时段内的动态如图 6.6 所示，结果显示：在这六种休耕模式下，作物根系带 2 m 土体的储水量的多年平均变化量都接近于零。这意味着：若实施我们设计的六种休耕模式，在研究区平水偏枯的降水水平下，20 年内井灌农田的土壤表层不会出现"干化"的现象，因此，这些休耕模式具有较长时段应用的可行性。

6.2.3 作物产量

虽然在休耕季没有冬小麦的种植，但是如上文所述，与现状模式下的冬小麦 - 夏玉米一年两熟制相比，冬小麦季隔年休耕的模式（即两年三熟制）改变了休耕季作物根系带 2 m 土体的水均衡，继而会对夏玉米的产量和隔年休耕模式下冬小麦在非休耕季的产量产生一定程度的影响。我们的模拟结果显示：在冬小麦季隔年休耕模式下，在其非休耕季实施现状灌溉制度（情景 F1 和情景 F4）、"春浇两水"方案（情景 F2 和情景 F5）、和"春浇一水"方案（情景 F3 和情景 F6），将使得冬小麦在 10 个非休耕季的平均产量与其连年种植、相应灌溉处理下（即基本情景、第 5 章的情景 L1 和第 5 章的情景 L2）10 个生育期的平均产量相比分别增长 4%、8% 和 11% 左右（表 6.1），这说明：与冬小麦连年种植模式相比，隔年休耕模式有助于冬小麦在非休耕季提高产量，尤其是可以降低与连年种植相应的隔年种植的非休耕季的冬小麦在限水灌溉方案下的减产幅度，换言之，这相当于某种程度上弥补了在休耕季不种植冬小麦的损失。将冬小麦在模拟分析时段 20 年的年均产量（在第 2 章的 2.4.2 节的下脚注中已定义）进行统计，在本研究设计的六种冬小麦季隔年休耕模式下，冬小麦在模拟分析时段内的年均产量相当于基本情景下年均产量的 39% ～ 53%（即年均减产幅度为 47% ～ 61%）。

根据隔年休耕模式下冬小麦在 10 个非休耕季的平均产量的空间分布（图 6.7、图 6.8）可知：在非休耕季实施现状灌溉制度（情景 F1 和情景 F4）下，对于研究区中部子流域所涉及的区域，如：研究区内属于石家庄地区的晋州市、辛集市、正定县、灵寿县、行唐县和新乐市的区域，冬小麦的平均产量相对较高；在非休耕季实施限水灌溉方案（情景 F2、情景 F3、情景 F5 和情景 F6）下，对于研究区南部子流域所涉及的区域，如：研究区内属于邯郸地区的大部分县（市）及邢台地区的临城县和柏乡县的区域，冬小麦的平均产量相对较高，这对于浅层地下水位下降相对更大的研究区南部所涉及的子流域（参见第 4 章的 4.3 节）的压采策略的制定具有参考价值。

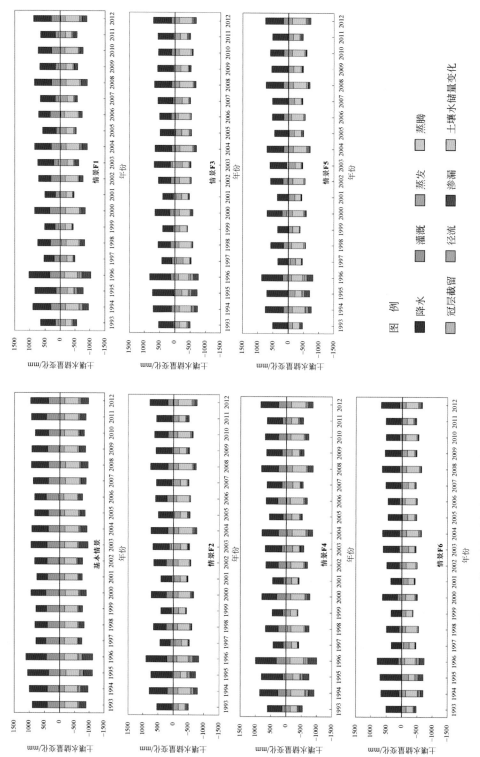

图 6.6   模拟分析时段内研究区在基本情景和休耕情景下作物根系带 2 m 土体的水均衡动态

表 6.1　模拟分析时段内研究区在不同休耕模式下冬小麦非休耕季的产量及其变化

休耕模式	冬小麦的产量	
	10 个非休耕季的平均产量 / (kg/ha)	与基本情景下相对应的 10 个轮作周年冬小麦平均产量对比的变化幅度 /%
情景 F1	6019	5.0
情景 F4	5849	2.0
	10 个非休耕季的平均产量 / (kg/ha)	与冬小麦连年种植且"春浇两水"模式（即第 5 章的情景 L1）相对应的 10 个轮作周年冬小麦平均产量对比的变化幅度 /%
情景 F2	5340	8.2
情景 F5	5273	6.8
	10 个非休耕季的平均产量 / (kg/ha)	与冬小麦连年种植且"春浇一水"模式（即第 5 章的情景 L2）相对应的 10 个轮作周年冬小麦平均产量对比的变化幅度 /%
情景 F3	4591	12.2
情景 F6	4487	9.6

　　在本章的六种冬小麦季隔年休耕模式下，除情景 F6 外，在其他五种情景下无论是冬小麦休耕季后的夏玉米产量还是冬小麦非休耕季后的夏玉米产量均较基本情景呈现轻微程度的增长（表 6.2）。而在情景 F6 下，夏玉米 20 年的平均产量与基本情景相比也仅变化了 -0.2% 左右，这说明：在这六种冬小麦季隔年休耕的模式下，从模拟分析时段内研究区时空平均的角度看，夏玉米季的雨养方案几乎不会造成其出现大幅度的减产。这是因为：在情景 F4、情景 F5 和情景 F6 这三种夏玉米季实施雨养方案的冬小麦季隔年休耕模式下，尽管夏玉米季的农田蒸散量较基本情景平均减少了 20 mm 左右，但其中作物蒸腾量的变化接近于零［图 6.5（c）、（d）］，这意味着：研究区从多年平均的角度看，夏玉米季是否进行灌溉基本上不会对其产量造成较大的影响。但是，考虑到本研究区地处东亚季风气候区，其降水量在年际间往往变化较大，所以我们对夏玉米季不同的降水水平下的产量变化进行了进一步的统计分析。结果表明：在夏玉米季为特枯水期的情况下，情景 F4、情景 F5 和情景 F6 这三种夏玉米季实施雨养方案的隔年休耕模式会造成其产量呈现较大幅度的下降（图 6.9），与基本情景相比，年均产量的下降幅度约为 24% ～ 37%。由冬小麦季灌溉方案相同条件下的三组夏玉米季雨养与现状灌溉制度相比的年均减产幅度的空间分布图（图 6.10、图 6.11）可知：在 dx5、dx6、dx10、zy4、zy6、zy10 和 zy11 这 7 个子流域属于研究区内的区域（亦即：保定地区的中部、石家庄地区的东部和邢台与邯郸地区的交界处），夏玉米季的雨养往往对其产量的影响较大，这是因为在夏季这些区域相对于其他区域来说更易发生农业干旱（王慧军，2010；刘鑫，2012），因此，在这些区域的农业水管理实践中，需要根据对夏玉米播种前及夏玉米季的降水水平的气象预报，慎重地选择夏玉米季的雨养方案或考虑在夏玉米季的特枯水期进行应急的补充灌溉。这里，我们也给出了这六种冬小麦季隔年休耕模式下的夏玉米在模拟分析时段内的年均产量在研究区所涉及的子流

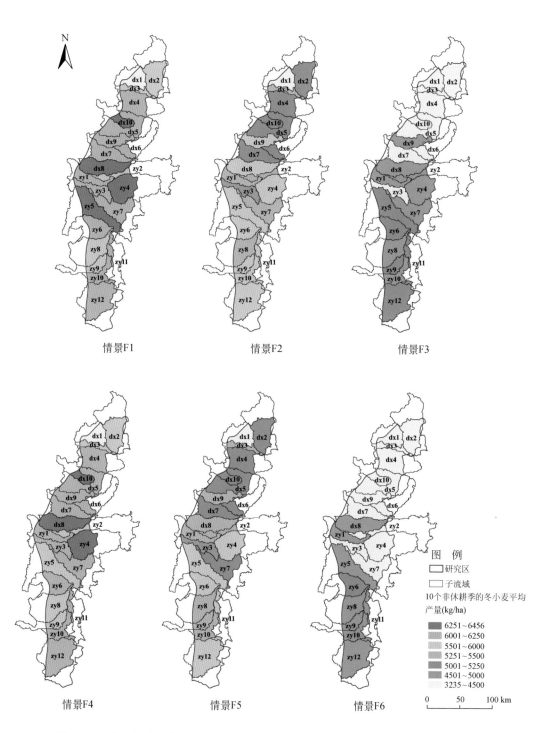

图 6.7　研究区所涉及的各子流域在隔年休耕情景下 10 个非休耕季的冬小麦平均产量

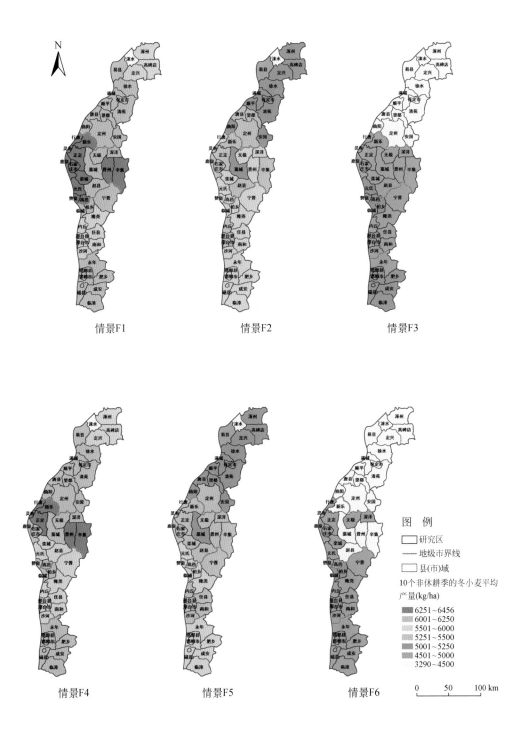

图 6.8 研究区所涉及的各县（市）域在隔年休耕情景下 10 个非休耕季的冬小麦平均产量

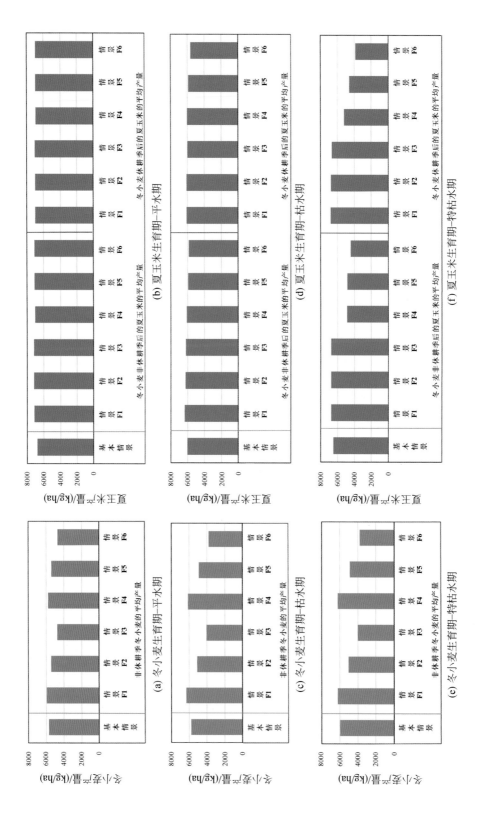

图 6.9 模拟分析时段内研究区在基本情景和休耕情景下相应于不同降水水平的冬小麦和夏玉米的平均产量

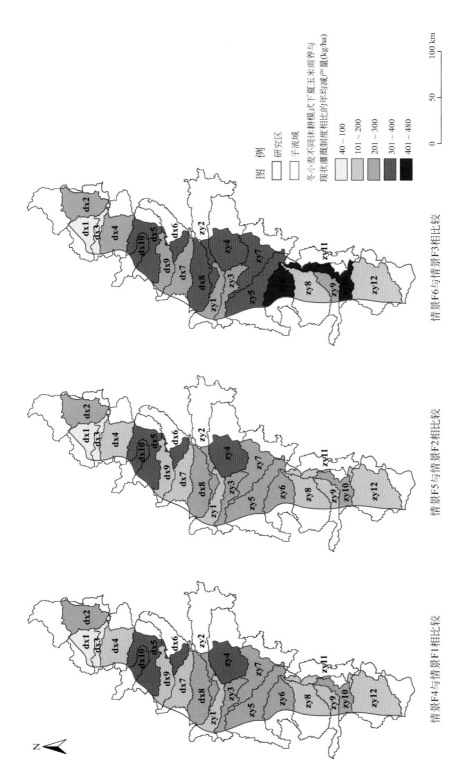

图 6.10 模拟分析时段内冬小麦季不同休耕模式下研究区所涉及的各子流域中夏玉米的雨养与现状灌溉制度相比的年均减产量

情景F4与情景F1相比较　　　　情景F5与情景F2相比较　　　　情景F6与情景F3相比较

图 6.11　模拟分析时段内冬小麦季不同休耕模式下研究区所涉及的各县（市）域中夏玉米的雨养与现状灌溉制度相比的年均减产量

域尺度和县（市）域尺度上的空间分布（图 6.12、图 6.13），以便为相关管理部门的政策制定提供更加全面的参考依据。

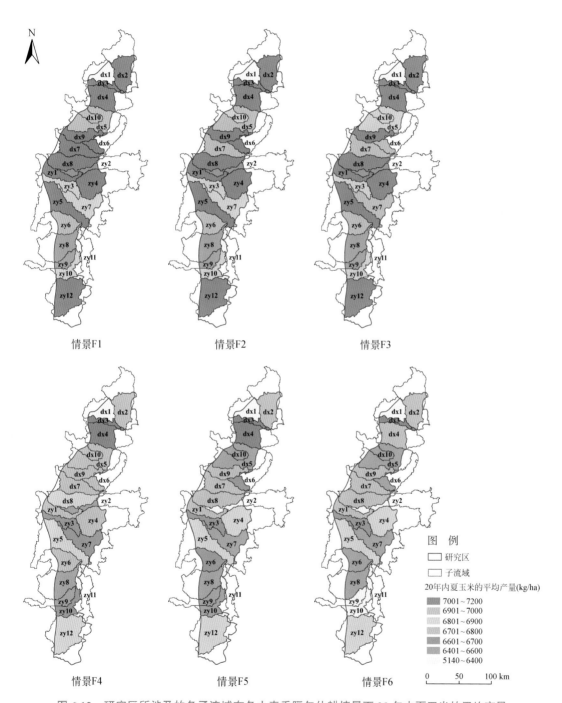

图 6.12　研究区所涉及的各子流域在冬小麦季隔年休耕情景下 20 年内夏玉米的平均产量

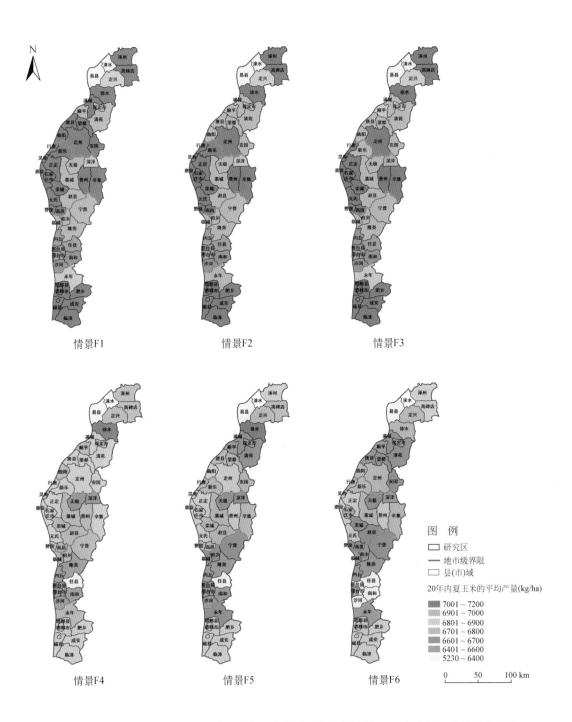

图 6.13 研究区所涉及的各县（市）域在冬小麦季隔年休耕情景下 20 年内夏玉米的平均产量

表 6.2　模拟分析时段内研究区在不同休耕模式下的夏玉米产量及其变化

休耕模式	夏玉米的产量					
	冬小麦休耕季后的 10 个夏玉米季的平均产量/（kg/ha）	与基本情景下相对应的 10 个夏玉米季平均产量对比的变化幅度 /%	冬小麦非休耕季后的 10 个夏玉米季的平均产量/（kg/ha）	与基本情景下相对应的 10 个夏玉米季平均产量对比的变化幅度 /%	20 年夏玉米的平均产量/（kg/ha）	与基本情景下 20 年夏玉米平均产量对比的变化幅度 /%
情景 F1	6926	4.4	6792	3.9	6859	4.1
情景 F2	6906	4.1	6805	4.0	6855	4.1
情景 F3	6899	4.0	6797	3.9	6848	4.0
情景 F4	6637	0.1	6683	2.2	6660	1.1
情景 F5	6633	0.1	6647	1.6	6640	0.8
情景 F6	6574	-0.9	6571	0.5	6572	-0.2

6.3　不同休耕模式下"水‒粮食‒能源"的关联性

将六种休耕情景的模拟结果带入第 2 章 2.4.2 节的表 2.6 中的公式，获得了不同休耕模式下用于评估"水‒粮食‒能源"关联性的 17 个指标的计算结果。对于这 17 个定量化的评估指标，首先，我们将与现状模式相比不同休耕模式下的浅层地下水井灌开采量和井灌超采量的减少程度、冬小麦和夏玉米的产量水平的维持程度（即冬小麦和夏玉米这两种作物在不同休耕模式下的年均产量与现状模式下这两种作物相应的年均产量的比值）及农业机械耗油量和井灌泵站耗电量的减少程度，这 6 个可以表征休耕模式下的地下水压采、作物产量变化和能源节约的程度之指标在子流域尺度上的计算结果示于图 6.14 和图 6.15；接着，我们将不同休耕模式下的冬小麦的水分生产力、夏玉米的水分生产力、农业机械的油耗生产力和井灌泵站的电耗生产力这 4 个可以表征休耕模式下水、能利用效率的指标在子流域尺度上的计算结果示于图 6.16；进一步地，为了便于流域管理部门参考，我们将与现状模式相比不同休耕模式下的浅层地下水井灌开采量和井灌超采量的减少量、冬小麦和夏玉米的年均产量以及农业机械耗油和井灌泵站耗电的减少量，这 6 个表征休耕模式下的地下水压采量、作物产量和能源节约量的指标，连同与现状模式相比休耕模式节省的年均能源消耗成本这一经济指标，一并在研究区所涉及的水资源三级区尺度上进行计算，结果列于表 6.3。同时，我们也将这六种休耕情景下在研究区所涉及的县（市）域空间尺度上的与表 6.3 中的 7 个指标相对应的结果进行了统计计算，并分别按照不同休耕模式列于表 6.4 ～表 6.9，以期为该研究区的政策制定者在行政单元这一管理尺度上从节水与稳粮及节水与节能的不同角度出发推行更具有针对性的浅层地下水压采政策提供可选择的休耕方案。值得注意是，我们还将这 17 个指标中具有代表性的 9 个指标在研究区尺度的模拟评估结果绘制成图 6.17，以便于在更大的宏观尺度上比较不同的休耕情景对浅层地下水的开采、冬小麦和夏玉米的生产以及柴油和电力的消耗之影响。

对这六种情景中冬小麦非休耕季灌溉方案相同情况下的夏玉米季是否进行灌溉（包括播前灌）的两种方案逐对地进行对比（即情景 F1 和情景 F4 相比、情景 F2 和情景 F5 相比及情景 F3 和情景 F6 相比），20 年内夏玉米年均产量的差异仅为 3%～4%（图 6.14、图 6.15）；但与夏玉米季灌溉（包括播前灌）相比，实施夏玉米季的雨养方案可分别将浅层地下水的井灌开采量和超采量的削减幅度平均提升大约 11% 和 18%（图 6.14、图 6.15、图 6.17），同时可将井灌泵站年均耗电量的减少程度平均提升 8% 左右（图 6.14、图 6.15、图 6.17）。因此，就研究区整体而言，在冬小麦季隔年休耕的条件下对夏玉米季实施雨养方案，能够在长时段内基本保持夏玉米稳产（表 6.3）且水分生产力有所提高（图 6.16），并在浅层地下水的涵养与能源消耗成本的节约方面显示出更好的成效（表 6.3）。换言之，从"水－粮食－能源"关联性的评估结果看，在冬小麦非休耕季灌溉方案相同的情况下，夏玉米季实施雨养方案而非灌溉方案更具有综合优势（即情景 F4 优于情景 F1、情景 F5 优于情景 F2 及情景 F6 优于情景 F3）。

对于这三种夏玉米季实施雨养方案的冬小麦季隔年休耕模式，本研究的模拟结果表明：若冬小麦在非休耕季继续实施现状灌溉制度（即情景 F4），这种冬小麦季隔年休耕模式可将现状模式下的浅层地下水的井灌开采量削减 55% 左右（图 6.17），但由于浅层含水层的开采量依然高于补给量，浅层地下水在除了 dx1 和 zy1 以外的所有子流域内依旧呈现超采态势，这种休耕模式对现状模式下浅层地下水超采量的削减程度约为 60%～93%（图 6.14、图 6.15）。若对冬小麦在非休耕季实施"春浇一水"方案的隔年休耕模式（即情景 F6），则这种休耕模式虽然可将研究区的浅层地下水位变化由下降趋势转变为回升趋势，但在这种情景下冬小麦在模拟分析时段内的平均产量会降至大约 2234 kg/ha（表 6.3），这相当于模拟分析时段内冬小麦的年均产量仅为现状模式下的 39% 左右（图 6.17），其中研究区所涉及的大约 14 个子流域（一半以上的井灌耕地）的冬小麦年均产量将较现状模式减少 60% 以上（图 6.14、图 6.15），这样的减产幅度会严重影响河北省在优质小麦高产种植区中的地位，或许也会一定程度上影响河北省的口粮保障水平。与上述两种情景相比，冬小麦在非休耕季实施"春浇两水"方案的隔年休耕模式（即情景 F5）可将研究区的浅层地下水超采量削减大约 103%（图 6.17），这意味在区域整体上浅层地下水将不再被超采，在这种休耕模式下，冬小麦在模拟分析时段内的年均产量约为现状模式下的 46% 左右（即与现状模式相比产量减少大约 54%），减产幅度较情景 F6 有所缓解，且冬小麦的水分生产力较情景 F4 平均提高了 5% 左右（图 6.16）。然而，由于气象条件和下垫面的空间异质性，情景 F5 下的休耕模式并非在研究区所涉及的每一个子流域均能实现浅层地下水的"采补平衡"（图 6.14、图 6.15），因此，我们在下一节将进一步给出各子流域以及各县（市）域在研究区范围内的区域满足浅层地下水位不再继续下降且水、能生产力均有所提高的约束条件下、以冬小麦年均产量最高为目标函数而优化的休耕模式。

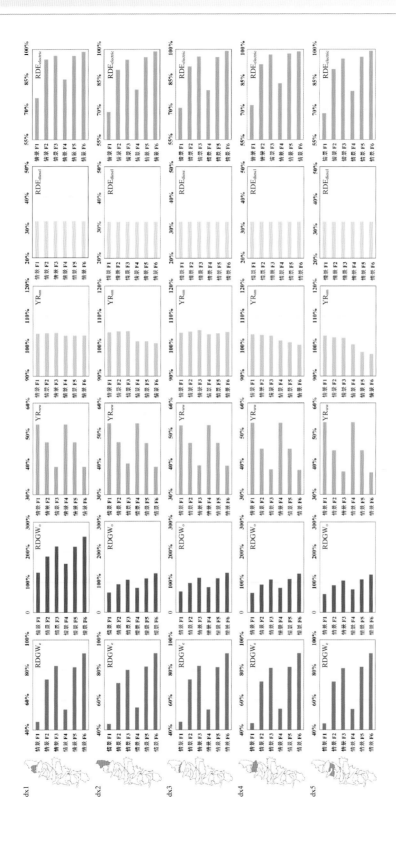

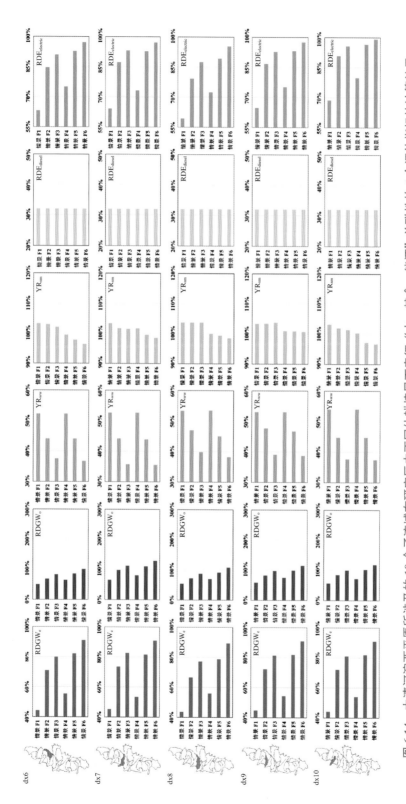

图 6.14　大清河淀西平原所涉及的 10 个子流域在研究区内不同休耕情景下表征 "水 – 粮食 – 能源" 关联性的 6 个评估指标的计算结果

图中：RDGW_e 为与现状井灌模式相比休耕模式在模拟分析时段内的浅层地下水年均井灌开采量的减少程度；RDGW_o 为与现状井灌模式相比休耕模式在模拟分析时段内的浅层地下水年均井灌超采量的减少程度；YR_ww 为模拟分析时段内休耕模式下的冬小麦年均产量与现状年均产量的比值；YR_sm 为模拟分析时段内休耕模式下的夏玉米年均产量与现状年均产量的比值；RDE_diesel 为与现状井灌模式相比休耕模式在模拟分析时段内休耕模式相比休耕模式在模拟分析时段内农业机械年均耗油量的减少程度；RDE_electric 为与现状模式相比休耕模式在模拟分析时段内井灌泵站年均耗电量的减少程度。这 6 个指标的具体计算方法详见第 2 章第 2.4.2 节

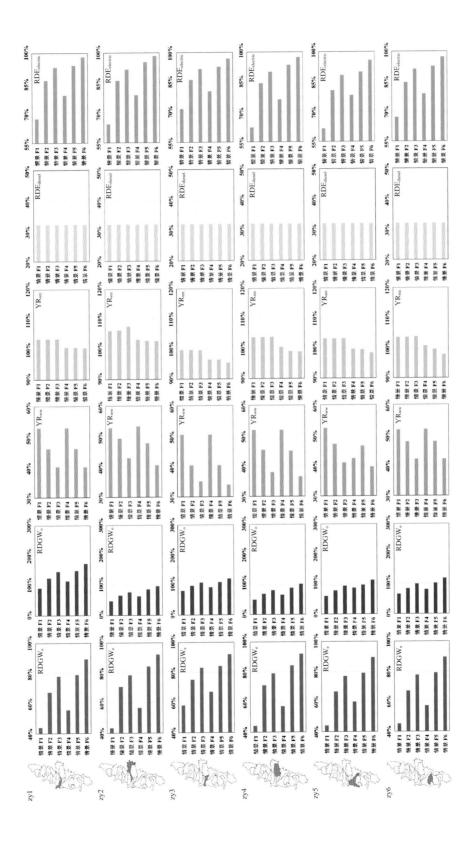

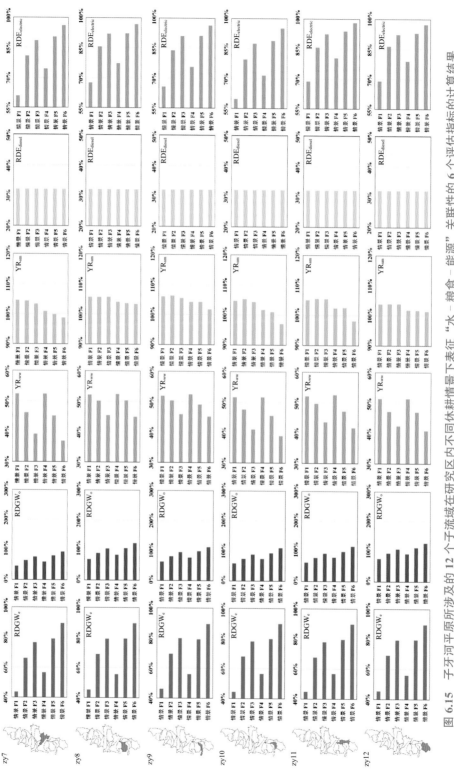

图 6.15 子牙河平原所涉及的 12 个子流域在研究区内不同休耕情景下表征 "水 – 粮食 – 能源" 关联性的 6 个评估指标的计算结果

图注同图 6.14

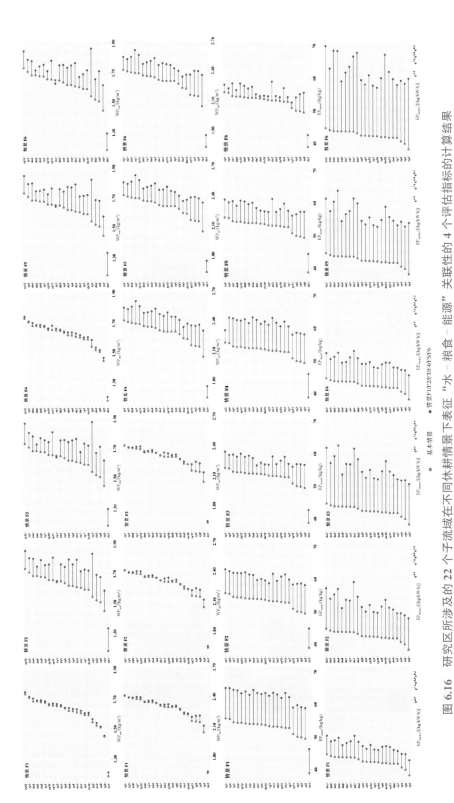

图6.16 研究区所涉及的22个子流域在不同休耕情景下表征"水－粮食－能源"关联性的4个评估指标的计算结果

图中：WP_{ww} 为现状模式下模拟分析时段内冬小麦的年均水分生产力；WP_{sm} 为现状模式或休耕模式下模拟分析时段内夏玉米的年均水分生产力；WP_{st} 为现状模式或休耕模式下模拟分析时段内小麦在非休耕季的平均水分生产力；WP_{ssm} 为现状模式或休耕模式下模拟分析时段内并灌泵站的年均电耗生产力。这4个指标的具体计算方法见第2章的2.4.2节拟分析时段内夏玉米的年均水分生产力；EP_{diesel} 为现状模式或休耕模式下模拟分析时段内农业机械的年均油耗生产力；$EP_{electric}$ 为现状模式或休耕模式下模拟分析时段内

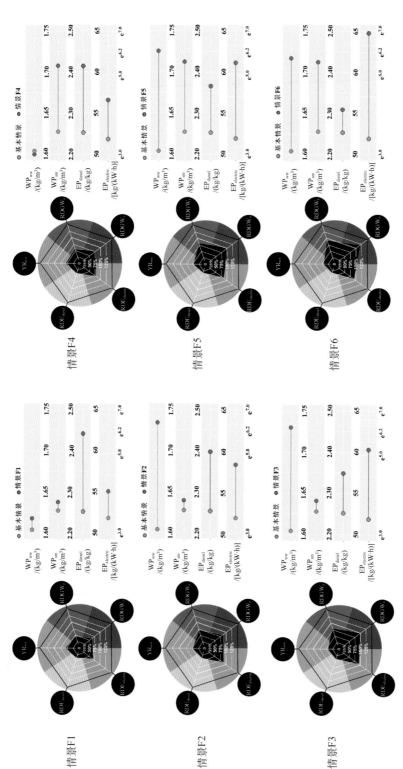

图 6.17   在不同休耕情景下表征 "水 – 粮食 – 能源" 关联性的 9 个评估指标在研究区尺度上的计算结果

图中：RDGW$_c$ 为与现状模式相比休耕模式在模拟分析时段内的夏玉米年均井灌超采量的减少程度；RDGW$_o$ 为与现状模式相比休耕模式在模拟分析时段内的浅层地下水年均井灌采量的减少程度；YR$_{ww}$ 为模拟分析时段内休耕模式下的冬小麦年均产量与现状模式下的冬小麦年均产量的比值；YR$_{sm}$ 为模拟分析时段与现状模式下的夏玉米年均产量的减少程度；RDF$_{diesel}$ 为与现状模式相比休耕模式在模拟分析时段内农业机械年均耗油量的减少程度；RDE$_{electric}$ 为与现状模式相比休耕模式在模拟分析时段内井灌泵站年均耗电量的减少程度；WP$_{ww}$ 为模拟模式或休耕模式下模拟分析时段内冬小麦年均水分生产力，为现状模式或休耕模式在模拟分析时段非生长季内冬小麦休耕季的平均水分生产力；WP$_{sm}$ 为现状模式或休耕模式下模拟分析时段内夏玉米的年均水分生产力；EP$_{diesel}$ 为现状模式或休耕模式下模拟分析时段内农业机械的年均粮机械耗生产力。这 9 个指标的具体计算方法详见第 2 章的 2.4.2 节

EP$_{electric}$ 为现状模式或休耕模式下模拟分析时段内井灌泵站的年均耗电生产力。

表 6.3　不同休耕情景下表征"水－粮食－能源"关联性的 7 个评估指标在研究区所涉及的
水资源三级区尺度上的计算结果

休耕模式	水资源三级区	水		粮食		能源		
		RGW_e / 亿 m^3	RGW_o / 亿 m^3	Y_{ww} / (kg/ha)	Y_{sm} / (kg/ha)	RE_{diesel} / (kg/ha)	$RE_{electric}$ / (kW·h/ha)	REC / (元/ha)
情景 F1 下的休耕模式	大清河淀西平原	8.1	4.0	2991	6842	75	200	788
	子牙河平原	11.8	6.8	3057	6873	75	273	831
情景 F2 下的休耕模式	大清河淀西平原	13.0	5.7	2564	6820	75	264	826
	子牙河平原	18.0	9.0	2779	6883	75	351	878
情景 F3 下的休耕模式	大清河淀西平原	14.8	6.8	2152	6811	75	280	836
	子牙河平原	20.8	10.4	2440	6880	75	379	895
情景 F4 下的休耕模式	大清河淀西平原	10.0	5.0	2962	6678	75	233	807
	子牙河平原	15.0	8.7	2993	6697	75	323	862
情景 F5 下的休耕模式	大清河淀西平原	14.9	6.9	2542	6598	75	283	837
	子牙河平原	21.3	11.0	2750	6669	75	385	899
情景 F6 下的休耕模式	大清河淀西平原	16.6	8.1	2123	6556	75	293	843
	子牙河平原	23.9	12.7	2379	6602	75	406	911

注：RGW_e 为与现状模式相比休耕模式在模拟分析时段内所削减的浅层地下水年均井灌开采量；RGW_o 为与现状模式相比休耕模式在模拟分析时段内所削减的浅层地下水年均井灌超采量；Y_{ww} 为休耕模式下模拟分析时段内冬小麦的年均产量；Y_{sm} 为休耕模式下模拟分析时段内夏玉米的年均产量；RE_{diesel} 为与现状模式相比休耕模式在模拟分析时段内节省的农业机械年均耗油量；$RE_{electric}$ 为与现状模式相比休耕模式在模拟分析时段内节省的井灌泵站年均耗电量；REC 为与现状模式相比休耕模式在模拟分析时段内所省的年均能源消耗成本。这 7 个指标的具体计算方法详见第 2 章的 2.4.2 节。

表 6.4　情景 F1 下表征"水－粮食－能源"关联性的 7 个评估指标在研究区所涉及的
县（市）域尺度上的计算结果

所属地级市	县（市）	水		粮食		能源		
		RGW_e / 亿 m^3	RGW_o / 亿 m^3	Y_{ww} / (kg/ha)	Y_{sm} / (kg/ha)	RE_{diesel} / (kg/ha)	$RE_{electric}$ / (kW·h/ha)	REC / (元/ha)
保定市	保定市	0.25	0.12	3099	6902	75	207	792
	满城县	0.24	0.11	3101	6970	75	231	806
	清苑县	1.02	0.50	3092	6939	75	206	791
	涞水县	0.11	0.05	2234	5238	75	166	767
	徐水县	0.65	0.29	3070	7143	75	210	794
	定兴县	0.84	0.39	2880	6822	75	195	784
	唐县	0.09	0.04	3088	6958	75	188	780
	望都县	0.41	0.20	3085	6964	75	191	782
	易县	0.08	0.03	2684	6314	75	180	776
	曲阳县	0.07	0.04	3071	7002	75	187	780
	顺平县	0.15	0.07	3108	6909	75	229	805

续表

所属地级市	县（市）	水		粮食		能源		
		RGW_e /亿 m³	RGW_o /亿 m³	Y_{ww} /（kg/ha）	Y_{sm} /（kg/ha）	RE_{diesel} /（kg/ha）	$RE_{electric}$ /（kW·h/ha）	REC /（元/ha）
保定市	涿州市	0.80	0.40	2936	7049	75	219	799
	定州市	1.49	0.76	3088	7013	75	188	780
	安国市	0.61	0.30	3060	6982	75	233	807
	高碑店市	0.72	0.36	2953	7093	75	220	799
	合计	7.51	3.68	2970	6820	75	203	790
石家庄市	石家庄市	0.20	0.11	3129	6992	75	225	802
	正定县	0.43	0.24	3127	7035	75	199	787
	栾城县	0.42	0.25	3148	6982	75	244	814
	行唐县	0.12	0.07	3163	7010	75	177	774
	灵寿县	0.07	0.04	3132	7077	75	192	782
	高邑县	0.26	0.16	3141	6960	75	342	873
	深泽县	0.35	0.19	3060	6836	75	324	862
	赞皇县	0.03	0.02	3139	6957	75	345	874
	无极县	0.61	0.33	3077	6868	75	281	836
	元氏县	0.21	0.13	3228	7092	75	242	812
	赵县	0.81	0.48	3109	6936	75	250	818
	辛集市	0.49	0.24	3137	7067	75	317	858
	藁城市	0.89	0.49	3099	6947	75	232	807
	晋州市	0.85	0.40	3153	7105	75	337	869
	新乐市	0.47	0.26	3130	7001	75	181	776
	鹿泉市	0.12	0.07	3158	7042	75	227	804
	合计	6.31	3.47	3133	6994	75	257	822
邢台市	邢台市	0.06	0.04	2808	6509	75	252	819
	邢台县	0.17	0.11	2815	6507	75	249	817
	临城县	0.05	0.03	3091	6884	75	400	908
	内丘县	0.23	0.14	2835	6547	75	268	828
	柏乡县	0.30	0.18	3105	6906	75	384	898
	隆尧县	0.73	0.44	2979	6668	75	319	859
	任县	0.49	0.30	2902	6451	75	256	821
	南和县	0.46	0.29	2957	6605	75	231	806
	宁晋县	0.52	0.31	3100	6926	75	257	822
	沙河市	0.12	0.07	2928	6586	75	227	804
	合计	3.12	1.90	2952	6659	75	284	838

续表

所属 地级市	县（市）	水		粮食		能源		
		RGW_e / 亿 m^3	RGW_o / 亿 m^3	Y_{ww} /（kg/ha）	Y_{sm} /（kg/ha）	RE_{diesel} /（kg/ha）	$RE_{electric}$ /（kW·h/ha）	REC /（元/ha）
邯郸市	邯郸市	0.02	0.01	3060	6979	75	267	827
	邯郸县	0.19	0.11	3060	6848	75	267	827
	临漳县	0.82	0.48	3060	6979	75	267	827
	成安县	0.54	0.32	3060	6979	75	267	827
	磁县	0.13	0.07	3060	6979	75	267	827
	肥乡县	0.59	0.34	3060	6979	75	267	827
	永年县	0.74	0.43	3058	6838	75	251	818
	合计	3.02	1.77	3060	6940	75	264	826

注：同表 6.3。

表 6.5 情景 F2 下表征"水－粮食－能源"关联性的 7 个评估指标在研究区所涉及的
县（市）域尺度上的计算结果

所属 地级市	县（市）	水		粮食		能源		
		RGW_e / 亿 m^3	RGW_o / 亿 m^3	Y_{ww} /（kg/ha）	Y_{sm} /（kg/ha）	RE_{diesel} /（kg/ha）	$RE_{electric}$ /（kW·h/ha）	REC /（元/ha）
保定市	保定市	0.40	0.18	2568	6859	75	274	832
	满城县	0.38	0.17	2581	6924	75	303	850
	清苑县	1.68	0.73	2599	6906	75	273	831
	涞水县	0.17	0.07	1984	5246	75	209	793
	徐水县	1.04	0.42	2580	7130	75	270	830
	定兴县	1.34	0.56	2512	6834	75	251	818
	唐县	0.14	0.06	2638	6938	75	250	817
	望都县	0.67	0.29	2641	6945	75	254	820
	易县	0.12	0.05	2341	6322	75	230	805
	曲阳县	0.11	0.05	2622	6924	75	253	819
	顺平县	0.24	0.11	2577	6855	75	303	849
	涿州市	1.28	0.57	2592	7070	75	286	839
	定州市	2.37	1.08	2672	6965	75	254	820
	安国市	0.97	0.42	2595	6940	75	313	856
	高碑店市	1.16	0.52	2607	7114	75	287	840
	合计	12.07	5.28	2541	6798	75	267	828

续表

所属地级市	县（市）	水		粮食		能源		
		RGW_e / 亿 m^3	RGW_o / 亿 m^3	Y_{ww} / （kg/ha）	Y_{sm} / （kg/ha）	RE_{diesel} / （kg/ha）	$RE_{electric}$ / （kW·h/ha）	REC / （元/ha）
石家庄市	石家庄市	0.29	0.15	2658	6992	75	297	845
	正定县	0.65	0.33	2717	7035	75	261	824
	栾城县	0.63	0.34	2776	6982	75	321	860
	行唐县	0.19	0.10	2769	7003	75	237	810
	灵寿县	0.10	0.05	2739	7077	75	249	817
	高邑县	0.38	0.20	2872	6965	75	435	929
	深泽县	0.57	0.26	2757	6841	75	433	928
	赞皇县	0.04	0.02	2871	6962	75	438	930
	无极县	0.95	0.45	2758	6872	75	375	892
	元氏县	0.31	0.17	2902	7096	75	316	857
	赵县	1.22	0.66	2740	6932	75	331	866
	辛集市	0.77	0.34	2742	7067	75	427	924
	藁城市	1.36	0.68	2614	6947	75	309	853
	晋州市	1.35	0.56	2758	7108	75	454	940
	新乐市	0.73	0.36	2702	6960	75	244	814
	鹿泉市	0.18	0.09	2745	7043	75	297	846
	合计	9.72	4.75	2758	6993	75	339	871
邢台市	邢台市	0.09	0.05	2702	6509	75	320	860
	邢台县	0.26	0.14	2711	6508	75	317	858
	临城县	0.07	0.04	2854	6890	75	504	970
	内丘县	0.34	0.18	2715	6547	75	339	871
	柏乡县	0.44	0.23	2859	6912	75	484	958
	隆尧县	1.09	0.57	2802	6674	75	402	909
	任县	0.74	0.38	2781	6463	75	324	862
	南和县	0.69	0.36	2801	6632	75	300	847
	宁晋县	0.78	0.43	2759	6923	75	339	871
	沙河市	0.18	0.09	2790	6610	75	295	844
	合计	4.68	2.46	2777	6667	75	362	885

续表

所属地级市	县（市）	水		粮食		能源		
		RGW_e /亿 m³	RGW_o /亿 m³	Y_{ww} /（kg/ha）	Y_{sm} /（kg/ha）	RE_{diesel} /（kg/ha）	$RE_{electric}$ /（kW·h/ha）	REC /（元/ha）
邯郸市	邯郸市	0.02	0.01	2818	6986	75	334	868
	邯郸县	0.29	0.14	2818	6986	75	334	868
	临漳县	1.23	0.60	2818	6986	75	334	868
	成安县	0.81	0.40	2818	6986	75	334	868
	磁县	0.19	0.09	2818	6986	75	334	868
	肥乡县	0.89	0.43	2818	6986	75	334	868
	永年县	1.11	0.55	2821	6861	75	322	861
	合计	4.54	2.22	2818	6968	75	332	867

注：同表 6.3。

表 6.6　情景 F3 下表征"水 – 粮食 – 能源"关联性的 7 个评估指标在研究区所涉及的县（市）域尺度上的计算结果

所属地级市	县（市）	水		粮食		能源		
		RGW_e /亿 m³	RGW_o /亿 m³	Y_{ww} /（kg/ha）	Y_{sm} /（kg/ha）	RE_{diesel} /（kg/ha）	$RE_{electric}$ /（kW·h/ha）	REC /（元/ha）
保定市	保定市	0.46	0.21	2165	6841	75	290	841
	满城县	0.43	0.20	2180	6899	75	320	860
	清苑县	1.90	0.86	2183	6893	75	289	841
	涞水县	0.20	0.08	1650	5250	75	214	796
	徐水县	1.18	0.49	2196	7111	75	284	838
	定兴县	1.52	0.65	2126	6839	75	264	826
	唐县	0.16	0.07	2202	6938	75	265	827
	望都县	0.75	0.34	2204	6944	75	270	830
	易县	0.14	0.06	1968	6326	75	239	811
	曲阳县	0.13	0.06	2131	6913	75	270	830
	顺平县	0.28	0.13	2172	6831	75	320	860
	涿州市	1.46	0.67	2209	7076	75	302	848
	定州市	2.70	1.28	2200	6959	75	273	831
	安国市	1.10	0.51	2179	6901	75	338	870
	高碑店市	1.31	0.60	2223	7121	75	304	850
	合计	13.72	6.21	2133	6790	75	283	837

续表

所属地级市	县（市）	水		粮食		能源		
		RGW_e /亿 m^3	RGW_o /亿 m^3	Y_{ww} /（kg/ha）	Y_{sm} /（kg/ha）	RE_{diesel} /（kg/ha）	$RE_{electric}$ /（kW·h/ha）	REC /（元/ha）
石家庄市	石家庄市	0.34	0.18	2312	6991	75	323	861
	正定县	0.76	0.39	2343	7035	75	284	838
	栾城县	0.74	0.40	2396	6963	75	352	879
	行唐县	0.22	0.12	2340	7000	75	261	824
	灵寿县	0.12	0.06	2366	7076	75	271	830
	高邑县	0.44	0.24	2519	6974	75	472	950
	深泽县	0.65	0.30	2359	6875	75	466	947
	赞皇县	0.05	0.03	2519	6971	75	475	952
	无极县	1.09	0.53	2366	6899	75	404	910
	元氏县	0.36	0.20	2522	7099	75	345	875
	赵县	1.42	0.78	2351	6899	75	362	884
	辛集市	0.87	0.39	2307	7057	75	458	942
	藁城市	1.57	0.79	2258	6949	75	336	869
	晋州市	1.52	0.65	2323	7117	75	485	959
	新乐市	0.84	0.43	2252	6950	75	266	827
	鹿泉市	0.21	0.11	2388	7044	75	324	862
	合计	11.20	5.59	2370	6994	75	368	888
邢台市	邢台市	0.10	0.05	2450	6515	75	344	874
	邢台县	0.30	0.16	2459	6509	75	340	872
	临城县	0.08	0.04	2517	6902	75	544	994
	内丘县	0.40	0.21	2454	6555	75	365	886
	柏乡县	0.52	0.27	2518	6923	75	524	982
	隆尧县	1.26	0.66	2495	6683	75	434	928
	任县	0.85	0.44	2491	6459	75	349	877
	南和县	0.81	0.43	2484	6580	75	326	863
	宁晋县	0.91	0.51	2367	6884	75	370	890
	沙河市	0.20	0.11	2494	6557	75	321	860
	合计	5.44	2.89	2473	6657	75	392	903

续表

所属地级市	县（市）	水		粮食		能源		
		RGW_e /亿 m³	RGW_o /亿 m³	Y_{ww} /（kg/ha）	Y_{sm} /（kg/ha）	RE_{diesel} /（kg/ha）	$RE_{electric}$ /（kW·h/ha）	REC /（元/ha）
邯郸市	邯郸市	0.03	0.01	2515	6988	75	356	881
	邯郸县	0.33	0.16	2515	6988	75	356	881
	临漳县	1.43	0.68	2515	6988	75	356	881
	成安县	0.94	0.45	2515	6988	75	356	881
	磁县	0.22	0.10	2515	6988	75	356	881
	肥乡县	1.03	0.49	2515	6988	75	356	881
	永年县	1.29	0.64	2484	6834	75	348	876
	合计	5.26	2.52	2511	6966	75	355	881

注：同表 6.3。

表 6.7　情景 F4 下表征"水 – 粮食 – 能源"关联性的 7 个评估指标在研究区所涉及的县（市）域尺度上的计算结果

所属地级市	县（市）	水		粮食		能源		
		RGW_e /亿 m³	RGW_o /亿 m³	Y_{ww} /（kg/ha）	Y_{sm} /（kg/ha）	RE_{diesel} /（kg/ha）	$RE_{electric}$ /（kW·h/ha）	REC /（元/ha）
保定市	保定市	0.30	0.15	3070	6712	75	241	812
	满城县	0.29	0.15	3072	6793	75	268	828
	清苑县	1.27	0.63	3063	6754	75	240	811
	涞水县	0.13	0.06	2212	5195	75	187	780
	徐水县	0.79	0.37	3041	7002	75	242	813
	定兴县	1.01	0.48	2852	6713	75	223	801
	唐县	0.11	0.05	3058	6779	75	219	799
	望都县	0.50	0.25	3055	6782	75	223	801
	易县	0.09	0.04	2658	6248	75	204	790
	曲阳县	0.08	0.04	3042	6880	75	214	796
	顺平县	0.18	0.09	3079	6719	75	267	827
	涿州市	1.00	0.50	2906	6853	75	254	820
	定州市	1.80	0.95	3058	6851	75	219	799
	安国市	0.75	0.38	3031	6772	75	275	833
	高碑店市	0.90	0.45	2923	6894	75	255	821
	合计	9.22	4.61	2941	6663	75	235	809

续表

所属 地级市	县（市）	水		粮食		能源		
		RGW_e /亿 m^3	RGW_o /亿 m^3	Y_{ww} /（kg/ha）	Y_{sm} /（kg/ha）	RE_{diesel} /（kg/ha）	$RE_{electric}$ /（kW·h/ha）	REC /（元/ha）
石家 庄市	石家庄市	0.25	0.15	3005	6771	75	274	832
	正定县	0.54	0.31	3096	6814	75	239	811
	栾城县	0.56	0.35	2935	6744	75	304	850
	行唐县	0.16	0.09	3132	6773	75	215	796
	灵寿县	0.09	0.05	3101	6861	75	228	804
	高邑县	0.33	0.20	2998	6750	75	410	914
	深泽县	0.47	0.25	3044	6619	75	396	905
	赞皇县	0.04	0.02	3001	6748	75	413	915
	无极县	0.79	0.43	3057	6646	75	343	873
	元氏县	0.28	0.18	2876	6847	75	307	852
	赵县	1.07	0.65	2961	6699	75	309	853
	辛集市	0.63	0.32	3106	6835	75	387	900
	藁城市	1.13	0.62	3069	6729	75	280	836
	晋州市	1.10	0.53	3124	6879	75	411	914
	新乐市	0.58	0.32	3099	6808	75	215	797
	鹿泉市	0.16	0.09	2974	6817	75	279	835
	合计	8.16	4.56	3036	6771	75	313	855
邢台市	邢台市	0.07	0.04	2795	6411	75	289	841
	邢台县	0.21	0.13	2804	6408	75	286	839
	临城县	0.06	0.04	3068	6694	75	470	949
	内丘县	0.28	0.17	2821	6440	75	308	852
	柏乡县	0.38	0.23	3049	6710	75	453	939
	隆尧县	0.91	0.54	2949	6517	75	372	891
	任县	0.61	0.36	2893	6329	75	296	845
	南和县	0.57	0.35	2945	6457	75	270	830
	宁晋县	0.68	0.42	2959	6690	75	317	858
	沙河市	0.14	0.09	2918	6450	75	265	827
	合计	3.93	2.38	2920	6511	75	333	867

续表

所属地级市	县（市）	水		粮食		能源		
		RGW_e /亿 m^3	RGW_o /亿 m^3	Y_{ww} /（kg/ha）	Y_{sm} /（kg/ha）	RE_{diesel} /（kg/ha）	$RE_{electric}$ /（kW·h/ha）	REC /（元/ha）
邯郸市	邯郸市	0.02	0.01	3034	6845	75	305	850
	邯郸县	0.23	0.14	3034	6845	75	305	850
	临漳县	1.00	0.58	3034	6845	75	305	850
	成安县	0.66	0.39	3034	6845	75	305	850
	磁县	0.15	0.09	3034	6845	75	305	850
	肥乡县	0.72	0.42	3034	6845	75	305	850
	永年县	0.92	0.54	3032	6677	75	293	843
	合计	3.71	2.17	3033	6821	75	303	849

注：同表 6.3。

表 6.8　情景 F5 下表征"水－粮食－能源"关联性的 7 个评估指标在研究区所涉及的县（市）域尺度上的计算结果

所属地级市	县（市）	水		粮食		能源		
		RGW_e /亿 m^3	RGW_o /亿 m^3	Y_{ww} /（kg/ha）	Y_{sm} /（kg/ha）	RE_{diesel} /（kg/ha）	$RE_{electric}$ /（kW·h/ha）	REC /（元/ha）
保定市	保定市	0.46	0.22	2566	6535	75	292	843
	满城县	0.44	0.21	2580	6642	75	323	861
	清苑县	1.92	0.89	2589	6612	75	292	842
	涞水县	0.20	0.08	1983	5198	75	214	796
	徐水县	1.19	0.50	2581	6961	75	285	839
	定兴县	1.53	0.66	2507	6707	75	265	827
	唐县	0.16	0.07	2616	6670	75	267	828
	望都县	0.76	0.35	2618	6678	75	272	831
	易县	0.14	0.06	2341	6242	75	239	811
	曲阳县	0.13	0.06	2596	6767	75	270	829
	顺平县	0.28	0.13	2576	6533	75	323	861
	涿州市	1.50	0.69	2575	6852	75	306	851
	定州市	2.70	1.29	2626	6771	75	274	832
	安国市	1.12	0.52	2575	6657	75	342	873
	高碑店市	1.35	0.63	2590	6893	75	308	852
	合计	13.87	6.37	2528	6581	75	285	838

续表

所属地级市	县（市）	水		粮食		能源		
		RGW_e /亿 m^3	RGW_o /亿 m^3	Y_{ww} /（kg/ha）	Y_{sm} /（kg/ha）	RE_{diesel} /（kg/ha）	$RE_{electric}$ /（kW·h/ha）	REC /（元/ha）
石家庄市	石家庄市	0.35	0.18	2648	6767	75	328	864
	正定县	0.77	0.40	2667	6797	75	289	841
	栾城县	0.76	0.42	2740	6721	75	359	883
	行唐县	0.22	0.12	2661	6727	75	265	827
	灵寿县	0.12	0.06	2695	6846	75	274	832
	高邑县	0.45	0.24	2861	6698	75	479	955
	深泽县	0.68	0.33	2665	6577	75	482	957
	赞皇县	0.05	0.03	2860	6694	75	482	957
	无极县	1.13	0.57	2662	6615	75	417	918
	元氏县	0.37	0.20	2868	6842	75	352	879
	赵县	1.46	0.82	2699	6661	75	369	889
	辛集市	0.92	0.43	2721	6752	75	475	952
	藁城市	1.61	0.82	2588	6712	75	343	873
	晋州市	1.62	0.72	2744	6795	75	504	970
	新乐市	0.84	0.44	2626	6728	75	268	828
	鹿泉市	0.21	0.11	2728	6812	75	329	865
	合计	11.59	5.90	2715	6734	75	376	893
邢台市	邢台市	0.10	0.05	2707	6388	75	345	875
	邢台县	0.30	0.16	2707	6388	75	342	872
	临城县	0.09	0.05	2856	6615	75	553	999
	内丘县	0.40	0.21	2721	6411	75	367	887
	柏乡县	0.53	0.28	2858	6639	75	532	987
	隆尧县	1.28	0.68	2786	6475	75	439	931
	任县	0.86	0.46	2727	6317	75	352	878
	南和县	0.81	0.45	2706	6436	75	330	865
	宁晋县	0.94	0.53	2715	6646	75	378	895
	沙河市	0.21	0.11	2706	6434	75	323	861
	合计	5.51	2.98	2749	6475	75	396	905

续表

所属地级市	县（市）	水		粮食		能源		
		RGW_e / 亿 m³	RGW_o / 亿 m³	Y_{ww} / (kg/ha)	Y_{sm} / (kg/ha)	RE_{diesel} / (kg/ha)	$RE_{electric}$ / (kW·h/ha)	REC / (元/ha)
邯郸市	邯郸市	0.03	0.01	2808	6841	75	359	883
	邯郸县	0.33	0.17	2808	6841	75	359	883
	临漳县	1.43	0.71	2808	6841	75	359	883
	成安县	0.94	0.47	2808	6841	75	359	883
	磁县	0.22	0.11	2808	6841	75	359	883
	肥乡县	1.03	0.51	2808	6841	75	359	883
	永年县	1.30	0.67	2752	6652	75	352	879
	合计	5.29	2.66	2800	6814	75	358	882

注：同表 6.3。

表 6.9　情景 F6 下表征"水-粮食-能源"关联性的 7 个评估指标在研究区所涉及的县（市）域尺度上的计算结果

所属地级市	县（市）	水		粮食		能源		
		RGW_e / 亿 m³	RGW_o / 亿 m³	Y_{ww} / (kg/ha)	Y_{sm} / (kg/ha)	RE_{diesel} / (kg/ha)	$RE_{electric}$ / (kW·h/ha)	REC / (元/ha)
保定市	保定市	0.51	0.25	2150	6497	75	301	848
	满城县	0.49	0.24	2166	6600	75	331	866
	清苑县	2.13	1.03	2166	6574	75	301	848
	涞水县	0.22	0.10	1645	5197	75	218	798
	徐水县	1.32	0.59	2182	6906	75	289	841
	定兴县	1.70	0.77	2103	6686	75	271	830
	唐县	0.18	0.09	2184	6642	75	277	834
	望都县	0.85	0.40	2185	6647	75	282	837
	易县	0.15	0.07	1962	6233	75	244	814
	曲阳县	0.14	0.07	2118	6709	75	282	837
	顺平县	0.31	0.16	2157	6496	75	332	867
	涿州市	1.66	0.80	2150	6807	75	315	856
	定州市	3.01	1.51	2169	6717	75	288	840
	安国市	1.24	0.61	2137	6574	75	359	883
	高碑店市	1.49	0.72	2162	6847	75	317	858
	合计	15.40	7.41	2109	6542	75	294	844

续表

所属地级市	县（市）	水		粮食		能源		
		RGW_e /亿 m^3	RGW_o /亿 m^3	Y_{ww} /（kg/ha）	Y_{sm} /（kg/ha）	RE_{diesel} /（kg/ha）	$RE_{electric}$ /（kW·h/ha）	REC /（元/ha）
石家庄市	石家庄市	0.40	0.21	2260	6712	75	348	876
	正定县	0.87	0.47	2294	6757	75	305	851
	栾城县	0.86	0.49	2303	6645	75	382	897
	行唐县	0.25	0.14	2257	6659	75	283	837
	灵寿县	0.14	0.07	2329	6814	75	289	841
	高邑县	0.51	0.29	2489	6596	75	505	971
	深泽县	0.76	0.38	2254	6541	75	503	969
	赞皇县	0.05	0.03	2490	6592	75	509	973
	无极县	1.27	0.66	2271	6573	75	436	929
	元氏县	0.42	0.24	2441	6768	75	375	893
	赵县	1.65	0.96	2246	6585	75	393	903
	辛集市	1.01	0.50	2212	6722	75	496	965
	藁城市	1.82	0.96	2199	6664	75	362	885
	晋州市	1.77	0.83	2239	6781	75	524	982
	新乐市	0.95	0.52	2195	6659	75	284	838
	鹿泉市	0.24	0.13	2333	6758	75	349	877
	合计	12.98	6.88	2301	6677	75	396	905
邢台市	邢台市	0.11	0.06	2427	6366	75	363	885
	邢台县	0.34	0.19	2435	6352	75	359	883
	临城县	0.10	0.05	2516	6498	75	581	1016
	内丘县	0.45	0.25	2434	6382	75	385	899
	柏乡县	0.60	0.33	2509	6525	75	559	1003
	隆尧县	1.45	0.80	2468	6379	75	461	944
	任县	0.97	0.53	2435	6198	75	369	889
	南和县	0.92	0.52	2407	6234	75	350	878
	宁晋县	1.06	0.62	2260	6567	75	402	909
	沙河市	0.23	0.13	2430	6250	75	343	873
	合计	6.22	3.49	2432	6375	75	417	918

续表

所属地级市	县（市）	水		粮食		能源		
		RGW_e /亿 m^3	RGW_o /亿 m^3	Y_{ww} /（kg/ha）	Y_{sm} /（kg/ha）	RE_{diesel} /（kg/ha）	$RE_{electric}$ /（kW·h/ha）	REC /（元/ha）
邯郸市	邯郸市	0.03	0.02	2447	6814	75	376	893
	邯郸县	0.38	0.19	2447	6814	75	376	893
	临漳县	1.61	0.81	2447	6814	75	376	893
	成安县	1.06	0.54	2447	6814	75	376	893
	磁县	0.25	0.12	2447	6814	75	376	893
	肥乡县	1.16	0.58	2447	6814	75	376	893
	永年县	1.47	0.78	2380	6506	75	372	891
	合计	5.96	3.04	2437	6770	75	375	893

注：同表6.3。

6.4　考虑"水–粮食–能源"关联性的休耕模式优化

在本节，我们分别针对研究区所涉及的 22 个子流域和 48 个县（市）域，以浅层地下水能够实现"采补平衡"且水分生产力和能源生产力均较现状模式下有所提高为约束条件，以冬小麦年均产量最高为目标函数，在上一节的六种休耕情景中优选出研究区所涉及的每一个子流域或县（市）域上能够满足上述约束条件下这一特定目标函数的休耕情景，如此遍历研究区涉及的所有子流域或县（市）域，便获得在研究区内所优化的休耕模式。这里与第 5 章的 5.3.1 节相仿，我们假设：浅层地下水位 20 年累积下降幅度小于 1 m（即年均下降速度小于 0.05 m/a），或浅层地下水位变化幅度为正，即视为其基本保持平稳的状态（即浅层地下水达到了"采补平衡"的状态）。根据第 2 章 2.4.2 节中的 0-1 规划问题的建模过程，本节所建立的 0-1 规划模型如下：

$$目标函数：\max z = \sum_{j=1}^{6} Y_{ww,j} x_j \tag{6.1}$$

$$约束条件：
\begin{cases}
\sum_{j=1}^{6} h_i x_j < 0.05 \\
WP_{ww,j} > WP_{ww,c} \\
WP_{sm,j} > WP_{sm,c} \\
EP_{diesel,j} > EP_{diesel,c} \\
EP_{electric,j} > EP_{electric,c} \\
\sum_{j=1}^{6} x_j = 1, \quad j=1,2,\cdots,6 \\
x_j = 0 或 1, \quad j=1,2,\cdots,6
\end{cases} \tag{6.2}$$

式中，$Y_{ww,j}$ 为第 j 种休耕情景下模拟分析时段（1993～2012 年）内冬小麦的年均产量，kg/ha；x_j 代表是否选择第 j 种休耕情景下的休耕模式；h_j 为第 j 种休耕情景下浅层地下水位的年均下降速度，m/a（若浅层地下水位表现为回升态势，则 h_j 取为负值）；$WP_{ww,j}$、$WP_{sm,j}$、$EP_{diesel,j}$ 和 $EP_{electric,j}$ 分别为第 j 种休耕情景下模拟分析时段内冬小麦在 10 个非休耕季的平均水分生产力（kg/m^3）、夏玉米的年均水分生产力（kg/m^3）、农业机械的年均油耗生产力（kg/kg）和井灌泵站的年均电耗生产力 [kg/（kW·h）]；$WP_{ww,c}$、$WP_{sm,c}$、$EP_{diesel,c}$ 和 $EP_{electric,c}$ 分别为现状模式下模拟分析时段内冬小麦的年均水分生产力（kg/m^3）、夏玉米的年均水分生产力（kg/m^3）、农业机械的年均油耗生产力（kg/kg）和井灌泵站的年均电耗生产力 [kg/（kW·h）]。

在子流域空间尺度上的优化结果显示：在研究区所涉及的 22 个子流域中，有 12 个子流域需采用"冬小麦季休耕—夏玉米季雨养方案→冬小麦季春浇两水灌溉方案—夏玉米季雨养方案"（即情景 F5）模式（图 6.18），据统计，其相对应的井灌耕地的总面积约占研究区井灌耕地总面积的 66%。在其余所涉及的 10 个子流域中，有 6 个子流域需采用"冬小麦季休耕—夏玉米季雨养方案→冬小麦季春浇一水灌溉方案—夏玉米季雨养方案"（即情景 F6），它们分别是：dx6、dx8、zy2、zy4、zy7 和 zy10 这 6 个子流域（图 6.18），据统计，其相对应的井灌耕地的总面积约占研究区井灌耕地总面积的 24%。与需要采用情景 F5 的那些子流域相比，这 6 个子流域的浅层地下水垂向及侧向补给量相对较小，所以需要压减更多的浅层地下水的井灌开采量才能使得浅层地下水位不再继续下降。需要说明的是，虽然在本章设计的六种冬小麦季隔年休耕的模式下，zy7 这个子流域的浅层地下水位在严格意义上难以满足模拟分析时段内不再继续下降的约束条件，但在这六种隔年休耕模式中浅层地下水的井灌开采量最小的情景 F6 所对应的隔年休耕模式下，该子流域的浅层地下水位的平均变化速度约为 -0.08 m/a，已经接近本章假设的浅层地下水位不再继续下降的阈值 -0.05 m/a，因而若该子流域在情景 F6 对应的冬小麦季隔年休耕模式下再通过一些农艺措施实现进一步的节水，是有望实现该子流域也达到浅层地下水"采补平衡"的，故我们将情景 F6 近似视为该子流域的优化休耕模式。在 dx1、dx3、dx7 和 zy1 这 4 个浅层地下水补给条件相对较好的子流域，采用情景 F1（冬小麦季休耕—夏玉米季现状灌溉方案→冬小麦季现状灌溉方案—夏玉米季现状灌溉方案）、情景 F2（冬小麦季休耕—夏玉米季现状灌溉方案→冬小麦季春浇两水灌溉方案—夏玉米季现状灌溉方案）或情景 F4（冬小麦季休耕—夏玉米季雨养方案→冬小麦季现状灌溉方案—夏玉米季雨养方案）下的这几种井灌开采量相对较大的休耕模式即可实现浅层地下水位不再继续下降（图 6.18）。

在县（市）域空间尺度上的优化结果显示：对研究区所涉及的保定地区（图 6.19、图 6.20），除了在涞水县推荐采用情景 F1 下的休耕模式（其相对应的井灌耕地面积约占保定地区属于研究区内的井灌耕地总面积的 1%）、在定兴县推荐采用情景 F2 下的休耕模式（其相对应的井灌耕地面积约占保定地区属于研究区内的井灌耕地总面积的 11%）、在易县推荐采用情景 F4 下的休耕模式（其相对应的井灌耕地面积约占保定地区属于研究区内的井灌耕地总面积的 1%）、在安国市推荐采用情景 F6 下的休耕模式（其相对应的井灌耕地面积约占保定地区属于研究区内的井灌耕地总面积的 8%）以外，在其余的 11 个县（市）均

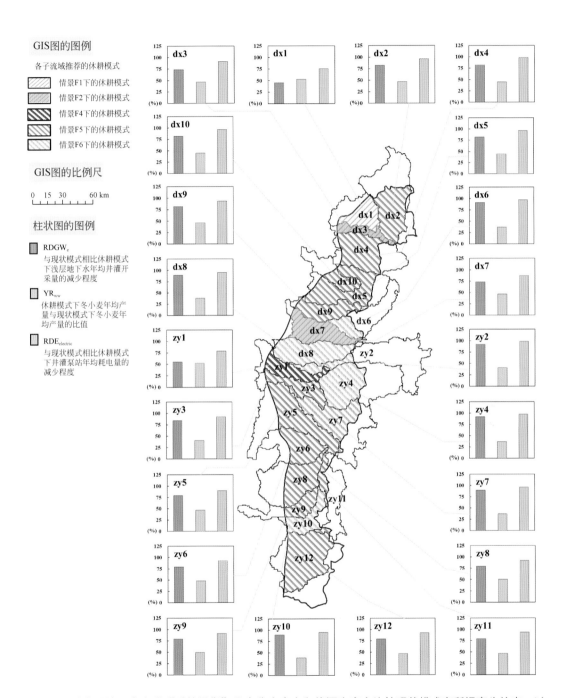

图 6.18　以浅层地下水实现"采补平衡"且水分生产力和能源生产力均较现状模式有所提高为约束、以
冬小麦年均产量最高为目标而优化的休耕模式在研究区所涉及的子流域尺度上的空间分布

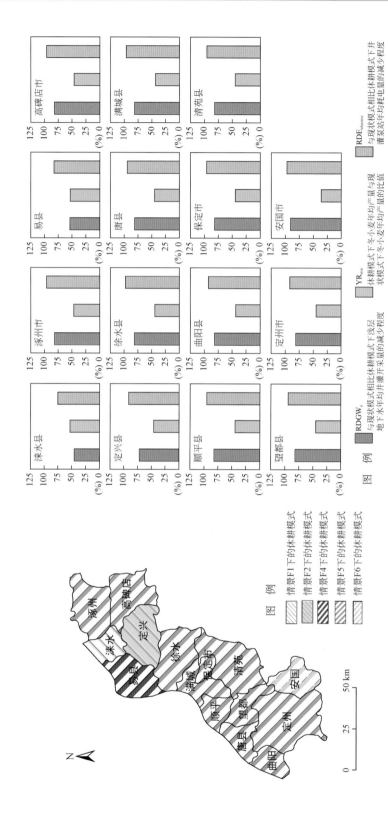

图 6.19　以浅层地下水实现"采补平衡"目标分生产力和能源生产力均较现状模式有所提高为约束、以冬小麦年均产量最高为目标而优化的休耕模式在研究区所涉及的保定地区县（市）域尺度上的空间分布

推荐采用情景 F5 下的休耕模式（其相对应的井灌耕地的总面积约占保定地区属于研究区内的井灌耕地总面积的 79%）；对研究区所涉及的石家庄地区（图 6.21、图 6.22），除了在正定县推荐采用情景 F2 下的休耕模式（其相对应的井灌耕地面积约占石家庄地区属于研究区内的井灌耕地总面积的 7%）、在灵寿县推荐采用情景 F4 下的休耕模式（其相对应的井灌耕地面积约占石家庄地区属于研究区内的井灌耕地总面积的 1%）以外，在其余的 14 个县（市）中，有 7 个县（市）推荐采用情景 F5 下的休耕模式（其相对应的井灌耕地的总面积约占石家庄地区属于研究区内的井灌耕地总面积的 36%）、7 个县（市）推荐采用情景 F6 下的休耕模式（其相对应的井灌耕地总面积约占石家庄地区属于研究区内的井灌耕地总面积的 56%）；对研究区所涉及的邢台地区（图 6.23、图 6.24），除了在宁晋县、南和县和沙河市推荐采用情景 F6 下的休耕模式（其相对应的井灌耕地总面积约占邢台地区属于研究区内的井灌耕地总面积的 35%），在其余的 7 个县（市）推荐采用情景 F5 下的休耕模式（其相对应的井灌耕地总面积约占邢台地区属于研究区内的井灌耕地总面积的 65%）；对研究区所涉及的邯郸地区（图 6.25、图 6.26），在全部 7 个县（市）均推荐采用情景 F5 下的休耕模式。这些结果可为相关管理部门在各个县（市）内"因地施策"地制定能够满足浅层地下水实现"采补平衡"目标的季节性休耕方案提供参考。

与现状模式相比，整个研究区在优化的休耕模式下，平均每年可压减大约 36.5 亿 m^3 的浅层地下水的井灌开采量，其中在保定地区、石家庄地区、邢台地区和邯郸地区 4 个地（市）级行政区在研究区内的区域，平均每年可分别压减大约 13.5 亿 m^3、11.9 亿 m^3、5.8 亿 m^3 和 5.3 亿 m^3 的浅层地下水的井灌开采量（图 6.20、图 6.22、图 6.24、图 6.26），这相当于分别将现状灌溉制度下对浅层地下水的井灌开采量压减大约 78%、81%、83% 和 80%（图 6.19、图 6.21、图 6.23、图 6.25）。在这样压采后的开采强度下，整个研究区内浅层地下水的年均井灌超采量将较现状灌溉制度下的 17.5 亿 m^3 减少 18.5 亿 m^3 左右，能够实现"采补平衡"的压采目标。在这种优化的休耕模式下，冬小麦在模拟分析时段内的年均产量约为现状模式下的 45% 左右（即与现状模式相比减少约 55%），其中在保定地区、石家庄地区、邢台地区和邯郸地区 4 个地（市）级行政区在研究区内的区域，其年均产量分别约为现状模式下的大约 46%、43%、47% 和 47%（图 6.19、图 6.21、图 6.23、图 6.25），这意味着：在优化的休耕模式下石家庄地区的冬小麦的减产风险相对最高。在优化的休耕模式下，冬小麦的水分生产力可较现状模式平均提高大约 7%，夏玉米可在保证稳产的同时也实现其水分生产力平均提高 7% 左右。尽管冬小麦季的隔年休耕带来了一定的产量损失，但这样的休耕模式可在有效地涵养研究区内持续减少的浅层地下水资源的同时，显著地节省能源的消耗量，并提高单位能源消耗所生产的作物产量（即能源生产力）。与现状模式相比，在优化的休耕模式下，研究区内的井灌耕地上平均每年可节省大约 5.0 kg/ 亩（75 kg/ha）的农业机械耗油量、约占现状模式下的 32%，并将农业机械的油耗生产力平均提高 10% 左右；节省大约 22.8 kW·h/ 亩（342 kW·h/ha）的井灌泵站耗电量、约占现状模式下的 90%，并将井灌泵站的电耗生产力提高约 10 倍以上。在整个研究区，上述这两部分节省的能源消耗的平均成本合计约 58.2 元 / 亩（873 元 /ha），其中，保定地区、石家庄地区、邢台地区和邯郸地区这 4 个地（市）级行政区在研究区内的区域，这两部分节省的能源消耗的平均成本合计分别约为 55.7 元 / 亩（835 元 /ha）、59.6 元 / 亩（895 元 /ha）、60.6 元 / 亩（909 元 /ha）和 58.8

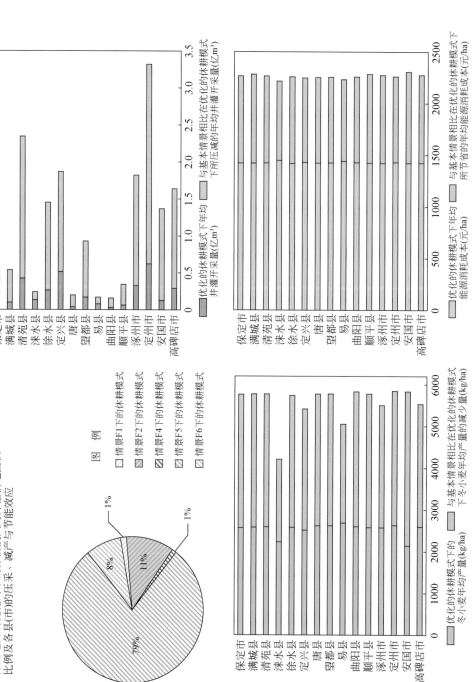

图 6.20 在研究区所涉及的保定地区优化的不同休耕模式的井灌耕地面积比例及在各县（市）域在各县（市）域减少的地下水压采量、冬小麦减产量和节省的能源消耗成本

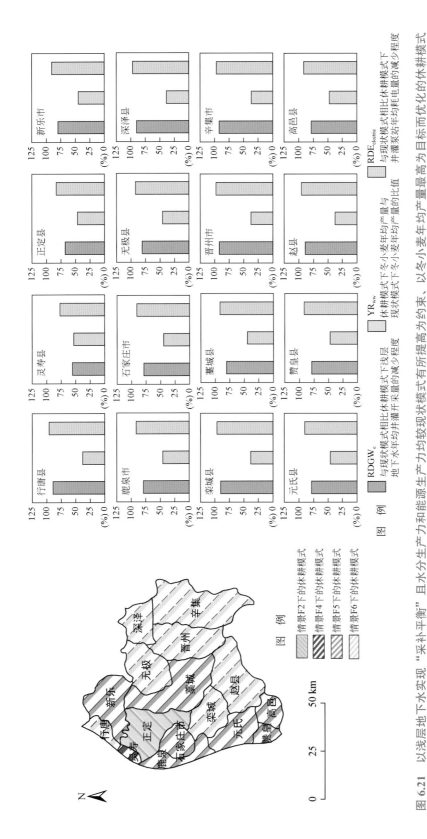

图 6.21 以浅层地下水实现"采补平衡"且水分生产力和能源生产力均较现状模式有所提高为约束,以冬小麦年均产量最高为目标而优化的休耕模式在研究区所涉及的石家庄地区县(市)域尺度上的空间分布

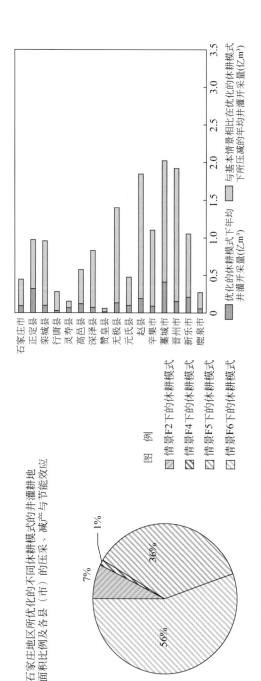

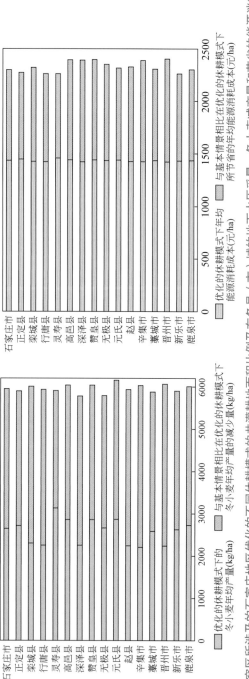

图 6.22 在研究区所涉及的石家庄地区优化的不同休耕模式的井灌耕地面积比例及在各县（市）域的地下水压采量、冬小麦减产量和节省的能源消耗成本

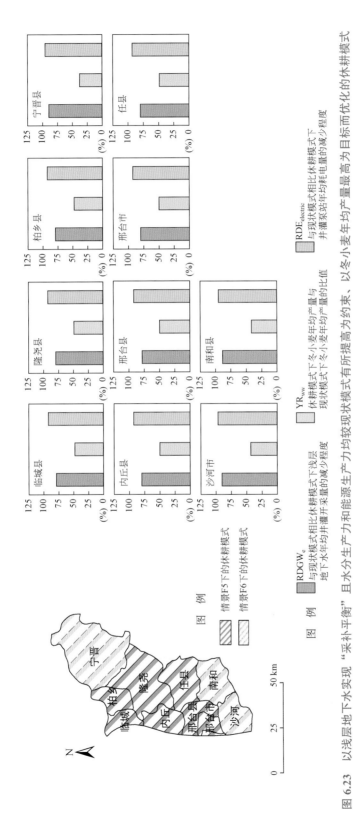

图 6.23 以浅层地下水实现"采补平衡"且水分生产力和能源生产力均较现状模式下冬小麦年均产量与现状模式下冬小麦年均产量有所提高为约束、以冬小麦年均产量最高为目标而优化的休耕模式在研究区所涉及的邢台区所涉及的邢台区县(市)域尺度上的空间分布

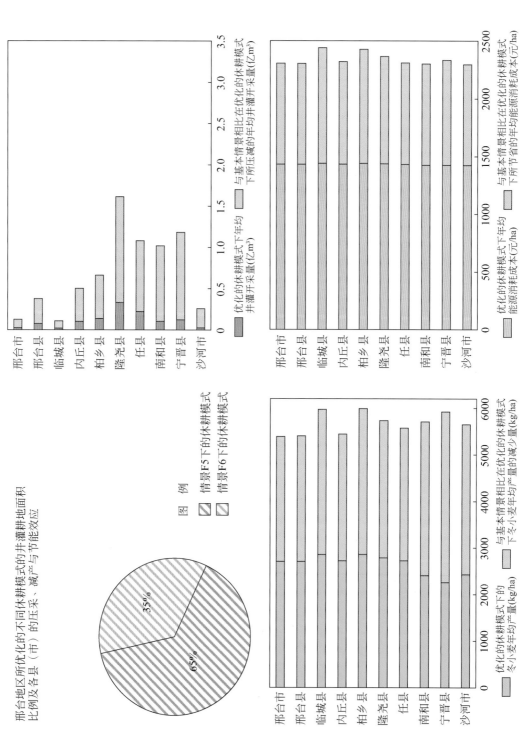

图 6.24　在研究区所涉及的邢台地区优化的不同休耕模式的井灌耕地面积比例及在各县（市）域内减产量、冬小麦减产量和节省的能源消耗成本

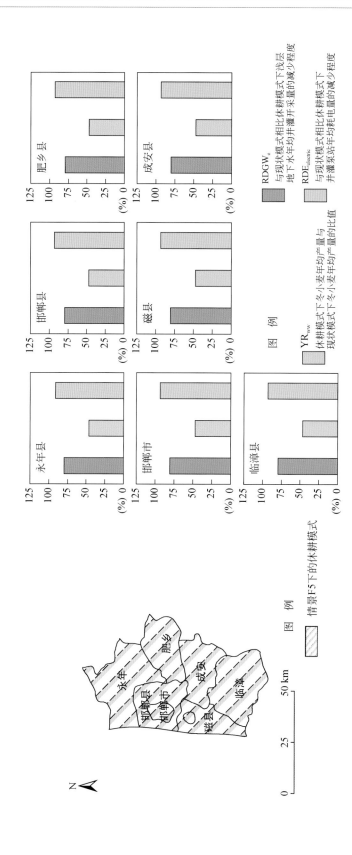

图 6.25 以浅层地下水实现"采补平衡"且水分生产力和能源生产力均较现状模式有所提高为约束、以冬小麦年均产量最高为目标而优化的休耕模式在研究区所涉及的邯郸地区县（市）域尺度上的空间分布

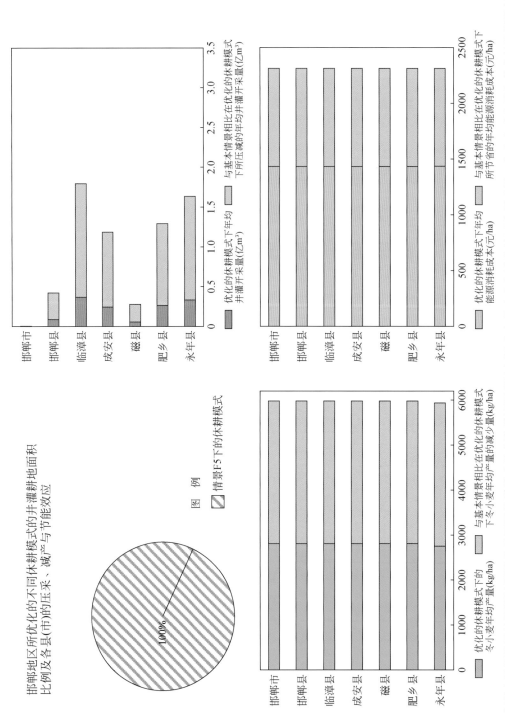

图 6.26　在研究区所涉及的邯郸地区优化的不同休耕模式的井灌耕地面积比例及在各县（市）域的地下水压采量、冬小麦减产量和节省的能源消耗成本

元/亩（882 元/ha）（图 6.20、图 6.22、图 6.24、图 6.26），这意味着：在优化的休耕模式下，不仅可以提高农业机械的油耗生产力和井灌泵站的电耗生产力，同时还将减少农民在田间管理中的能源消耗成本，这相当于在某种程度上降低了休耕政策对农民所造成的经济损失。

在第 5 章的内容中，我们针对本研究区基于现状种植制度保持不变的条件下在冬小麦生育期内实施限水灌溉方案进行了情景模拟，并以浅层地下水位基本保持平稳为约束条件、以冬小麦减产幅度最小为目标函数对研究区涉及的所有子流域及县（市）域内冬小麦生育期的灌溉方案进行了优化，获得了能够实现井灌耕地浅层地下水"采补平衡"的冬小麦生育期的"优化的灌溉模式"。我们将这种"优化的灌溉模式"（冬小麦－夏玉米一年两熟制）与本章的"优化的休耕模式"（冬小麦－夏玉米→夏玉米两年三熟制）在研究区涉及的各个县（市）域内详细的种植与灌溉方案列于本书附录，便于相关管理部门对这两种压采浅层地下水的方案进行比较与选择。

整体来看，这两种压采方案在研究区均可实现遏制浅层地下水位的继续下降（即实现浅层地下水的"采补平衡"），但"优化的休耕模式"将比"优化的灌溉模式"减少更多的冬小麦产量，这两种模式下研究区内冬小麦的年均减产幅度分别为 55% 和 42% 左右。按 1993 ～ 2012 年研究区冬小麦平均产量的模拟值估算，"优化的休耕模式"与"优化的灌溉模式"相比，冬小麦将平均多减产大约 49.6 kg/亩（744 kg/ha）。但是，在"优化的休耕模式"下冬小麦季可以每隔一年休耕一次，而在"优化的灌溉模式"下冬小麦需连年种植，所以这两种模式下的能源消耗会存在差异，按第 2 章的 2.4.2 节所列公式估算：这两种模式下井灌泵站耗电量的差异不大，但"优化的休耕模式"将比"优化的灌溉模式"平均每年大约节省 5.0 kg/亩（75 kg/ha）的农业机械耗油量，这相当于可以节省大约 44.5 元/亩（667.5 元/ha）的耕作成本。在假设粮食流通条件下研究区有机会购买到小麦的前提下，按冬小麦单价 2.4 元/kg（河北省人民政府办公厅和河北省统计局，1995 ～ 2013）估算，44.5 元可以购买到大约 18.5 kg 的小麦，这仍低于"优化的休耕模式"较"优化的灌溉模式"在每亩地多损失的 49.6 kg 的冬小麦产量，从这个角度看，若实施休耕政策，政府对农民的补贴力度应高于限水灌溉政策下的补贴水平，以保证农民种植收益不降低。当然，这两种模式相比，在休耕模式下农民于冬小麦休耕季将有更长的时间外出务工，这会增加农民的非农务工收入。

6.5 小 结

休耕作为一种有利于资源永续利用的种植结构调整模式，在地下水超采区不失为一种政府可选择的压采措施。本章以河北省太行山山前平原这样一个典型的浅层地下水漏斗区为研究案例，继续应用改进了地下水模块的分布式水文模型 SWAT，在"模拟－评估－优化"的框架下采用 17 个指标对该井灌区若实施特定的季节性休耕方案下的压采效应、节能效应和对粮食产量的影响进行了定量分析，并进一步地从统筹考虑"水－粮食－能源"关联性的角度，在研究区所涉及的子流域尺度和县（市）域尺度上对该区域的休耕模式进行了优化。主要研究结论如下：

（1）参考我国政府有关部门已经提出的休耕方案，参阅该区域在历史上曾有过的种植制度，并综合考虑该区域的水文地质条件与井灌利用特征及研究区在粮食生产方面的重要性，我们设计了六种具有现实可操作性的冬小麦季每隔一年休耕一次的模式作为情景开展模拟研究。它们分别是："冬小麦季休耕—夏玉米季现状灌溉制度→冬小麦季现状灌溉制度—夏玉米季现状灌溉制度"、"冬小麦季休耕—夏玉米季现状灌溉制度→冬小麦季春浇两水灌溉方案—夏玉米季现状灌溉制度"、"冬小麦季休耕—夏玉米季现状灌溉制度→冬小麦季春浇一水灌溉方案—夏玉米季现状灌溉制度"、"冬小麦季休耕—夏玉米季雨养方案→冬小麦季现状灌溉制度—夏玉米季雨养方案"、"冬小麦季休耕—夏玉米季雨养方案→冬小麦季春浇两水灌溉方案—夏玉米季雨养方案"和"冬小麦季休耕—夏玉米季雨养方案→冬小麦季春浇一水灌溉方案—夏玉米季雨养方案"。

（2）六种休耕情景的模拟结果表明：在冬小麦季隔年休耕模式下，还应在其非休耕季实施限水灌溉方案才能在研究区整体上遏制浅层地下水位持续下降的严峻情势。在冬小麦休耕季，降水量几乎全部转化为土面蒸发量，难以通过下包气带补给浅层地下水；但与冬小麦连年种植的模式相比，隔年休耕模式下的土壤水均衡的变化是有利于冬小麦非休耕季产量的提高，这相当于一定程度上弥补了在休耕季没有冬小麦产量的损失。在冬小麦季隔年休耕的模式下，夏玉米在平水偏枯的降水水平下实施雨养方案不会造成其产量的下降，但当夏玉米生育期的降水水平为特枯时应考虑适时进行补充灌溉，因为在这种降水水平下若仍采用雨养方案会导致夏玉米发生大约 24% ~ 37% 的减产。由作物根系带 2 m 土体水均衡动态的模拟结果可知，这六种冬小麦季的隔年休耕模式在 20 年内不会造成研究区井灌农田的土壤根系层出现"干化"的现象，在长时段内具有一定的可行性。

（3）考虑到研究区的气象条件和下垫面的空间异质性，我们充分利用 SWAT 模型的分布式模拟的特点，应用经典的 0-1 规划方法，给出了研究区所涉及的所有子流域和县（市）域的区域内以浅层地下水"采补平衡"且水分生产力和能源生产力均较现状模式有所提高为约束、以冬小麦年均产量最高为目标而优化的休耕模式的空间分布，结果显示：有 32 个县（市）的约占井灌耕地总面积 66% 的井灌农田需采用"冬小麦生育期休耕—夏玉米生育期雨养的方案→冬小麦生育期春浇两水灌溉—夏玉米生育期雨养的方案"模式；有 11 个县（市）的约占井灌耕地总面积 24% 的井灌农田需采用"冬小麦生育期休耕—夏玉米生育期雨养的方案→冬小麦生育期春浇一水灌溉—夏玉米生育期雨养的方案"模式；其余 5 个县（市）的约占井灌耕地总面积 10% 的井灌农田需采用的休耕模式不尽相同，这 5 个县（市）分别为保定地区的涞水县、定兴县和易县及石家庄地区的正定县和灵寿县。与现状模式相比，研究区在优化的休耕模式下，平均每年可削减大约 36.5 亿 m³ 的浅层地下水的井灌开采量和大约 18.5 亿 m³ 的浅层地下水的井灌超采量；平均每年可节省大约 32%（5.0 kg/亩）的农业机械耗油量和大约 90%（22.8 kW·h/亩）的井灌泵站耗电量，相当于每年可节省大约 58.2 元/亩的能源消耗成本，并提高了农业机械的油耗生产力和井灌泵站的电耗生产力；冬小麦的年均产量将减少大约 55%，夏玉米可基本保持稳产。最后，我们还对本章"优化的休耕模式"与上一章

"优化的灌溉模式"这两种均可实现浅层地下水"采补平衡"的压采方案进行了比较，结果表明：与"优化的灌溉模式"相比，在"优化的休耕模式"下，研究区内冬小麦将多减产大约 49.6 kg/ 亩，但可以多节省大约 44.5 元 / 亩的耕作成本。上述这些模拟评估结果可为有关管理部门在制定休耕政策时提供定量化的参考依据。

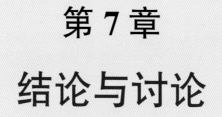

第 7 章

结论与讨论

7.1　主要结论

高强度农业灌溉导致海河流域井灌区已经大范围出现浅层地下水位持续下降、含水层储水量持续消耗等严峻的水安全问题。本研究以我国具有代表性的浅层地下水漏斗区—海河流域的河北省太行山山前平原冬小麦－夏玉米一年两熟制农作区为研究区域，针对该井灌区浅层地下水严重超采所导致的粮食生产特别是冬小麦生产与地下水资源支撑能力高度矛盾的现实问题，运用分布式水文模型 SWAT 开展了相关问题的模拟研究。我们对 SWAT 模型的地下水模块进行了修改，使得该模型更便于模拟分析浅层地下水位动态，从而增强了 SWAT 这一分布式水文模型在模拟农业灌溉影响下的水文循环与水资源变化的能力。在本书中，我们首先展示了运用改进地下水模块后的 SWAT 模型进行参数初始化、参数率定和模型验证的方法与过程，接着模拟分析了井灌耕地在冬小麦－夏玉米种植模式和现状灌溉制度下 20 年的模拟时段内浅层地下水埋深和浅层含水层储水量的时间演替与空间变异特征及浅层地下水利用的可持续性，并通过对冬小麦生育期限水灌溉情景和冬小麦季隔年休耕情景的模拟，就这两种浅层地下水压采措施的实施对河北省太行山山前平原浅层地下水超采情势、浅层地下水位下降趋势和土壤水均衡态势及冬小麦与夏玉米产量的影响进行了评估。旨在通过所构建的分布式水文模型的模拟研究，为该区域农业水资源高效利用、缓解浅层地下水资源危机和保障粮食安全提供定量化的科学依据，为浅层地下水超采综合治理、耕地资源休养生息等水土资源管理措施的制定提供参考。主要研究进展和结果如下：

1）SWAT 模型中地下水模块的改进

为使得 SWAT 模型能够输出浅层地下水位，使之能与研究区已有的地下水位动态监测数据和详实的地下水位调查数据进行对比，进而能对相关参数进行细致的率定，我们对其地下水模块进行了修改，这不仅增强了该分布式水文模型在本研究的井灌平原区的应用能力，也使得我们有可能为其他地区类似问题的研究在模拟思路与做法上提供一个可参考的案例。首先，我们增加了浅层含水层的底板埋深和浅层含水层的孔隙度这两个参数，使得模拟时段初始时刻浅层地下水埋深得以转化为浅层含水层储水量来参与模型计算。同时，在修改后的地下水模块中还增加了浅层含水层给水度这一关键参数，使得由含水层储水量的变化来计算地下水位的动态成为可能，并通过修改输出文件使浅层地下水埋深的模拟结果在水文响应单元和子流域的空间尺度上以日、月、年的时间尺度方便地输出。此外，在浅层含水层的水量平衡方程中，我们加入了山前侧向补给量参与水平衡计算，提高了模拟概化的精度，降低了参数率定过程的不确定性。特别是这些技术层面的修改使得浅层含水层给水度这个重要的参数能够参与到基于 SUFI-2 方法的率定过程中，便于在区域尺度上评估这个在空间上非均质性较大的水文地质参数。

2）参数的率定与模型的验证

基于改进了地下水模块的 SWAT 模型，我们开展了细致的参数率定与模型验证工作。根据 20 世纪 50 年代以来我国水文地质界在研究区获得的大量详实的水文地质研究成果，对 SWAT 模型地下水模块中 10 个参数的初值进行了估算。然后，根据估算的较为合理的参数初值，运用 SUFI-2 方法，以 16 口国家级监测井和 148 口区域调查井的实测浅层地下水埋深数据为目标，对由参数敏感性分析得到的地下水模块和土壤水模块的 4 个参数进行了详细的率定，且对率定后参数范围的合理性进行了分析和评估。在区域尺度上，模拟值与观测值匹配良好，决定系数（R^2）和纳什系数（NSE）在率定期和验证期均达到了 0.95 以上。在子流域尺度上，模拟和实测的浅层地下水位变化较为一致，几乎所有子流域的 P-factor 值都大于 0.6，且 R-factor 值都小于 1，最优参数的运行结果具有较好的模拟效果。接着，将模拟的浅层地下水补给量、排泄量和蓄变量与"新一轮全国地下水资源评价"的结果进行了对比，表明：补给量、排泄量和蓄变量在总体上都是比较接近的，平均相对误差分别约为 10.8%、9.6% 和 3.6%，这进一步验证了修改地下水模块后的 SWAT 模型对于浅层地下水数量变化模拟的可信性。另外，通过将模拟结果与多源多尺度的观测、计算和统计数据的对比，显示出：启动并率定地下水模块后所构建的 SWAT 模型，对于轮作农田蒸散量和作物产量的模拟精度有所提高。因此，通过以浅层地下水埋深和浅层含水层储水量变化为双重目标，对 SWAT 模型修正后的地下水模块的模拟验证，以及通过以蒸散量和产量为目标对所构建的 SWAT 模型的土壤水模块和作物模块的进一步验证，表明：本研究构建了一个能够合理地模拟该研究区轮作农田水文循环与浅层地下水储量变化的分布式水文模型。

3）现状灌溉制度下的浅层地下水时空变化与可持续性

运用参数率定与模型验证后的 SWAT 模型，以 1993 ～ 2012 年为模拟分析时段开展了模拟计算，结果显示：在现状农田灌溉制度下，由于井灌区农田开采量持续高于地下水补给量，研究区浅层地下水的平均埋深已经由 1993 年的大约 8.7 m 增大到 2012 年的大约 30.8 m，20 年累积减少了浅层含水层的储水量大约 350 亿 m^3，浅层地下水位平均以 0.69 ～ 1.56 m/a 的速度持续下降，但由于补给条件和下垫面的异质性，其动态在空间分布上存在变异，由于年际和年内的降水条件的不同，时间分布也存在差异。其中：在冬小麦生育期，现状灌溉制度会造成在降水水平分别为平水期、枯水期和特枯水期时，作物收获时该区域浅层地下水平均埋深较播种时分别下降约 1.43 m、1.88 m 和 1.81 m，在夏玉米生育期，除遇到特枯水期，浅层地下水的水位平均下降约 0.39 m 外，在其他降水水平下，生育期内浅层地下水的水位会有 0.28 ～ 0.57 m 的回升。由现状灌溉制度下浅层地下水位和浅层含水层储水量的时空变化速度推算，从 2012 年开始再经过大约 80 年的时间，该研究区域约 80% 的井灌面积内的浅层含水层有被疏干的风险，这将严重威胁该区域的浅层地下水安全。所以，需要以减少一定的粮食产量，特别是冬小麦的产量为代价，压减浅层地下水用于农田灌溉的开采量，以减缓该区域浅层地下水安全情势的恶化。

4）限水灌溉模式下的浅层地下水涵养与作物生产的权衡

在冬小麦－夏玉米一年两熟种植制度保持不变的情况下推广冬小麦生育期的限水灌溉模式，即减少冬小麦生育期内的灌溉次数和灌溉量，是这个井灌平原浅层地下水超采综合治理工作中最主要的措施之一。在"水－粮"权衡的考量下，我们就冬小麦生育期不同的限水灌溉方案对浅层地下水压采与农田节水的效应及其对产量和水分生产力的影响展开了模拟与评估。以改进、率定并验证后的 SWAT 模型为工具，首先针对研究区所涉及的 22 个子流域进行了冬小麦不同生育阶段分别灌溉一次的模拟试验，结果表明：从权衡浅层地下水开采与冬小麦－夏玉米轮作农田生产的角度，在所涉及的 18 个子流域优先灌溉的冬小麦生育阶段的推荐排序依次为拔节期、抽穗期、越冬期和灌浆期；在所涉及的 4 个子流域优先灌溉的冬小麦生育阶段的推荐排序依次为：拔节期、抽穗期、灌浆期和越冬期。按此排序，我们进一步开展了在冬小麦生育期内进行不同次数灌溉的模拟试验，并最终从兼顾浅层地下水动态与冬小麦产量变化的角度，选定冬小麦生育期"春浇两水"（在拔节期和抽穗期分别灌水一次）、冬小麦生育期"春浇一水"（只在拔节期灌水一次）和冬小麦生育期"雨养"这三种方案作为冬小麦生育期的三种限水灌溉情景开展详细的模拟研究。

　　20 年的模拟结果表明：与基本情景相比，在冬小麦生育期"春浇两水"情景下，研究区浅层地下水位的平均下降速度可以减缓为基本情景下的 2/3 左右，而冬小麦的平均减产率大约为 13%；在冬小麦生育期"春浇一水"的情景下，研究区浅层地下水位的平均下降速度将进一步减缓为基本情景下的 1/4 左右，但冬小麦的平均减产率将增至大约 28%。在这两种限水灌溉情景下，浅层地下水的年均井灌超采量将由基本情景下的大约 17.5 亿 m^3 分别削减为 11.0 亿 m^3 和 4.5 亿 m^3 左右。而冬小麦生育期雨养方案的实施可在区域尺度上扭转浅层地下水的超采情势，在这种情景下，浅层地下水位将以平均大约 0.22 m/a 的速度回升，相当于研究区每年增加约 3.5 亿 m^3 的浅层地下水，但这将以冬小麦平均减产大约 54% 为代价。与基本情景相比，在冬小麦生育期的这三种限水灌溉方案下，根系层这一土壤水库都表现出更好的调节作用，使得冬小麦－夏玉米一年两熟制农田对降水和井灌开采浅层地下水的利用效率有所提高。

　　基于这些情景的模拟结果，在研究区所涉及的子流域和县（市）域的空间尺度上，我们进一步运用 0-1 规划方法，对具有实际背景的几种特定约束条件下的冬小麦生育期的灌溉模式进行了优化，并将得到的优化灌溉模式重新带回 SWAT 模型进行了模拟与评估。结果表明：若希望浅层地下水位在 20 年内基本保持平稳，即"以水为约束条件"，则冬小麦的平均产量与现状相比最少也要减少 42% 左右，在这种优化的灌溉模式下，研究区所涉及的大部分子流域或县（市）域的区域内，当冬小麦生育期的降水水平为平水时，需要实施"雨养"方案；若希望冬小麦在 20 年内的平均减产幅度控制在 20%～30% 以内，即"以粮为约束条件"，则该区域的浅层地下水位最小还会以大约 0.26～0.52 m/a 的速度继续下降，这相当于每年最少仍要超采大约 3.7 亿～7.8 亿 m^3 的浅层地下水。

　　5）季节性休耕模式下的"水－粮食－能源"关联性的评估

　　通过实施季节性休耕以减少农田的井灌开采量或许会成为河北省太行山山前平原这一典型的浅层地下水超采区在考虑对冬小麦农田实施限水灌溉方案之外又一种压采井灌量的潜在策略。首先，我们参考政府有关部门已经提出的休耕方案，参阅该区域在历史上曾有过的种植制度，并综合考虑该区域的水文地质条件与井灌利用特征及研究区在粮食生产方面的重要性，设计了六种具有现实可操作性的冬小麦季每隔一年休耕一次的模式（亦即：冬小麦季隔年休耕方案）作为 SWAT 模型的六种模拟情景开展详细的模拟研究。

20 年的模拟结果表明：在冬小麦季隔年休耕模式下，还应在其非休耕季实施"春浇两水"或"春浇一水"的限水灌溉方案才能在研究区整体上遏制浅层地下水位持续下降的态势。根据对土壤水均衡组分的定量分析，冬小麦休耕季的降水量几乎全部转化为土面蒸发量，因此，冬小麦休耕季对浅层地下水的涵养主要是来自于休耕模式下井灌开采量减少的贡献，而并非浅层地下水补给量的增加。尽管在休耕季没有种植冬小麦，但是与冬小麦连年种植模式相比，隔年休耕模式下的土壤水均衡的变化是有益于冬小麦非休耕季产量的提高，尤其是可以降低与连年种植相应的隔年种植的非休耕季冬小麦在限水灌溉方案下的减产幅度，这在一定程度上弥补了冬小麦在休耕季没有产量的缺憾。在冬小麦季隔年休耕的模式下，夏玉米在平水偏枯的降水水平下实施雨养方案基本上不会造成其产量的下降，但当夏玉米生育期的降水水平为特枯时应考虑适时进行补充灌溉，因为在这种降水水平下若仍采用雨养方案会导致夏玉米发生较大程度的减产。

进一步地，针对这个井灌平原浅层地下水超采治理的重要目标，我们仍应用 0-1 规划方法对该区域的休耕模式进行了优化，结果表明：若要浅层地下水位在 20 年内基本保持平稳且保证水分生产力和能源生产力都较现状模式有所提高，则冬小麦在模拟分析的 20 年内的平均产量与现状相比最少也要减少 55% 左右，但夏玉米可基本上保持稳产。所优化的灌溉模式的空间分布显示：研究区内涉及的 32 个县（市）、占井灌总面积约 66%的耕地需采用"冬小麦生育期休耕—夏玉米生育期雨养的方案→冬小麦生育期春浇两水灌溉—夏玉米生育期雨养的方案"模式；研究区内涉及的 11 个县（市）、占井灌总面积约 24% 的耕地需采用"冬小麦生育期休耕—夏玉米生育期雨养的方案→冬小麦生育期春浇一水灌溉—夏玉米生育期雨养的方案"模式；研究区内涉及的其余 5 个县（市）、占井灌总面积约 10% 的耕地需采用的休耕模式不尽相同。与现状相比，这种优化的休耕模式平均每年将削减大约 36.5 亿 m^3 的浅层地下水的井灌开采量，压减大约 18.5 亿 m^3 的浅层地下水的井灌超采量；平均每年可省大约 5.0 kg/ 亩（75 kg/ha）的农业机械耗油量、这部分节省的油耗约占现状模式下的 32% 左右，同时平均每年还可节省大约 22.8 kW·h/ 亩（342 kW·h/ha）的井灌泵站耗电量、这部分节省的电耗约占现状模式下的 90% 左右，上述这两部分节省的能源消耗的平均成本合计约 58.2 元 / 亩（873元 /ha）。

7.2 讨 论

7.2.1 研究工作的特色

（1）针对我国海河流域典型的浅层地下水超采的井灌区——河北省太行山山前平原，就浅层地下水位下降漏斗的发展已经构成了对地下水可持续利用与冬小麦稳定生产的威胁这一实际问题，我们对分布式水文模型 SWAT 的地下水模块进行了有针对性的修改和补充，使之在能够模拟浅层含水层储水量的时空变化的基础上还能够模拟浅层地下水埋深的时空变化，这是迄今为止对于 SWAT 模型更好地模拟井灌平原农业水文循环的有益贡献。特别是，这一基于水量平衡原理模拟地下水变化的水文模型不但可以从同一方法论角度充分挖掘和利用我国水文地质界多年积累的丰富的地下水资源评价成果，而且与需要更多和更为复杂的参数及初始与边界条件的非饱和—饱和带的动力学模型相比，SWAT 模型多采用水文学的"半定量化"参数，这可以避免若使用动力学模型在本研究区这样大的尺度上所面临的需要获得根系层以下、浅层地下水面以上的非饱和带（又称深包气带）的勘查资料和数据这样棘手的问题，换言之，避免了求取那些现阶段难以确定的深包气带水力学参数的问题。这种运用分布式水文模型开展区域尺度地下水动态与作物产量变化的模拟研究，为其他地区类似问题的研究提供了可资参考的模拟思路和有一定参考价值的实际应用案例。

（2）河北省太行山山前平原是我国冬小麦的主要产区之一，同时也是井灌超采浅层地下水十分严重的区域。我们所选择的这个既具有重要性又具有独特性的区域是在我国开展浅层地下水可持续利用与冬小麦可持续生产之研究的"最佳"场所，这不仅是由于该区域是中国乃至世界上为数不多的由于冬小麦灌溉对浅层地下水情势已造成区域尺度恶化的野外现场，换言之，是一个由于农业生产活动而使得浅层地下水生态遭到破坏、科学上相当于人类活动干扰下的"物理实验场"，而且也是在我们的模拟时段内我国迄今为止在水文地质、农田水利、水文水资源和作物栽培等领域具有多学科野外长期观测试验数据和勘查资料及评价结果最为丰富的区域。在本研究中，我们充分地利用了多年来通过参与国家在多个领域所资助的相关科研项目而持续积累的丰富的气象、土地利用、土壤、作物栽培和农田灌溉方面的数据及水文地质勘查与水资源特别是地下水资源评价等资料。对这些多源、多尺度的数据资料的收集、整理和融合工作，不仅使得我们有可能充分利用这些宝贵的科学信息而持续深入地开展这项富有挑战性的跨学科的农业水文模拟研究，也使得我们有可能通过这样一个典型案例呈现给读者一个有趣而完整的科学故事。

（3）在我们对冬小麦生育期的限水灌溉情景进行模拟与评估的过程中，"水－粮"权衡的思想始终贯穿在每一个研究环节，具体包括：冬小麦限水灌溉方案的选择、冬小麦限水灌溉情景的评估和冬小麦限水灌溉模式的优化。特别是在优化环节，分别以模拟时段内浅层地下水位基本保持平稳为约束条件、冬小麦减产幅度最小为目标函数和以冬小麦可容许的减产幅度为约束条件、浅层地下水位下降速度最小为目标函数对灌溉模式进行了优化，就是想探寻出"水－粮"权衡中相对平衡的灌溉模式。在对冬小麦季隔年休耕情景的模拟与评估过程中，考虑到季节性休耕还将有益于减少农业机械燃料和井灌抽水用电所带来的能源消耗，我们进一步地将"水－粮"权衡的研究拓展到"水－粮食－能源"关联性的探讨，并贯穿于季节性休耕模式的模拟、评估和优化等研究环节。从浅层地下水压采、作物产量减少和能源消耗节省及水分生产力与能源生产力变化等角度，我们通过 17 个定量化指标对不同休耕模式下的"水－粮食－能源"关联性进行了评估，并以模拟时段内浅层地下水位在 20 年内基本保持平稳且水、能生产力均较现状模式有所提高为约束条件、以冬小麦年均产量最高为目标函数对休耕模式进行了优化，这些都体现了我们力求从"水－粮食－能源"关联性的角度对农田灌溉和休耕的策略进行评价这种在研究思路上颇具创新性与实用性的探索。

（4）我国的政策制定与管理（如水资源管理的"三条红线"）的最小行政单元为县（市）域尺度。因此，本研究将分布式水文模型 SWAT 在现状灌溉、限水灌溉和休耕模式下子流域尺度的模拟评估结果呈现在县（市）域尺度，给出了大量便于政策制定者参考的、包含着丰富的模拟与评估结果的图件与表格，同时也给出了便于流域管理机构参考的水资源三级区尺度上的部分结果，这些都将为地下水超采的治理、耕地资源休养生息战略的实施、高标准基本农田的建设等工作提供定量化的参考依据和具有一定可行性的方案。特别是在本书附录中，我们还将可以实现浅层地下水"采补平衡"这一压采目标的"优化的灌溉模式"与"优化的休耕模式"在各个县（市）域内详细的种植模式与灌溉方案列表展示，这为地方政府相关管理部门提供了详细的可供比较、选择并具有一定可操作性的两种详细的浅层地下水压采方案，这不仅有益于支撑该区域的地下水可持续利用的科学决策，而且也具有重要的实际应用价值。

7.2.2   研究工作的局限性

（1）在构建分布式水文模型时，对修改后的地下水模块的参数率定和模型验证过程中，我们难以对某些时变参数是如何随时间变化的特征进一步地定量化，而是将其近似当作一个常数（即"时不变参数"）来处理的，例如：浅层地下水的补给延迟时间。事实上，随着浅层地下水埋深（或非饱和带厚度）的变化，这个参数应该是随时间变化的。所以，本研究依据率定时段得到的这个参数，应该看作是这个时段该参数的"综合"或"平均"的表现。另一方面，尽管我们就限水灌溉和休耕情景的模拟仍采用现状灌溉下率定与设定的地下水模块参数对模拟结果的不确定性进行了初步分析，但未来研究区若实施这些限水灌溉或休耕方案的同时能精细地监测浅层地下水位的动态并及时开展相应的浅层地下水资源评价，则本研究中所用的这些地下水模块参数就能在这些灌溉和种植的方案发生变化的情景下得到重新率定与验证，这对进一步降低模拟结果的不确定性是有益的。

（2）在本研究的浅层地下水均衡项的模拟计算中，暂时难以考虑浅层地下水补给量中的山区来水的河道渗漏、渠系渗漏和地表水灌溉渗漏这三部分补给量，它们虽然在数量上与模拟时段内同时难以考虑的工业和生活对浅层地下水的开采量较接近，使得在两者的综合作用下，对于本研究所关心的浅层含水层储水量的模拟精度影响不大，然而，今后若要研究更为复杂的人类活动干扰条件对浅层地下水资源的影响，仍需要进一步提高构建模型时的概化精度。

（3）在限水灌溉和休耕情景下，对农田水分循环和作物生长的模拟工作中，鉴于 SWAT 模型迄今的研发程度，我们难以将目前试验站中的一些农艺、节水措施（如：改变播种密度；灌水后的及时划锄与松土保墒；深耕与精细整地；秸秆覆盖等）概化到模型的模拟中。因此，本研究模拟获得的粮食产量与现状相比的减少幅度或许在一定程度上是偏于悲观的。未来若能收集到研究区实施冬小麦限水灌溉或休耕模式下详细的田间试验数据，将为我们进一步修改与完善 SWAT 模型相应模块的功能，并重新率定与验证这些模块的参数创造条件。另外，限于目前收集的数据，本研究对井灌泵站耗电量的估算只能采用由抽水量转化计算的方法，而转化过程中涉及的水泵扬程、泵站效率等参量的近似与概化会对评估结果产生影响。同样，本研究对休耕模式下农业机械耗油量的评估尚未考虑农业机械类型的多样性。未来若能收集到研究区内井灌泵站在单位电耗下的出水量和农业机械油耗等方面更为详细的数据，将有助于我们进一步提高休耕模式下能源消耗的评估精度。

参 考 文 献

陈雷.1999.节水灌溉是一项革命性的措施.节水灌溉,1:1~6

陈梦熊.2003.中国水文地质工程地质事业的发展与成就——从事地质工作60年的回顾与思考.北京:地震出版社

陈望和.1999.河北地下水.北京:地震出版社

陈望和,倪明云.1987.河北第四纪地质.北京:地质出版社

地质矿产部黄淮海平原水文地质综合评价组.1992.黄淮海平原水文地质综合评价.北京:地质出版社

方生.1994.试析缓解河北灌溉水危机的策略.中国水利,2:33~34

高云才.2018.粮食安全任何时候都不能放松(三农杂谈).人民日报〔2018-12-9(10)〕.http://paper.people.com.cn/rmrb/html/2018-12/09/nw.D110000renmrb_20181209_2-10.htm

河北省农业区划委员会(综合农业区划)编写组.1985.河北省综合农业区划.石家庄:河北人民出版社

河北省农业厅,河北省财政厅.2017.关于印发2017年度河北省地下水超采综合治理农业项目实施方案的通知.http://nync.hebei.gov.cn/article/tzgg/201709/20170900006954.shtml

河北省农业厅,河北省财政厅,河北省委政府农村办公室.2018.关于印发《河北省2018年度耕地季节性休耕制度试点实施方案》的通知(冀农业种植发〔2018〕18号).http://nync.hebei.gov.cn/article/tzgg/201809/20180900011948.shtml

河北省人民政府.2014.河北省人民政府关于印发《河北省地下水超采综合治理试点方案(2014年度)》的通知.冀政函〔2014〕58号

河北省人民政府办公厅.2014.河北省人民政府关于公布平原区地下水超采区、禁采区和限采区范围的通知(冀政函〔2014〕61号).http://info.hebei.gov.cn/hbszfxxgk/329975/329982/6272943/index.html

河北省人民政府办公厅,河北省统计局.1995~2013.河北农村统计年鉴.北京:中国统计出版社

河北省水利厅.2013.关于印发河北省实行最严格水资源管理制度红线控制目标分解方案的通知(冀水资〔2013〕60号)

河北省质量技术监督局.2008.小麦玉米节水、丰产一体化栽培技术规程.第Ⅰ部分:山前平原区.DB 13/T 924.1-2008

河北省质量技术监督局.2012.冬小麦和夏玉米调亏灌溉技术规程.DB 13/T 1521—2012

贾仰文,王浩,倪广恒,杨大文,王建华,秦大庸.2005.分布式流域水文模型原理与实践.北京:中国水利水电出版社

贾银锁,郭进考.2009.河北夏玉米与冬小麦一体化种植.北京:中国农业科学技术出版社

雷鸣.2016.黄淮海平原区土地利用变化对地下水资源量变化效应分析.北京:中国农业大学硕士研究生学位论文

李丛民,赵邦宏.2010.河北省小麦玉米产业发展与丰产技术评价.北京:中国农业科学技术出版社

李宏悦,刘黎明.2006.生态退耕政策的政策学分析.生态经济(中文版),5:28~30

李娇,孙文超,鱼京善,杨岩.2012.基于BNU-SWAT模型的地下水埋深模拟.北京师范大学学报(自

然科学版），48(5)：554~558

李月华，杨利华．2017．河北省冬小麦高产节水节肥栽培技术（简明图表读本）．北京：中国农业科学技术出版社

刘昌明．2002．二十一世纪中国水资源若干问题的讨论．水利水电技术，1：15~19

刘鑫．2012．通用陆面模型在海河平原农业干旱模拟中的应用研究．北京：中国农业大学博士研究生学位论文

刘巽浩，陈阜．2005．中国农作制．北京：中国农业出版社

刘彦随，吴传钧．2002．中国水土资源态势与可持续食物安全．自然资源学报，3：270~275

陆垂裕，秦大庸，张俊娥，王润冬．2012．面向对象模块化的分布式水文模型MODCYCLE Ⅰ：模型原理与开发篇．水利学报，43(10)：1135~1145

潘登．2011．海河平原冬小麦和夏玉米水分生产函数及节水灌溉制度的模拟研究．北京：中国农业大学博士研究生学位论文

潘登，任理．2012a．分布式水文模型在徒骇马颊河流域灌溉管理中的应用Ⅰ．参数率定和模拟验证．中国农业科学，45(3)：471~479

潘登，任理．2012b．分布式水文模型在徒骇马颊河流域灌溉管理中的应用Ⅱ．水分生产函数的建立和灌溉制度的优化．中国农业科学，45(3)：480~488

潘登，任理，王英男．2011a．漳卫河平原农业水资源高效利用的模拟研究Ⅰ．参数率定和模拟验证．中国农业大学学报，16(5)：13~19

潘登，任理，王英男．2011b．漳卫河平原农业水资源高效利用的模拟研究Ⅱ．水分生产函数的建立及灌溉制度优化．中国农业大学学报，16(5)：20~25

潘登，任理，刘钰．2012a．应用分布式水文模型优化黑龙港及运东平原农田灌溉制度Ⅰ：模型参数的率定验证．水利学报，43(6)：717~725

潘登，任理，刘钰．2012b．应用分布式水文模型优化黑龙港及运东平原农田灌溉制度Ⅱ：水分生产函数和优化灌溉制度．水利学报，43(7)：777~784

钱正英．1998．中国水利的发展方向．科技导报，8：3~10

任宪韶，户作亮，曹寅白，何杉．2007．海河流域水资源评价．北京：中国水利水电出版社

沈振荣．2000．节水新概念-真实节水的研究与应用．北京：中国水利水电出版社

石玉林，唐华俊，高中琪，王浩．2019．中国农业资源环境若干战略问题研究．北京：中国农业出版社

孙琛．2012．海河流域地表水资源量和蒸散发及作物水分生产力的模拟研究．北京：中国农业大学博士研究生学位论文

田园．1990．北方平原农业用水量及灌溉区划刍议．地下水开发利用与管理，(1)

王大纯，张人权，史毅红，许绍倬，于青春，梁杏．1995．水文地质学基础．北京：地质出版社

王浩，汪林，杨贵羽，张宝忠，吴文勇 2019．中国农业水资源高效利用战略研究．北京：中国农业出版社

王慧军．2010．河北省粮食综合生产能力研究．石家庄：河北科学技术出版社

王慧军．2011．河北省种植业高效用水技术路线图．北京：中国农业出版社

王金霞，黄季焜，Rozelle S．2005．地下水灌溉系统产权制度的创新及流域水资源核算．北京：中国水利水电出版社

吴芳芳．2016．农户视角下黄淮海平原耕地休养生息对策研究．北京：中国农业大学硕士研究生学位论文

徐宗学．2009．水文模型．北京：科学出版社

鱼京善，金惠淑，姚晓磊，杨岩．2012．BNU-SWAT模型应用工具开发．北京师范大学学报（自然科学版），

48(5)：550~553

张俊娥，陆垂裕，秦大庸，王润冬．2012.面向对象模块化的分布式水文模型MODCYCLE Ⅱ：模型应用篇．水利学报，43(11)：1287~1295

张蔚榛．1983.地下水非稳定流计算和地下水资源评价．北京：科学出版社

张蔚榛．1999.农业灌溉节水问题．灌溉排水，18（增）：10~17

张蔚榛．2003.地下水的合理开发利用在南水北调中的作用．南水北调与水利科技，1(4)：1~7

张蔚榛，张瑜芳．1983.土壤的给水度和自由孔隙率．灌溉排水，2：1~16

张喜英．2018.华北典型区域农田耗水与节水灌溉研究．中国生态农业学报，26(10)：1454~1464

张喜英，裴冬，由懋正．2001.太行山前平原冬小麦优化灌溉制度的研究．水利学报，32(1)：90~95

张兆吉，费宇红．2009.华北平原地下水可持续利用图集．北京：中国地图出版社

张宗祜，李烈荣．2004a.中国地下水资源（综合卷）．北京：中国地图出版社

张宗祜，李烈荣．2004b.中国地下水资源与环境图集．北京：中国地图出版社

张宗祜，李烈荣．2005.中国地下水资源（河北卷）．北京：中国地图出版社

张宗祜，沈照理，薛禹群，任福弘，施德鸿，殷正宙，钟佐燊，孙星和．2000.华北平原地下水环境演化．北京：地质出版社

赵雲泰，黄贤金，钟太洋，吕晓．2011.区域虚拟休耕规模与空间布局研究．水土保持通报，31(5)：103~107

郑连生．2009.广义水资源与适水发展．北京：中国水利水电出版社

中国地质调查局．2009.华北平原地下水可持续利用调查评价．北京：地质出版社

中国政府网．2009.全国新增1000亿斤粮食生产能力规划（2009~2020年）．http://www.gov.cn/gzdt/2009-11/03/content_1455493.htm

中国政府网．2014.关于全面深化农村改革加快推进农业现代化的若干意见．http://www.gov.cn/zhengce/2014-01/19/content_2640103.htm

中国政府网．2015.中共中央关于制定国民经济和社会发展第十三个五年规划的建议．http://www.gov.cn/xinwen/2015-11/03/content_5004093.htm

中国政府网．2017.国务院关于印发全国国土规划纲要（2016~2030年）的通知．http://www.gov.cn/zhengce/content/2017-02/04/content_5165309.htm

中国主要农作物需水量等值线图协作组．1993.中国主要农作物需水量等值线图研究．北京：中国农业科技出版社

中华人民共和国农业部，中央农办，发展改革委，财政部，国土资源部，环境保护部，水利部，食品药品监管总局，林业局，粮食局．2016.关于印发探索实行耕地轮作休耕制度试点方案的通知（农农发〔2016〕6号）．http://jiuban.moa.gov.cn/zwllm/tzgg/tz/201606/t20160629_5190955.htm

中华人民共和国农业部．2018.农业部就耕地轮作休耕制度试点情况举行发布会．http://www.moa.gov.cn/hd/zbft_news/jsgdlxqk/

中华人民共和国农业农村部，中华人民共和国财政部．2019.中华人民共和国农业农村部、财政部关于做好2019年耕地轮作休耕制度试点工作的通知（农农发〔2019〕2号）．http://www.zzys.moa.gov.cn/zcjd/201906/t20190625_6319177.htm

中华人民共和国水利部．2017.河北省四项措施持续改善地下水生态环境．http://www.mwr.gov.cn/xw/dfss/201702/t20170212_824242.html

中华人民共和国水利部，财政部，国家发展改革委，农业农村部．2019.水利部、财政部、国家发展改革委、

农业农村部关于印发华北地区地下水超采综合治理行动方案的通知（水规计［2019］33号）. http://www.mwr.gov.cn/zwgk/zfxxgkml/201903/t20190305_1109647.html?from=timeline

朱新军, 王中根, 夏军, 于磊. 2008. 基于分布式模拟的流域水平衡分析研究——以海河流域为例. 地理科学进展, 27(4): 23~27

Abbaspour K C, Johnson C A, van Genuchten M T. 2004. Estimating uncertain flow and transport parameters using a sequential uncertainty fitting procedure. Vadose Zone Journal, 3(4): 1340~1352

Abbaspour K C, Yang J, Maximov I, Siber R, Bogner K, Mieleitner J, Zobrist J, Srinivasan R. 2007. Modelling hydrology and water quality in the pre-alpine/alpine Thur watershed using SWAT. Journal of Hydrology, 333(2-4): 413~430

Arnold J G, Fohrer N. 2005. SWAT2000: current capabilities and research opportunities in applied watershed modelling. Hydrological Processes, 19(3): 563~572

Arnold J G, Allen P M, Bernhardt G. 1993. A comprehensive surface-groundwater flow model. Journal of Hydrology, 142(1-4): 47~69

Arnold J G, Srinivasan R, Muttiah R S, William, J R. 1998. Large area hydrologic modeling and assessment-Part I: model development. Journal of the American Water Resources Association, 34(1): 73~89

Avellán T, Ardakanian R, Perret S R, Ragab R, Vlotman W, Zainal H, Im S, Gany H A. 2018. Considering resources beyond water: irrigation and drainage management in the context of the water-energy-food nexus. Irrigation and Drainage, 67(1): 12~21

Baylis K, Peplow S, Rausser G, Simon L. 2008. Agri-environmental policies in the EU and United States: A comparison. Ecological Economics, 65(4): 753~764

Brown L R. 1995. Who Will Feed China? Wake-up Call for a Small Planet. London: Earthscan Publications Ltd

Brown L R. 2001. Eco-Economy: Building an Economy for the Earth. New York: W W Norton & Co Inc

Chanasyk D S, Mapfumo E, Willms W. 2003. Quantification and simulation of surface runoff from fescue grassland watersheds. Agricultural Water Management, 59(2): 137~153

Cheema M J M, Immerzeel W W, Bastiaanssen W G M. 2014. Spatial quantification of groundwater abstraction in the irrigated Indus basin. Groundwater, 52(1): 25~36

Chen S Y, Sun H Y, Shao L W, Zhang X Y. 2014. Performance of winter wheat under different irrigation regimes associated with weather conditions in the North China Plain. Australian Journal of Crop Science, 8(4): 550~557

Dalin C, Wada Y, Kastner T, Puma M J. 2017. Groundwater depletion embedded in international food trade. Nature, 543: 700~704

de Graaf I E M, Gleeson T, van Beek L P H, Sutanudjaja E H, Bierkens M F P. 2019. Environmental flow limits to global groundwater pumping. Nature, 574: 90~94

de Vito R, Portoghese I, Pagano A, Fratino U, Vurro M. 2017. An index-based approach for the sustainability assessment of irrigation practice based on the water-energy-food nexus framework. Advances in Water Resources, 110: 423~436

Dingman S L. 1994. Physical Hydrology. Englewood Cliffs. NJ: Prentice-Hall, Inc

Douglas-Mankin K R, Srinivasan R, Arnold J G . 2010. Soil and Water Assessment Tool (SWAT) model: current developments and applications. Transactions of the ASABE, 53(5): 1423~1431

Droogers P, Bastiaanssen W. 2002. Irrigation performance using hydrological and remote sensing modeling.

Journal of Irrigation & Drainage Engineering, 128(1): 11~18

EL-Gafy I, Grigg N, Waskom R. 2017. Water-food-energy: nexus and non-nexus approaches for optimal cropping pattern. Water Resources Management, 31(15): 4791~4980

Famiglietti J S. 2014. The global groundwater crisis. Nature Climate Change, 4(11): 945~948

Faramarzi M, Yang H, Schulin R, Abbaspour K C. 2010. Modeling wheat yield and crop water productivity in Iran: implications of agricultural water management for wheat production. Agricultural Water Management, 97(11): 1861~1875

Feng W, Zhong M, Lemoine J M, Biancale R, Hsu H T, Xia J. 2013. Evaluation of groundwater depletion in North China using the Gravity Recovery and Climate Experiment (GRACE) data and ground-based measurements. Water Resources Research, 49(4): 2110~2118

Fraser I, Stevens C. 2008. Nitrogen deposition and loss of biological diversity: agricultural land retirement as a policy response. Land Use Policy, 25(4): 455~463

Gassman P W, Reyes M R, Green C H, Arnold J G. 2007. The soil and water assessment tool: historical development, applications, and future research directions. Transactions of the ASABE, 50(4): 1211~1250

Giordano M. 2009. Global groundwater? Issues and solutions. Annual Review of Environment and Resources, 34(1): 153~178

Govender M, Everson C S. 2005. Modelling streamflow from two small South African experimental catchments using the SWAT model. Hydrological Processes, 19(3): 683~692

Grayson R B, Moore I D, McMahon T A. 1992. Physically based hydrologic modeling: 2. Is the concept realistic? Water Resources Research, 28(10): 2659~2666

Hogue T S, Sorooshian S, Gupta H, Holz A, Braatz D. 2000. A multistep automatic calibration scheme for river forecasting models. Journal of Hydrometeorology, 1(6): 524~542

Huang Z Y, Pan Y, Gong H L, Yeh P J F, Li X J, Zhou D M, Zhao W J. 2015. Subregional-scale groundwater depletion detected by GRACE for both shallow and deep aquifers in North China Plain. Geophysical Research Letters, 42(6): 1791~1799

International Conference on Water and the Environment (ICWE). 1992. Development Issues for the 2lst Century. Dublin, Ireland: the Dublin Statement and Report of the Conference

Jarvis A, Reuter H I, Nelson A, Guevara E. 2006. Hole-filled seamless SRTM data V3. International Centre for Tropical Agriculture (CIAT). http://srtm.csi.cgiar.org

Jayakody P, Parajuli P B, Sassenrath G F, Ouyang Y. 2014. Relationships between water table and model simulated ET. Groundwater, 52(2): 303~310

Kim N W, Chung I M, Won Y S, Arnold J G. 2008. Development and application of the integrated SWAT-MODFLOW model. Journal of Hydrology, 356(1-2): 1~16

Klute A. 1982. Method of Soil Analysis, Part 1-Physical and Mineralogical Methods. Madison: American Society of Agronomy, Inc. & Soil Science Society of America, Inc

Konikow L F, Kendy E. 2005. Groundwater depletion: a global problem. Hydrogeology Journal, 13(1): 317~320

Krause P, Boyle D P, Bäse F. 2005. Comparison of different efficiency criteria for hydrological model assessment. Advances in Geosciences, 5: 89~97

Li X X, Hu C S, Delgado J A, Zhang Y M, Ouyang Z Y. 2007. Increased nitrogen use efficiencies as a key mitigation alternative to reduce nitrate leaching in north china plain. Agricultural Water Management, 89(1-2):

137~147

Lu X H, Jin M G, van Genuchten M T, Wang B G. 2011. Groundwater recharge at five representative sites in the Hebei Plain, China. Groundwater, 49(2): 286~294

Luo Y, He C S, Sophocleous M, Yin Z F, Ren H R, Ouyang Z. 2008. Assessment of crop growth and soil water modules in SWAT2000 using extensive field experiment data in an irrigation district of the Yellow River Basin. Journal of Hydrology, 352(1-2): 139~156

Madsen H. 2003. Parameter estimation in distributed hydrological catchment modelling using automatic calibration with multiple objectives. Advances in Water Resources, 26(2): 205~216

Maidment D R. 1993. Handbook of Hydrology. New York: McGraw-Hill

Min L L, Shen Y J, Pei H W. 2015. Estimating groundwater recharge using deep vadose zone data under typical irrigated cropland in the piedmont region of the North China Plain. Journal of Hydrology, 527: 305~315

Moioli E, Manenti F, Rulli M C. 2016. Assessment of global sustainability of bioenergy production in a water-food-energy perspective. Chemical Engineering Transactions, 50: 343~348

Nachtergaele F, van Velthuizen H, Verelst L. 2009. Harmonized World Soil Database, Version 1.1. FAO and IIASA, Rome, Italy and Laxenburg, Austria

Neitsch S L, Arnold J G, Kiniry J R, Williams J R. 2011. Soil and water assessment tool theoretical documentation, version 2009. Grassland, Soil and Water Research Laboratory, Agricultural Research Service and Blackland Research Center, Texas Agricultural Experiment Station, Temple, TX

Obour A K, Chen C C, Sintim H Y, McVay K, Lamb P, Obeng E, Mohammed Y A, Khan O, Afshar R K, Zheljazkov V D. 2018. Camelina sativa as a fallow replacement crop in wheat-based crop production systems in the US Great Plains. Industrial Crops and Products, 111: 22~29

Priya S, Shibasaki R. 2001. National spatial crop yield simulation using GIS-based crop production model. Ecological Modelling, 136(2-3): 113~129

Qiu J. 2010. China faces up to groundwater crisis. Nature, 466(7304): 308

Radcliffe D E, Šimůnek J. 2010. Soil Physics with HYDRUS: Modeling and Applications. Boca Raton: CRC Press

Rawls W J, Brakensiek D L, Saxton K E. 1982. Estimation of soil water properties. Transactions of the ASAE, 25(5): 1316~1320

Refsgaard, J C, Storm, B. 1990. Construction, Calibration and Validation of Hydrological Models. Distributed Hydrological Modelling. Netherlands: Springer

Reshmidevi T V, Kumar D N. 2014. Modelling the impact of extensive irrigation on the groundwater resources. Hydrological Processes, 28(3): 628~639

Ribaudo M O, Hoag D L, Smith M E, Heimlich R. 2001. Environmental indices and the politics of the Conservation Reserve Program. Ecological Indicators, 1: 11~20

Sangrey D A, Harrop-Williams K O, Klaiber J A. 1984. Predicting groundwater response to precipitation. Journal of Geotechnical Engineering-American Society of Civil Engineers (ASCE), 110(7): 957~975

Santhi C, Srinivsan R, Arnold J G, Williams J R. 2006. A modeling approach to evaluate the impacts of water quality management plans implemented in a watershed in Texas. Environmental Modelling & Software, 21(8): 1141~1157

Savenije, H H G. 2001. Equifinality, a blessing in disguise? Hydrological Processes, 15: 2835~2838

Schuol J, Abbaspour K C, Srinivasan R, Yang, H. 2008. Estimation of freshwater availability in the West African sub-continent using the SWAT hydrologic model. Journal of Hydrology, 352(1-2): 30~49

Singh R, Singh J. 1997. Irrigation planning in wheat (Triticum aestivum) under deep water table conditions through simulation modelling. Agricultural Water Management, 33(1):19~29

Sophocleous M A, Koelliker J K, Govindaraju R S, Birdie T, Ramireddygari S R, Perkins S P. 1999. Integrated numerical modeling for basin-wide water management: the case of the Rattlesnake Creek Basin in south-central Kansas. Journal of Hydrology, 214(1-4): 179~196

Sun C, Ren L. 2013. Assessment of surface water resources and evapotranspiration in the Haihe River basin of China using SWAT model. Hydrological Processes, 27: 1200~1222

Sun C, Ren L. 2014. Assessing crop yield and crop water productivity and optimizing irrigation scheduling of winter wheat and summer maize in the Haihe plain using SWAT model. Hydrological Processes, 28: 2478~2498

Sun H, Cornish P S. 2005. Estimating shallow groundwater recharge in the headwaters of the Liverpool Plains using SWAT. Hydrological Processes, 19(3):795~807

Sun H Y, Zhan, X Y, Chen S Y, Shao L W. 2014. Performance of a double cropping system under a continuous minimum irrigation strategy. Agronomy Journal, 106(1): 281~289

Toivonen M, Herzon I, Helenius J. 2013. Environmental fallows as a new policy tool to safeguard farmland biodiversity in Finland. Biological Conservation, 159: 355~366

Tyson A, George B, Aye L, Nawarathna B, Malano H. 2012. Energy and greenhouse gas emission accounting framework for groundwater use in agriculture. Irrigation and Drainage, 61(4): 542~554

USDA Soil Conservation Service. 1972. Hydrology section 4. Washington, DC: US Government Printing Office

van Dam J C, Malik R S. 2003. Water productivity of irrigated crops in Sirsa district, India

van Dam J C, Singh R, Bessembinder J J E, Leffelaar P A, Bastiaanssen W G M, Jhorar R K, Kroes J G, Droogers P. 2006. Assessing options to increase water productivity in irrigated river basins using remote sensing and modelling tools. International Journal of Water Resources Development, 22(1): 115~133

Volk M, Bosch D, Nangia V, Narasimhan B. 2016. SWAT: Agricultural water and nonpoint source pollution management at a watershed scale. Agricultural Water Management, 175: 1~3

Wada Y, van Beek L P H, Bierkens M F P. 2012. Nonsustainable groundwater sustaining irrigation: a global assessment. Water Resources Research, 48(6): 335~344

Wada Y, van Beek L P H, van Kempen C M, Reckman J W T M, Vasak S, Bierkens M F P. 2010. Global depletion of groundwater resources. Geophysical Research Letters, 37(20): 114~122

Wang B G, Jin M G, Nimmo J R, Yang L, Wang W F. 2008. Estimating groundwater recharge in Hebei Plain, China under varying land use practices using tritium and bromide tracers. Journal of Hydrology, 356(1-2): 209~222

Wang J X, Huang J K, Rozelle S. 2005. Evolution of tubewell ownership and production in the North China Plain. Australian Journal of Agricultural and Resource Economics, 49(2): 177~195

Warrick, A W. 2003. Soil Physics Companion. Boca Raton: CRC Press

Werner A D, Zhang Q, Xue L J, Smerdon B D, Li X H, Zhu X J, Yu L, Li L. 2013. An Initial Inventory and Indexation of Groundwater Mega-Depletion Cases. Water Resources Management, 27(2): 507~533

Willis H H, Groves D G., Ringel J S, Mao Z M, Efron S, Abbott M. 2016. Developing the Pardee RAND Food-

Energy-Water Security Index. Santa Monica: RAND Corporation

Wu Q, Xie H L. 2017. A review and implication of land fallow system research. Journal of Resources and Ecology, 8(3): 223~231

Yamashita K. 2013. Issues concerning the review of the rice paddy set-aside program. https://www.canon-igs. org/en/column/macroeconomics/20131227_2264.html

Yang J, Reichert P, Abbaspour K C, Yang H. 2007. Hydrological modelling of the Chaohe basin in China: Statistical model formulation and Bayesian inference. Journal of Hydrology, 340(3-4): 167~182

Zhang X L, Ren L, Kong X B. 2016. Estimating spatiotemporal variability and sustainability of shallow groundwater in a well-irrigated plain of the Haihe River basin using SWAT model. Journal of Hydrology, 541: 1221~1240

Zhang X L, Ren L, Wan L. 2018. Assessing the trade-off between shallow groundwater conservation and crop production under limited exploitation in a well-irrigated plain of the Haihe River basin using the SWAT model. Journal of Hydrology, 567: 253~266

Zhang X Y, Pei D, Chen S Y, Sun H Y, Yang Y H. 2006. Performance of double-cropped winter wheat-summer maize under minimum irrigation in the North China Plain. Agronomy Journal, 98(6): 1620~1626

Zhang X Y, Pei D, Hu C S. 2003. Conserving groundwater for irrigation in the North China Plain. Irrigation Science, 21(4): 159~166

Zhang X Y, Qin W L, Chen S Y, Shao L W, Sun H Y. 2017. Responses of yield and WUE of winter wheat to water stress during the past three decades-A case study in the North China Plain. Agricultural Water Management, 179: 47~54

Zheng C M, Liu J, Cao G L, Kendy E, Wang H, Jia Y W. 2010. Can China cope with its water crisis? -perspectives from the North China Plain. Groundwater, 48(3): 350~354

附　　录

附表　研究区所涉及的县（市）域尺度上优化的灌溉模式和优化的休耕模式

所属地级市	县（市）	种植制度	优化的灌溉模式 灌溉方案		优化的休耕模式 种植方案	优化的休耕模式 灌溉方案	
			冬小麦生育期	夏玉米生育期		冬小麦生育期	夏玉米生育期
保定市	保定市	冬小麦-夏玉米	在平水期雨养；在枯水期灌溉五次：越冬期、返青期、拔节期、抽穗期和灌浆期，每次73 mm	在平水期灌溉一次，播前，31 mm；在枯水期灌溉两次：播前和抽穗期，每次84 mm	冬小麦-夏玉米→休耕-夏玉米	在平水期、枯水期和特枯水期均灌溉两次：拔节期和抽穗期，每次75 mm	在平水期、枯水期和特枯水期均雨养
	满城县	冬小麦-夏玉米	在平水期雨养；越冬期、返青期、拔节期，每次81 mm；在枯水期灌溉六次：起身期、拔节期、抽穗期和灌浆期，每次73 mm	在平水期灌溉一次，播前，31 mm；在枯水期灌溉两次：播前和抽穗期，每次84 mm	冬小麦-夏玉米→休耕-夏玉米	在平水期、枯水期和特枯水期均灌溉两次：拔节期和抽穗期，每次75 mm	在平水期、枯水期和特枯水期均雨养
	清苑县	冬小麦-夏玉米	在平水期雨养；越冬期、返青期、拔节期，每次81 mm；在枯水期灌溉六次：起身期、拔节期、抽穗期和灌浆期，每次73 mm	在平水期灌溉一次，播前，31 mm；在枯水期灌溉两次：播前和抽穗期，每次84 mm	冬小麦-夏玉米→休耕-夏玉米	在平水期、枯水期和特枯水期均灌溉两次：拔节期和抽穗期，每次75 mm	在平水期、枯水期和特枯水期均雨养
	涞水县	冬小麦-夏玉米	在平水期灌溉两次：拔节期和抽穗期，每次75 mm；在枯水期灌溉两次：拔节期和抽穗期，每次75 mm；在特枯水期雨养	在平水期灌溉一次，播前，31 mm；在枯水期灌溉两次：播前和抽穗期，每次84 mm	冬小麦-夏玉米→休耕-夏玉米	在平水期、枯水期均灌溉四次：越冬期、返青期、抽穗期和灌浆期，每次92 mm；在枯水期、拔节期、抽穗期和灌浆期，每次81 mm；在特枯水期灌溉六次：越冬期、返青期、起身期、拔节期、抽穗期和灌浆期，每次73 mm	在平水期灌溉一次：播前，31 mm；在枯水期灌溉一次：播前，41 mm；在特枯水期灌溉两次：播前和抽穗期，每次84 mm
	徐水县	冬小麦-夏玉米	在平水期雨养；越冬期、返青期、拔节期，每次81 mm；在枯水期灌溉五次：越冬期、返青期、起身期、拔节期、抽穗期和灌浆期，每次73 mm	在平水期灌溉一次，播前，31 mm；在枯水期灌溉两次：播前和抽穗期，每次84 mm	冬小麦-夏玉米→休耕-夏玉米	在平水期、枯水期和特枯水期均灌溉两次：拔节期和抽穗期，每次75 mm	在平水期、枯水期和特枯水期均雨养

续表

所属地级市	县(市)	种植制度	优化的灌溉模式		优化的休耕模式		
			灌溉方案		种植方案	灌溉方案	
			冬小麦生育期	夏玉米生育期		冬小麦生育期	夏玉米生育期
保定市	定兴县	冬小麦-夏玉米	在平水期灌溉一次：拔节期，75 mm；在枯水期雨养；在特枯水期灌溉两次：拔节期、起身期，每次73 mm；抽穗期和灌浆期	在平水期灌溉一次：播前，31 mm；在枯水期灌溉一次：播前，41 mm；在特枯水期灌溉两次：播前和抽穗期，每次84 mm	冬小麦-夏玉米→休耕-夏玉米	在平水期、枯水期和特枯水期均灌溉两次：拔节期和抽穗期，每次75 mm	在平水期灌溉一次：播前，31 mm；在枯水期灌溉一次：播前，41 mm；在特枯水期灌溉两次：播前和抽穗期，每次84 mm
	唐县	冬小麦-夏玉米	在平水期雨养；在枯水期灌溉五次：越冬期、返青期、拔节期、抽穗期、灌浆期，每次81 mm；在特枯水期灌溉六次：越冬期、返青期、拔节期、起身期、抽穗期和灌浆期，每次73 mm	在平水期灌溉一次：播前，31 mm；在枯水期灌溉一次：播前，41 mm；在特枯水期灌溉两次：播前和抽穗期，每次84 mm	冬小麦-夏玉米→休耕-夏玉米	在平水期、枯水期和特枯水期均灌溉两次：拔节期和抽穗期，每次75 mm	在平水期、枯水期和特枯水期均雨养
	望都县	冬小麦-夏玉米	在平水期雨养；在枯水期灌溉五次：越冬期、返青期、拔节期、抽穗期、灌浆期，每次81 mm；在特枯水期灌溉六次：越冬期、返青期、拔节期、起身期、抽穗期和灌浆期，每次73 mm	在平水期灌溉一次：播前，31 mm；在枯水期灌溉一次：播前，41 mm；在特枯水期灌溉两次：播前和抽穗期，每次84 mm	冬小麦-夏玉米→休耕-夏玉米	在平水期、枯水期和特枯水期均灌溉两次：拔节期和抽穗期，每次75 mm	在平水期、枯水期和特枯水期均雨养
	易县	冬小麦-夏玉米	在平水期灌溉一次：拔节期，75 mm；在枯水期灌溉两次：拔节期和抽穗期，每次75 mm；在特枯水期灌溉一次：拔节期，75 mm	在平水期灌溉一次：播前，31 mm；在枯水期灌溉一次：播前，41 mm；在特枯水期灌溉两次：播前和抽穗期，每次84 mm	冬小麦-夏玉米→休耕-夏玉米	在平水期灌溉四次：越冬期、抽穗期和灌浆期，每次92 mm；在枯水期灌溉五次：越冬期、返青期、抽穗期、灌浆期，每次81 mm；在特枯水期灌溉六次：越冬期、返青期、起身期、拔节期、抽穗期和灌浆期，每次73 mm	在平水期、枯水期和特枯水期均雨养
	曲阳县	冬小麦-夏玉米	在平水期灌溉一次：拔节期，75 mm；在枯水期雨养	在平水期灌溉一次：播前，31 mm；在枯水期灌溉一次：播前，41 mm；在特枯水期灌溉两次：播前和抽穗期，每次84 mm	冬小麦-夏玉米→休耕-夏玉米	在平水期、枯水期和特枯水期均灌溉两次：拔节期和抽穗期，每次75 mm	在平水期、枯水期和特枯水期均雨养

续表

所属地级市	县（市）	优化的灌溉模式			优化的休耕模式		
		种植制度	灌溉方案		种植方案	灌溉方案	
			冬小麦生育期	夏玉米生育期		冬小麦生育期	夏玉米生育期
保定市	顺平县	冬小麦－夏玉米	在平水期雨养；在枯水期灌溉五次，抽穗期和灌溉期、越冬期、返青期、起身期、拔节期，每次81 mm；在特枯水期，穗期和灌浆期，抽穗期，每次73 mm	在平水期灌溉一次，播前，31 mm；在枯水期灌溉一次，播前，41 mm；在特枯水期灌溉两次，播前和抽穗期，每次84 mm	冬小麦－夏玉米→休耕－夏玉米	在平水期、枯水期和特枯水期均灌溉两次，拔节期和抽穗期，每次75 mm	在平水期、枯水期、特枯水期均雨养
	涿州市	冬小麦－夏玉米	在平水期雨养；在枯水期灌溉六次，抽穗期和灌溉期、越冬期、返青期、起身期、拔节期，每次81 mm；在特枯水期，越冬期、返青期、抽穗期和灌浆期，抽节期，每次73 mm	在平水期灌溉一次，播前，31 mm；在枯水期灌溉一次，播前，41 mm；在特枯水期灌溉两次，播前和抽穗期，每次84 mm	冬小麦－夏玉米→休耕－夏玉米	在平水期、枯水期和特枯水期均灌，拔节期和抽穗期，75 mm	在平水期、枯水期、特枯水期均雨养
	定州市	冬小麦－夏玉米	在平水期雨养；在枯水期灌溉五次，抽穗期和灌溉期、越冬期、返青期、起身期、拔节期，每次81 mm；在特枯水期雨养	在平水期灌溉一次，播前，31 mm；在枯水期灌溉一次，播前，41 mm；在特枯水期灌溉两次，播前和抽穗期，每次84 mm	冬小麦－夏玉米→休耕－夏玉米	在平水期、枯水期和特枯水期均灌，拔节期和抽穗期，75 mm	在平水期、枯水期、特枯水期均雨养
	安国市	冬小麦－夏玉米	在平水期灌溉一次，拔节期，75 mm；在枯水期灌溉两次，拔节期和抽穗期，每次75 mm；在特枯水期灌溉两次，拔节期和抽穗期，每次75 mm	在平水期灌溉一次，播前，31 mm；在枯水期灌溉一次，播前，41 mm；在特枯水期灌溉两次，播前和抽穗期，每次84 mm	冬小麦－夏玉米→休耕－夏玉米	在平水期、枯水期和特枯水期均灌溉一次，拔节期，75 mm	在平水期、枯水期、特枯水期均雨养
	高碑店市	冬小麦－夏玉米	在平水期灌溉一次，拔节期，75 mm；在枯水期灌溉两次，越冬期、每次75 mm，起身期、拔节期，每次73 mm；在特枯水期灌溉期和抽穗期	在平水期灌溉一次，播前，31 mm；在枯水期灌溉一次，播前，41 mm；在特枯水期灌溉两次，播前和抽穗期，每次84 mm	冬小麦－夏玉米→休耕－夏玉米	在平水期、枯水期和特枯水期均灌溉两次，拔节期和抽穗期，每次75 mm	在平水期、枯水期、特枯水期均雨养
石家庄市	石家庄市	冬小麦－夏玉米	在平水期灌溉一次，拔节期，75 mm；在枯水期灌溉两次，拔节期和抽穗期，每次75 mm	在平水期灌溉一次，播前，26 mm；在枯水期灌溉一次，播前，64 mm；在特枯水期灌溉三次，播前、拔节期和抽穗期，每次71 mm	冬小麦－夏玉米→休耕－夏玉米	在平水期、枯水期和特枯水期均灌溉两次，拔节期和抽穗期，每次75 mm	在平水期、枯水期、特枯水期均雨养

续表

所属地级市	县(市)	种植制度	优化的灌溉模式 灌溉方案 冬小麦生育期	夏玉米生育期	优化的休耕模式 种植方案	灌溉方案 冬小麦生育期	夏玉米生育期
石家庄市	正定县	冬小麦－夏玉米	在平水期灌溉一次，75 mm：拔节期；在特枯水期灌溉六次：越冬期、返青期、起身期、拔节期和抽穗期和灌浆期，每次66 mm	在平水期灌溉一次：播前，26 mm；在枯水期灌溉一次：播前，64 mm；在特枯水期灌溉三次：播前、拔节期和抽穗期，每次71 mm	冬小麦－夏玉米→休耕－夏玉米	在平水期、枯水期和特枯水期均灌溉两次：拔节期和抽穗期，每次75 mm	在平水期灌溉一次：播前，26 mm；在枯水期灌溉一次：播前，64 mm；在特枯水期灌溉三次：播前、拔节期和抽穗期，每次71 mm
	栾城县	冬小麦－夏玉米	在平水期雨养；在枯水期灌溉一次，75 mm：拔节期；在特枯水期灌溉一次：拔节期，75 mm	在平水期灌溉一次：播前，26 mm；在枯水期灌溉一次：播前，64 mm；在特枯水期灌溉三次：播前，每次71 mm	冬小麦－夏玉米→休耕－夏玉米	在平水期、枯水期和特枯水期均灌溉一次：拔节期，75 mm	在平水期、枯水期均雨养
	行唐县	冬小麦－夏玉米	在平水期雨养；在枯水期灌溉一次，75 mm：拔节期	在平水期灌溉一次：播前，31 mm；在枯水期灌溉一次：播前，41 mm；在特枯水期灌溉两次：播前和抽穗期，每次84 mm	冬小麦－夏玉米→休耕－夏玉米	在平水期和枯水期均灌溉一次：拔节期，75 mm	在平水期、枯水期均雨养
	灵寿县	冬小麦－夏玉米	在平水期灌溉一次，75 mm：拔节期；在特枯水期灌溉一次：拔节期，75 mm	在平水期灌溉一次：播前，26 mm；在枯水期灌溉一次：播前，64 mm；在特枯水期灌溉三次：播前，每次71 mm	冬小麦－夏玉米→休耕－夏玉米	在平水期灌溉四次：越冬期、拔节期、抽穗期和灌浆期，每次75 mm；在枯水期灌溉五次：越冬期、起身期、拔节期、抽穗期和灌浆期，每次68 mm；在特枯水期灌溉六次：越冬期、返青期、起身期、拔节期、抽穗期和灌浆期，每次66 mm	在平水期、枯水期均雨养
	高邑县	冬小麦－夏玉米	在平水期灌溉一次，75 mm：拔节期；在特枯水期灌溉两次：拔节期和抽穗期，每次75 mm	在平水期灌溉一次：播前，26 mm；在枯水期灌溉一次：播前，64 mm；在特枯水期灌溉三次：播前、拔节期和抽穗期，每次71 mm	冬小麦－夏玉米→休耕－夏玉米	在平水期、枯水期和特枯水期均灌溉两次：拔节期和抽穗期，每次75 mm	在平水期、枯水期均雨养

续表

所属地级市	县(市)	优化的灌溉模式			优化的休耕模式		
		种植制度	灌溉方案		种植方案	灌溉方案	
			冬小麦生育期	夏玉米生育期		冬小麦生育期	夏玉米生育期
石家庄市	深泽县	冬小麦-夏玉米	在平水期、枯水期和特枯水期均雨养	在平水期灌溉一次：播前，26 mm；在枯水期灌溉三次：播前，64 mm；拔节期，每次71 mm	冬小麦-夏玉米→休耕-夏玉米	在平水期、枯水期和特枯水期均灌溉一次：拔节期，75 mm	在平水期、枯水期、特枯水期均雨养
	赞皇县	冬小麦-夏玉米	在平水期灌溉一次：拔节期，75 mm；在枯水期和抽穗期，每次75 mm；灌溉两次：拔节期，75 mm	在平水期灌溉一次：播前，26 mm；在枯水期灌溉三次：播前，64 mm；拔节期和抽穗期，播前71 mm	冬小麦-夏玉米→休耕-夏玉米	在平水期、枯水期和特枯水期均灌溉一次：拔节期和抽穗期，75 mm	在平水期、枯水期、特枯水期均雨养
	无极县	冬小麦-夏玉米	在平水期和枯水期均雨养	在平水期灌溉一次：播前，64mm；在特枯水期灌溉三次：播前、拔节和抽穗期，每次71mm	冬小麦-夏玉米→休耕-夏玉米	在平水期和枯水期均灌溉一次：拔节期，75mm	在平水期、枯水期、特枯水期均雨养
	元氏县	冬小麦-夏玉米	在平水期雨养；在枯水期灌溉一次：拔节期，75 mm；75 mm	在平水期灌溉一次：播前，26 mm；在枯水期灌溉三次：播前，64 mm；拔节期和抽穗期，每次71 mm	冬小麦-夏玉米→休耕-夏玉米	在平水期、枯水期和特枯水期均灌溉一次：拔节期和抽穗期，75 mm	在平水期、枯水期、特枯水期均雨养
	赵县	冬小麦-夏玉米	在平水期灌溉一次：拔节期，75 mm；在枯水期和抽穗期，每次75 mm；灌溉两次：拔节期，75 mm	在平水期灌溉一次：播前，26 mm；在枯水期灌溉三次：播前，64 mm；拔节期和抽穗期，每次71 mm	冬小麦-夏玉米→休耕-夏玉米	在平水期、枯水期和特枯水期均灌溉一次：拔节期，75 mm	在平水期、枯水期、特枯水期均雨养
	辛集市	冬小麦-夏玉米	在平水期、枯水期和特枯水期均雨养	在平水期灌溉一次：播前，26 mm；在枯水期灌溉三次：播前，64 mm；拔节期和抽穗期，每次71 mm	冬小麦-夏玉米→休耕-夏玉米	在平水期、枯水期和特枯水期均灌溉一次：拔节期，75 mm	在平水期、枯水期、特枯水期均雨养

续表

所属地级市	县(市)	种植制度	优化的灌溉模式		优化的休耕模式		
			灌溉方案		种植方案	灌溉方案	
			冬小麦生育期	夏玉米生育期		冬小麦生育期	夏玉米生育期
石家庄市	藁城市	冬小麦-夏玉米	在平水期雨养；在枯水期灌溉两次：拔节期和抽穗期；在特枯水期灌溉六次：越冬期、返青期、起身期、拔节期、抽穗期和灌浆期，每次66 mm	在平水期灌溉一次：播前，26 mm；在枯水期灌溉一次：播前，64 mm；在特枯水期灌溉三次：播前，拔节期和抽穗期，每次71 mm	冬小麦-夏玉米→休耕-夏玉米	在平水期、枯水期和特枯水期均灌溉两次：拔节期和抽穗期，每次75 mm	在平水期、枯水期和特枯水期均雨养
	晋州市	冬小麦-夏玉米	在平水期、枯水期和特枯水期均雨养	在平水期灌溉一次：播前，26 mm；在枯水期灌溉一次：播前，64 mm；在特枯水期灌溉三次：播前，拔节期和抽穗期，每次71 mm	冬小麦-夏玉米→休耕-夏玉米	在平水期、枯水期和特枯水期均灌溉一次：拔节期，75 mm	在平水期、枯水期和特枯水期均雨养
	新乐市	冬小麦-夏玉米	在平水期灌溉一次：拔节期，75 mm；在枯水期和特枯水期雨养；拔节期和抽穗期，每次75 mm	在平水期灌溉一次：播前，31 mm；在枯水期灌溉一次：播前，41 mm；在特枯水期灌溉两次：播前和抽穗期，每次84 mm	冬小麦-夏玉米→休耕-夏玉米	在平水期和枯水期均灌溉两次：拔节期和抽穗期，每次75 mm	在平水期、枯水期均雨养
	鹿泉市	冬小麦-夏玉米	在平水期灌溉一次：拔节期，75 mm；在枯水期雨养；在特枯水期灌溉两次：拔节期和抽穗期，每次75 mm	在平水期灌溉一次：播前，26 mm；在枯水期灌溉一次：播前，64 mm；在特枯水期灌溉三次：播前，拔节期和抽穗期，每次71 mm	冬小麦-夏玉米→休耕-夏玉米	在平水期和枯水期均灌溉两次：拔节期和抽穗期，每次75 mm	在平水期、枯水期均雨养
邢台市	邢台市	冬小麦-夏玉米	在平水期雨养；75 mm；拔节期，75 mm；在特枯水期灌溉六次：越冬期、返冬期、拔节期，抽穗期和灌浆期，每次66 mm	在平水期灌溉一次：播前，26 mm；在枯水期灌溉一次：播前，55 mm；在特枯水期灌溉两次：播前和抽穗期，每次74 mm	冬小麦-夏玉米→休耕-夏玉米	在平水期、枯水期和特枯水期均灌溉两次：拔节期和抽穗期，每次75 mm	在平水期、枯水期均雨养
	邢台县	冬小麦-夏玉米	在平水期雨养；75 mm；拔节期，75 mm；在特枯水期灌溉六次：越冬期、返青期、拔节期，孕穗期，灌浆期，每次66 mm	在平水期灌溉一次：播前，26 mm；在枯水期灌溉一次：播前，55 mm；在特枯水期灌溉两次：播前和抽穗期，每次74 mm	冬小麦-夏玉米→休耕-夏玉米	在平水期、枯水期和特枯水期均灌溉两次：拔节期和抽穗期，每次75 mm	在平水期、枯水期均雨养

续表

所属地级市	县（市）	优化的灌溉模式			优化的休耕模式		
		种植制度	灌溉方案		种植方案	灌溉方案	
			冬小麦生育期	夏玉米生育期		冬小麦生育期	夏玉米生育期
邢台市	临城县	冬小麦-夏玉米	在平水期雨养；拔节期和抽穗期，枯水期灌溉两次，每次75 mm	在平水期灌溉一次，26 mm；在枯水期灌溉，播前，64 mm；在特枯水期灌溉三次，拔节期和抽穗期，每次71 mm	冬小麦-夏玉米→休耕-夏玉米	在平水期、枯水期和特枯水期灌两次，拔节期和抽穗期，75 mm	在平水期、枯水期均雨养
	内丘县	冬小麦-夏玉米	在平水期雨养；拔节期和抽穗期，75 mm；在特枯水期灌溉六次，越冬期、返青期、拔节期，抽穗期和灌浆期，每次66 mm	在平水期灌溉一次，26 mm；在枯水期灌溉，播前，55 mm；在特枯水期灌溉两次，拔节期和抽穗期，每次74 mm	冬小麦-夏玉米→休耕-夏玉米	在平水期、枯水期和特枯水期灌两次，拔节期和抽穗期，75 mm	在平水期、枯水期均雨养
	柏乡县	冬小麦-夏玉米	在平水期雨养；拔节期和抽穗期灌溉75 mm；在特枯水期灌溉，拔节期和抽穗期，每次75 mm	在平水期灌溉一次，26 mm；在枯水期灌溉，播前，64 mm；在特枯水期灌溉两次，拔节期和抽穗期，每次71 mm	冬小麦-夏玉米→休耕-夏玉米	在平水期和特枯水期均灌，拔节期和抽穗期，75 mm	在平水期、枯水期均雨养
	隆尧县	冬小麦-夏玉米	在平水期雨养；拔节期和抽穗期灌溉75 mm；在特枯水期灌溉，拔节期和抽穗期，每次75 mm	在平水期灌溉一次，26 mm；在枯水期灌溉，播前，55 mm；在特枯水期灌溉三次，拔节期和抽穗期，每次74 mm	冬小麦-夏玉米→休耕-夏玉米	在平水期、枯水期和特枯水期灌两次，拔节期和抽穗期，75 mm	在平水期、枯水期均雨养
	任县	冬小麦-夏玉米	在平水期雨养；拔节期和抽穗期灌溉六次，越冬期、返青期、拔节期，抽穗期和灌浆期，每次66 mm	在平水期灌溉一次，26 mm；在枯水期灌溉，播前，55 mm；在特枯水期灌溉两次，拔节期和抽穗期，74 mm	冬小麦-夏玉米→休耕-夏玉米	在平水期、枯水期和特枯水期均灌，拔节期和抽穗期，75 mm	在平水期、枯水期均雨养
	南和县	冬小麦-夏玉米	在平水期雨养；拔节期和抽穗期灌溉75 mm；在特枯水期灌溉，拔节期和抽穗期，每次75 mm	在平水期灌溉一次，26 mm；在枯水期灌溉，播前，55 mm；在特枯水期灌溉两次，拔节期和抽穗期，74 mm	冬小麦-夏玉米→休耕-夏玉米	在平水期和特枯水期均灌，拔节期，75 mm	在平水期、枯水期均雨养

续表

所属地级市	县(市)	种植制度	优化的灌溉模式			优化的休耕模式	
			灌溉方案		种植方案	灌溉方案	
			冬小麦生育期	夏玉米生育期		冬小麦生育期	夏玉米生育期
邢台市	宁晋县	冬小麦-夏玉米	在平水期雨养；在枯水期灌溉两次：越冬期、返青期，在特枯水期灌溉两次：抽穗期和灌浆期，每次66 mm	在平水期灌溉一次：播前，26 mm；在枯水期灌溉一次：播前，55 mm；在特枯水期灌溉两次：播前和抽穗期，每次74 mm	冬小麦-夏玉米→休耕-夏玉米	在平水期、枯水期和特枯水期均灌溉一次：拔节期，75 mm	在平水期、枯水期均雨养
	沙河市	冬小麦-夏玉米	在平水期雨养；在特枯水期灌溉一次：拔节期，75 mm；在特枯水期灌溉两次：抽穗期和灌浆期，每次75 mm	在平水期灌溉一次：播前，26 mm；在枯水期灌溉一次：播前，55 mm；在特枯水期灌溉两次：播前和抽穗期，每次74 mm	冬小麦-夏玉米→休耕-夏玉米	在平水期、枯水期和特枯水期均灌溉一次：拔节期，75 mm	在平水期、枯水期均雨养
邯郸市	邯郸市	冬小麦-夏玉米	在平水期雨养；在抽穗期和抽穗期，枯水期灌溉六次：每次75 mm；越冬期、返青期、孕穗期、拔节期，每次66 mm	在平水期灌溉一次：播前，26 mm；在枯水期灌溉一次：播前，55 mm；在特枯水期灌溉两次：播前和抽穗期，每次74 mm	冬小麦-夏玉米→休耕-夏玉米	在平水期、枯水期和特枯水期均灌溉两次：拔节期，75 mm	在平水期、枯水期均雨养
	邯郸县	冬小麦-夏玉米	在平水期雨养；在抽穗期和抽穗期，枯水期灌溉六次：每次75 mm；越冬期、返青期、孕穗期、拔节期，每次66 mm	在平水期灌溉一次：播前，26 mm；在枯水期灌溉一次：播前，55 mm；在特枯水期灌溉两次：播前和抽穗期，每次74 mm	冬小麦-夏玉米→休耕-夏玉米	在平水期、枯水期和特枯水期均灌溉两次：拔节期，75 mm	在平水期、枯水期均雨养
	临漳县	冬小麦-夏玉米	在平水期雨养；在抽穗期和抽穗期，枯水期灌溉六次：每次75 mm；越冬期、返青期、孕穗期、拔节期，每次66 mm	在平水期灌溉一次：播前，26 mm；在枯水期灌溉一次：播前，55 mm；在特枯水期灌溉两次：播前和抽穗期，每次74 mm	冬小麦-夏玉米→休耕-夏玉米	在平水期、枯水期和特枯水期均灌溉两次：拔节期，75 mm	在平水期、枯水期均雨养
	成安县	冬小麦-夏玉米	在平水期雨养；在抽穗期和抽穗期，枯水期灌溉六次：每次75 mm；越冬期、返青期、孕穗期、拔节期，每次66 mm	在平水期灌溉一次：播前，26 mm；在枯水期灌溉一次：播前，55 mm；在特枯水期灌溉两次：播前和抽穗期，每次74 mm	冬小麦-夏玉米→休耕-夏玉米	在平水期、枯水期和特枯水期均灌溉两次：拔节期，75 mm	在平水期、枯水期均雨养

续表

所属地级市	县(市)	优化的灌溉模式			优化的休耕模式		
		种植制度	灌溉方案		种植方案	灌溉方案	
			冬小麦生育期	夏玉米生育期		冬小麦生育期	夏玉米生育期
邯郸市	磁县	冬小麦-夏玉米	在平水期雨养；拔节期和抽穗期，枯水期灌溉六次：越冬期、返青期、拔节期、孕穗期、抽穗期和灌浆期，每次66 mm	在平水期灌溉两次：播前，26 mm；在枯水期灌溉一次：播前，55 mm；在特枯水期灌溉两次：播前和抽穗期，74 mm	冬小麦-夏玉米→休耕-夏玉米	在平水期、枯水期、特枯水期均灌溉两次：拔节期和抽穗期，75 mm	在平水期、枯水期、特枯水期均雨养
	肥乡县	冬小麦-夏玉米	在平水期雨养；拔节期和抽穗期，枯水期灌溉六次：越冬期、返青期、拔节期、孕穗期、抽穗期和灌浆期，每次66 mm	在平水期灌溉两次：播前，26 mm；在枯水期灌溉一次：播前，55 mm；在特枯水期灌溉两次：播前和抽穗期，74 mm	冬小麦-夏玉米→休耕-夏玉米	在平水期、枯水期、特枯水期均灌溉两次：拔节期和抽穗期，75 mm	在平水期、枯水期、特枯水期均雨养
	永年县	冬小麦-夏玉米	在平水期雨养，75 mm；拔节期、越冬期、返青期、孕穗期、抽穗期和灌浆期，在特枯水期灌溉六次，每次66 mm	在平水期灌溉一次：播前，26 mm；在枯水期灌溉一次：播前，55 mm；在特枯水期灌溉两次：播前和抽穗期，74 mm	冬小麦-夏玉米→休耕-夏玉米	在平水期、枯水期、特枯水期均灌溉两次：拔节期和抽穗期，75 mm	在平水期、枯水期、特枯水期均雨养

注：表中优化的灌溉模式是指井灌耕地"采补平衡"的冬小麦季生育期的灌溉方案；表中优化的休耕模式是指井灌耕地"采补平衡"且水分和能源的生产力都有所提高的冬小麦季的隔年休耕方案。优化的休耕方案特指在冬小麦生育期下冬小麦生育期非休耕季休耕季的灌溉方案。

致　　谢

　　本研究工作主要得到国家公益性行业（农业）科研专项／农业部行业计划"京津冀种植业高效用水可持续发展关键技术研究与示范"（编号：201303133）、国家自然科学基金项目"海河流域平原区冬小麦－夏玉米种植制度下区域尺度作物水分生产函数及节水灌溉制度的模拟研究"（编号：51279203）、国家自然科学青年基金项目"运用SWAT模型评估海河平原井灌限采条件下浅层地下水动态与粮食产量变化"（编号：41807183）和中国博士后科学基金项目"井灌限采条件下浅层地下水动态与粮食产量变化的模拟"（编号：2018M630186）的联合资助。

　　在此，首先感谢中国农业大学孔祥斌教授和中国地质大学（北京）万力教授分别为第一作者提供具体指导第二作者在博士研究生和博士后阶段开展农业水文模拟研究的机遇，这使得我们可以将多年来已开展的海河流域农业水文模拟研究工作在河北省太行山山前平原进一步深化。

　　感谢中国地质环境监测院提供研究区国家级地下水监测井的地下水位监测数据和研究区地下水统测井的地下水位调查数据；感谢河北省水利科学研究院郭永晨教授级高级工程师及河北省水文水资源勘测局陈胜锁教授级高级工程师提供河北水利统计年鉴中的相关数据；感谢中国科学院地理科学与资源研究所马军花博士在雨量站数据资料收集中的帮助；感谢中国科学院遗传与发育生物学研究所农业资源研究中心张喜英研究员在作者到栾城农业生态系统试验站调研期间就冬小麦限水灌溉田间试验方面所给予的指教；感谢中国水利水电科学研究院水利研究所白美健教授级高级工程师和武汉大学动力与机械学院龙新平教授在泵站耗电量与抽水量之间的转化公式方面所给予的指教；感谢石家庄鑫农机械有限公司胡建良高级工程师在河北省小麦播种和收获及翻耕时农业机械的能源消耗方面所给予的指教；感谢中国科学院地理科学与资源研究所孙林博士和中国农业科学院农业环境与可持续发展研究所孙琛博士就作者在SWAT模型源代码修改工作中的有关问题所给予的指点；感谢长江科学院水资源综合利用研究所潘登博士提供的与本研究相关的SWAT模型的模拟文件；感谢长江水文水资源局的罗倩博士在SUFI-2算法应用和SWAT-CUP操作过程中所提供的帮助；感谢中国水利水电科学研究院的梁犁丽高级工程师在ArcSWAT操作问题方面所提供的帮助。

　　感谢国际学术期刊 *Journal of Hydrology* 的编辑和匿名审稿人对与本专著相关的部分研究内容所提出的评审意见，这些评审意见促使我们在写作中更加清晰和客观地表述研究工作。

　　感谢中国农业大学资源与环境学院的博士后李佩博士对本专著部分研究内容所提出的建设性意见和给予的大力帮助。